工程力学

主　编　周建波
副主编　郭磊魁　武昭晖

U0229994

重庆大学出版社

内 容 提 要

本书是依据教育部最新制订的高职高专教育近机械类专业力学课程教学基本要求编写而成的。全书共分3篇16章。第1篇"静力学"部分内容包括:静力学的基本概念和物体的受力分析,平面力系,空间力系;第2篇"材料力学"部分内容包括:轴向拉伸与压缩,剪切与挤压,圆轴扭转,梁的平面弯曲内力,梁的平面弯曲应力、变形与强度、刚度计算,应力状态与强度理论,组合变形时杆件的强度计算,压杆稳定问题;第3篇"运动学与动力学"部分内容包括:点的运动,刚体的基本运动,点的合成运动,刚体的平面运动,质点运动微分方程。本书文字简明,内容精练,简化理论推导,注重理论应用。书后附有型钢表和习题答案。

本书可作为高职高专机械类及近机械类专业的工程力学课程教学用书,也可供有关技术人员参考。

图书在版编目(CIP)数据

工程力学/周建波主编.—重庆:重庆大学出版社,2014.9
高职高专基础课系列教材
ISBN 978-7-5624-8613-8

Ⅰ.①工… Ⅱ.①周… Ⅲ.①工程力学—高等职业教育—教材 Ⅳ.①TB12

中国版本图书馆 CIP 数据核字(2014)第 223394 号

工程力学

主编 周建波

副主编 郭磊魁 武昭晖

责任编辑:曾显跃 版式设计:曾显跃
责任校对:邹小梅 责任印制:赵 晟

*

重庆大学出版社出版发行
出版人:邓晓益
社址:重庆市沙坪坝区大学城西路 21 号
邮编:401331
电话:(023) 88617190 88617185(中小学)
传真:(023) 88617186 88617166
网址:http://www.cqup.com.cn
邮箱:fxk@ cqup.com.cn(营销中心)
全国新华书店经销
重庆升光电力印务有限公司印刷

*

开本:787×1092 1/16 印张:19.75 字数:493 千
2014 年 9 月第 1 版 2014 年 9 月第 1 次印刷
印数:1—2 000
ISBN 978-7-5624-8613-8 定价:38.00元

本书如有印刷、装订等质量问题,本社负责调换

版权所有,请勿擅自翻印和用本书
制作各类出版物及配套用书,违者必究

前　言

　　根据高职高专院校"工程力学"教学大纲要求,将学时数确定为 90 学时。本教材适用于高职高专院校工科类专业"工程力学"课程教学,各校各专业可以根据自身的教学需求,进行适当的增减。

　　本教材根据高职高专院校人才培养目标要求,从工程实际出发,着重点放在工程应用中的基本知识、分析问题的思路和解决问题的方法上,并通过一定量的例题细致讲解,力求达到学生们较快地掌握该课程的主要知识点并能灵活运用之目的。教材分为三篇,即静力学、材料力学、运动学与动力学,三篇各为一体,相对独立。本教材对以往的工程力学教科书中的内容进行了大量整合,去掉了大量繁杂的推导过程,删去了偏深、偏难的内容,重点放在应用思路和解题方法上,将学生学习的主要精力放在掌握工程应用的实际意义上,同时也控制了习题数量,书后给出了习题答案。

　　在编写本教材过程中,得到了兄弟院校的支持和帮助,参加本书编写的有:朱贞卫(第 1、3 章),周建波(第 2、4、5、6、11章),郭磊魁(第 7、8 章),陆颖荣(第 9、10 章),武昭晖(第 12、13、14、15 章),骆行(第 16 章),全书由周建波统稿。

　　由于编者水平有限,加之时间仓促,书中必然存在不少缺点和错误,殷切希望广大读者批评指正,编者在此表示衷心感谢。

编　者

2014 年 7 月

目录

绪　论

(1) 本书主要构成

本书分 3 篇共计 16 章,第 1 篇是静力学,包括第 1~3 章;第 2 篇是材料力学,包括第 4~11 章;第 3 篇是运动学与动力学,包括第 12~16 章。三个部分相对独立,读者可以根据需要选取章节进行学习。

(2) 主要内容

伴随着科学技术的发展,人类社会发生了深刻的变化。蒸汽机的产生,带来了一次重大的工业革命,使得世界工业化进程大大加快,从而出现了许多新的技术和生产、生活领域,比如建筑、火车、汽车、航空、航天、航海行业就得到了迅速的发展,人们的生活、工作空间得到了迅猛扩展,为今天的高新技术的产生和发展奠定了基础。在这样的科技进步中,工程力学从无到有也得到了很大发展,为现代科技革命作出了重要贡献。

图 0.1

"静力学"主要研究物体在力系作用下,满足什么条件可以使得该物体处于平衡状态并由此条件解决工程实际问题。静力学中主要解决两个问题:第一,如何将一个工程实际中的复杂力系进行简化,成为一个比较简单的力系;第二,物体在力系作用下的平衡条件是什么。我们知道,工程上的建筑或机器结构多数都比较复杂,是由多个小建筑结构或多个零部件有机地组合成为一个完整结构的,从而可以确保人们的生活质量不断提高以及进行人力所不及的工作。

1

为了确保建筑结构的安全性和机器正常有效地运转,需要对其中组成部分的受力情况进行精确的计算,以便进行准确的设计、施工或正确的加工。比如生活中我们会遇到过桥问题(图0.1),如果桥梁设计或施工中存在问题,就会导致桥梁坍塌等重大事故发生;我们乘坐汽车(图0.2),若汽车设计或生产中存在质量问题,也会导致发生交通事故等。

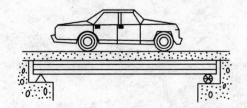

图 0.2

"材料力学"主要研究构件在外力作用下,其内部将产生何种内力,这些内力导致构件发生何种变形,如此的变形对构件正常工作将产生什么影响。工程上把构件在外力作用下,丧失正常的工作能力的现象称为失效。通常失效分为三类:强度失效、刚度失效、稳定性失效。例如机械加工用的钻床立柱(图0.3),如果强度不足,会发生塑性变形或断裂。如果飞机发动机中的涡轮盘发生断裂,极有可能导致机毁人亡的重大恶性事故(图0.4)。如图0.5所示为翻斗货车的液压机构中的顶杆,如果承受的压力过大,或者杆本身过于细长,有可能发生突然弯曲,导致稳定性失效。另外在材料力学中假定材料本身是均匀的、无缺陷的。

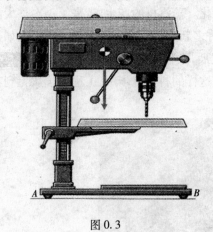

图 0.3

图 0.4

"运动学与动力学"主要研究物体处于运动变化时的情况以及作用于物体上的力与物体运动状态变化之间的关系。

(3)研究模型

"静力学"在研究物体受力时,先忽略物体自身的变形,而认为其是不变形的物体,这样的物体称为刚体。例如图0.6所示的塔式吊车,一般情况下,在其工作时可以将其看成是刚体。由于有了这样的性质,静力学中在分析物体受力时,问题就得到了简化,同时力可以在其作用线上任意移动,而不改变物体的平衡状态,如图0.7所示。

"材料力学"主要研究物体受力后发生的变形情况,因此在静力学中得到了物体所受外力情况后,在材料力学中就不能将其看成是刚体,而要看成是变形体,例如图 0.8 所示,就是由于作用在圆环上的作用力不同,导致圆环发生了两种变形,而在图 0.7 中两种情况下的受力,圆环的平衡没有受到影响。

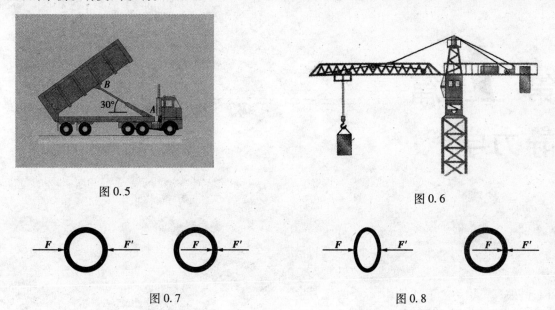

图 0.5

图 0.6

图 0.7

图 0.8

第**1**篇
静力学

第**1**章
静力学的基本概念和物体的受力分析

本章对力的概念、力对物体的作用效应以及物体受力与平衡的一般规律进行了介绍，要求对这些基本概念熟练掌握，便于以后内容的学习。

1.1 静力学的基本概念

1.1.1 矢量法

力的概念是人们在日常生活和生产实践中，通过长期观察和分析而建立起来的。人挑担、推车、举重等由于肌肉紧张而感受到力的作用；锻压工件时，工件会产生变形等。人们就是从大量的实践中，从感性到理性，逐步建立了力的概念。力作用于物体将产生两种效果，一种是使物体的机械运动状态发生变化，称为力的外效应；另一种是使物体产生变形，称为力的内效应。静力学研究力的外效应,材料力学研究力的内效应。

综上所述,力是物体间的相互作用,这种作用使物体的机械运动状态发生变化,或者使物体发生变形。

力对于物体的作用效应取决于力的大小、方向和作用点,称为力的三要素。三个要素中任何一个改变时,力的作用效应都会发生改变。在国际单位制中,力常用单位是牛(N)或千牛(kN)。

力的三要素表明力是一个矢量(是既有大小又有方向的量)。它可以用一个具有方向的线段来表示,如图 1.1 所示,用线段的方位和箭头指向表示力的方向,用线段的长度(按一定的比例尺)表示力的大小,通过力的作用点沿着力的方向的直线,称为力的作用线。力的矢量用 F 表示(注:本书表示力为矢量时,用 F 表示,力的大小则用 F 表示)。

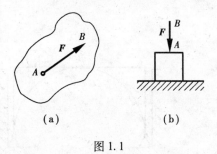

图 1.1

1.1.2　刚体的概念

通常情况下,工程中的机械零件和结构构件在力的作用下发生变形是很微小的,这种微小的变形对物体的外效应影响极小,因此可以忽略不计。这样研究物体受力时,可以把物体看作是不变形的。把这种在任何情况下都不发生变形的物体称为刚体。显然,这是一个抽象化的模型,实际上并不存在这样的物体。这种抽象化的方法,在研究问题时是必要的,也是实际所许可的。

将物体抽象为刚体是有条件的,这与研究问题的性质有关。如果在研究的问题中,物体的变形成为主要因素时,就不能再把物体看成是刚体,而要看成是变形体。

1.1.3　平衡的概念

作用在物体上的一群力称为力系。物体在某一力系作用下,相对于地球静止或作匀速直线运动,则称该物体处于平衡状态,这时作用于物体上的力系称为平衡力系,力系平衡所满足的条件称为平衡条件。实际上,物体的平衡是相对的、暂时的,绝对的平衡是不存在的。一个物体相对于地球是静止的,但同时又随地球而运动,工程中所遇到的平衡问题一般是指相对于地球而言。

1.2　静力学的基本公理

静力学公理是人们在长期的生活和生产实践中总结并概括出来的力学规律,这些规律的正确性已被实践反复证明,是研究静力学的理论基础。

公理一　二力平衡公理　作用于刚体上的两个力平衡的必要和充分条件是:这两个力大小相等,指向相反,并作用于同一直线上。

公理一揭示了作用于物体上最简单的力系平衡时,所必须满足的条件。对刚体来说,这个条件是必要与充分的;图 1.2 表示了满足公理一的两种情况,用矢量表示即:$F_1 = -F_2$。对于变形体这个条件则是不充分的,如绳索受到两个等值、反向、共线的压力作用就不能平衡。只在两个力作用下处于平衡的构件,称为二力构件(或简称二力杆)。工程上存在着许多二力构件。二力构件的受力特点是:两个力必沿作用点的连线且等值、反向,如图 1.3 所示的构件 AB 就属于二力构件。

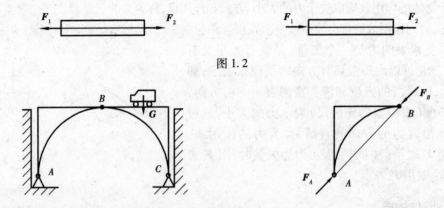

图 1.2

图 1.3

公理二 加减平衡力系公理 在作用于刚体上的任何一个力系上,加上或减去任一平衡力系,并不改变原力系对刚体的作用效应。

这个公理的正确性显而易见,因为平衡力系对于刚体的平衡或运动状态没有影响,所以在原力系上加上或减去一个平衡力系,也不会影响原力系对刚体的作用。这个公理是力系简化的基本方法之一。

推论 力的可传性原理 作用于刚体上的力,可以沿其作用线移至刚体内任意一点,而不改变它对刚体的作用效应。

如图 1.4 所示,在车 A 点推车,与在车 B 点拉车,虽然推力变成拉力,但小车的运动效应不会改变。当然这个原理也可从公理二来推证。因此,作用于刚体上的力的三要素是力的大小、方向和作用线。应当注意,力的可传性原理只适用于刚体,而不适用于变形体。

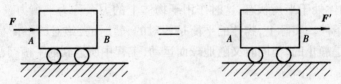

图 1.4

公理三 力的平行四边形法则 作用于物体上同一点的两个力,可以合成为一个合力。合力的作用点仍在该点,合力的大小和方向由这两个力为边构成的平行四边形的对角线来确定(图 1.5)。

这种合成力的方法,称为矢量加法,合力称为这两个力的矢量和,可用公式表示为

$$R = F_1 + F_2 \qquad (1.1)$$

根据此公理用作图法求合力时,通常只需画出半个平行四边形就够了。如图 1.5(b)所示,可从 A 点作一个与力 F_1 大小相等、方向相同的矢量 AB,过 B 点作一个与力 F_2 大小相等、方向相同的矢量 BC,则 AC 即表示力 F_1、F_2 的合力 R,这种求合力的方法,称为力三角形法则。

应该指出,力的这一性质无论对刚体或变形体都是适用的。对于刚体来说,并不要求两力的作用点相同,只要两力的作用线相交,就可根据力的可传性,分别把两力的作用点移到交点

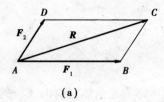
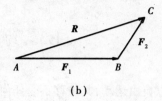

（a）　　　　　　　　　　　　　　　（b）

图 1.5

上,然后再应用力的平行四边形法则求合力,如图 1.6 所示。

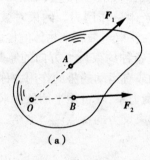
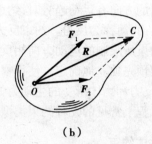

（a）　　　　　　　　　　　　　　　（b）

图 1.6

　　反之,一个力也可以分解为两个分力,但必须附加一定的条件才能得到确定的结果。常见的附加条件是将两个分力向规定的方向分解。例如沿斜面下滑的物体(图 1.7),经常把重力 P 分解为两个分力,一个是与斜面平行的分力 F,这个力使物体沿斜面下滑;另一个是与斜面垂直的分力 N,这个力使物体下滑时紧贴斜面。这两个分力的大小分别为 $F = P\sin\alpha$,$N = P\cos\alpha$。

　　推论　三力平衡汇交定理　刚体受不平行的三力作用而平衡时,这三力的作用线必汇交于一点且位于同一平面内(图 1.8)。

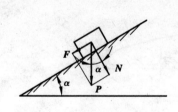
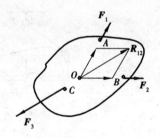

图 1.7　　　　　　　　　　　　　　　图 1.8

　　证明:设有不平行的三个力 F_1、F_2 和 F_3 分别作用于刚体上的 A、B、C 三点,使刚体处于平衡。根据力的可传性原理,将力 F_1、F_2 沿其作用线移到 O 点,并按力的平行四边形法则,合成一合力 R_{12},由已知条件得到力 F_3 应与 R_{12} 平衡。根据二力平衡条件,力 F_3 必定与 R_{12} 共线,所以力 F_3 必通过力 F_1 与 F_2 的交点 O,且 F_3 必与 F_1 和 F_2 在同一平面内。

　　公理四　作用与反作用定律　两物体间相互作用的力,总是大小相等、方向相反,作用线相同,同时分别作用在这两个物体上。

　　需要注意此公理与二力平衡公理的区别,作用力与反作用力公理描述的是两个物体之间相互作用的关系,二力平衡公理则叙述一个物体在两个力作用下的平衡条件,不可混同。

1.3 约束与约束反力

在空间可以自由运动,其位移不受任何限制的物体称为自由体,例如:飞行的飞机、炮弹和火箭等。工程中的大多数物体,在某些方向的位移往往受到限制,这样的物体称为非自由体。例如:在钢轨上行驶的火车、安装在轴承中的转轴等都是非自由体。对非自由体在某些方向的运动起限制作用的周围物体称为约束。如钢轨是火车的约束,轴承是转轴的约束等。当物体沿着约束所限制的方向有运动趋势时,约束对物体必产生一作用力。约束对被约束物体的作用力称为约束反力,简称为反力。约束反力的作用点在约束与被约束物体的接触点,方向总是与非自由体被约束所限制的运动方向相反。这是确定各种约束反力方向的原则,至于约束反力的大小则不能预先独立地确定。使得物体具有运动或有运动趋势的作用力称为主动力。在静力学中,约束反力和物体所受的主动力如果组成平衡力系,就可用平衡条件求出约束反力。

下面介绍工程上常见的几种约束类型并分析其约束反力的特点。

1.3.1 柔性体约束

属于这类约束的有绳索、链条和胶带等。柔性约束本身只能承受拉力,不能承受压力。这种约束的特点是,只能限制物体沿着柔性材料(如绳索等)的中心线离开绳索的运动,而不能限制其他方向的运动,故此类约束的约束反力作用于物体的连接点上,作用线沿拉直的方向,背离物体。例如图 1.9(a)中,连接铁环 A 的钢丝绳,吊起一减速箱盖,其中箱盖的重力 G 是主动力,根据柔性约束反力的特点,可以确定钢丝绳给减速箱盖的约束反力为图 1.9(b)中的 F_1、F_2(拉力)。

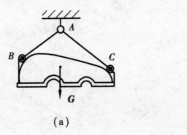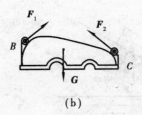

(a)   (b)

图 1.9

1.3.2 光滑面约束

当两物体接触面上的摩擦力比其他作用力小很多时,摩擦力就成了次要因素,可以忽略不计,这样的接触面就认为是光滑的。此时,不论接触面是平面还是曲面,都不能限制物体沿接触面切线方向运动,而只能限制物体沿接触面的公法线方向的运动。因此,光滑面约束反力的方向,应沿接触面在接触点处的公法线且指向物体,如图 1.10 所示曲面对钢球的约束反力 N。如图 1.11 所示直杆 A、B、C 三处的约束反力 N_A、N_B、N_C(注意约束反力是由主动力引起的)。

1.3.3 圆柱铰链约束

两个物体用光滑圆柱体(例如销钉)相连接,两者都可绕光滑圆柱体自由转动,这时光滑

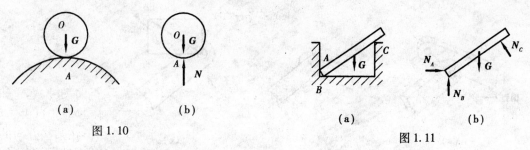

(a)　　　　　(b)

图 1.10

(a)　　　　　(b)

图 1.11

圆柱体便对所连接物体的移动形成约束。最常见的有:

(1)固定铰支座

若构成圆柱铰链约束中的一个构件固定在地面或机架上作为支座,则称此铰链为固定铰支座,如图 1.12(a)所示。其约束反力 **R** 如图 1.12(b)所示,由于约束反力的大小和方向都是未知的,通常将约束反力 R_A 分解为两个正交分量 X_A、Y_A 表示,如图 1.12(c)所示,图 1.12(d)为固定铰支座的简化画法。

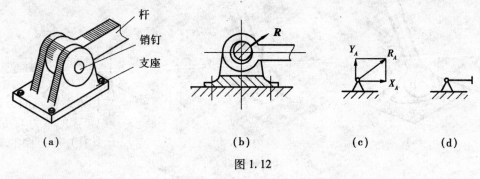

杆
销钉
支座

(a)　　　　(b)　　　　(c)　　　　(d)

图 1.12

(2)辊轴支座

若在由圆柱铰链构成的支座与光滑支承面之间装有辊轴,就构成辊轴支座或可动铰支座,如图 1.13(a)所示。其约束反力 **N** 如图 1.13(b)所示,图 1.13(c)为辊轴支座的简化画法。需要指出的是,辊轴支座既有限制被约束物体向下运动的,也有限制物体向上运动的,因此垂直于接触面的约束力可能背向接触面,也可能指向接触面。

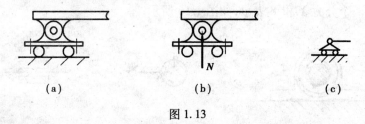

(a)　　　　(b)　　　　(c)

图 1.13

(3)中间铰链

将两个构件用圆柱铰链连接在一起称为中间铰链,其约束反力一般也用两个正交分量表示,如图 1.14 所示。

1.3.4 光滑球形铰链约束

构件 A 的球形部分嵌入构件 B 的球形窝内,构成了球形铰链约束。这是一种空间的铰链

9

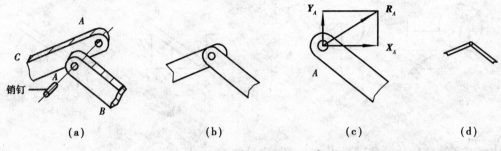

图 1.14

约束。若两个球形表面之间无摩擦,则为光滑接触,构件 A 受到的约束反力必通过球心沿着半径方向,但它的方位不能预先确定。通常将球形铰链的约束反力表示为正交的三个分力 X、Y、Z,如图 1.15 所示。

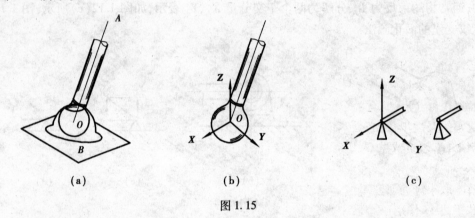

图 1.15

1.3.5 轴承约束

轴承是机器中支承轴的重要零件,常见的有向心轴承和向心推力轴承。

1)向心轴承。如图 1.16(a)所示,它的性质与圆柱铰链相同,但现在轴为被约束物体,轴承限制了轴在垂直于轴线的平面内的径向运动。其约束力与圆柱铰链约束力的特点相同,通常用互相垂直的两个分力 X 和 Y 表示,如图 1.16 所示。

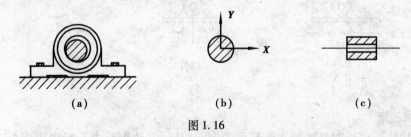

图 1.16

2)向心推力轴承。如图 1.17(a)所示,它不仅限制了单方向的轴向运动(止推作用),也限制了轴在垂直于轴线的平面内的径向运动。其约束力与球形铰链约束力的特点相同,如图 1.17(b)所示,通常用互相垂直的三个分力 X、Y 和 Z 表示。

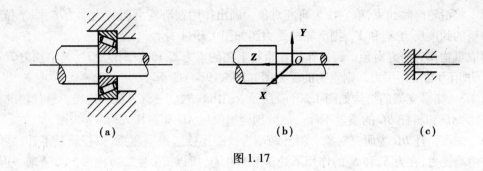

图 1.17

1.4 隔离体与受力图

无论是静力学还是动力学问题求解时,都必须分析物体的受力情况,这个分析过程,称为对物体的受力分析。当一个非自由体受到主动力作用时,在物体受到约束的地方将有约束反力对它作用。受约束的物体在主动力的作用下处于平衡时,若将其部分或全部的约束除去,代之以相应的约束反力,则物体的平衡不受影响。以上称为解除约束原理。解除约束后的物体,称为隔离体(也叫分离体)。表示隔离体及其所受外力的图,称为受力图。画受力图是研究静力学问题的关键步骤,必须熟练掌握。下面举例说明受力图的画法。

例 1.1 匀质球重 G,用绳系住并靠于光滑的斜面上,如图 1.18(a)所示,试画出小球的受力图。

解 取小球为研究对象,小球受到的主动力是小球重力 G 作用于小球中心 O。小球在 A、B 两点与绳和斜面解除约束。A 点约束属柔性约束,其反力沿绳的中心线背离小球;B 点约束属于光滑面约束,其反力沿公法线即小球半径方向指向球心。小球的受力图如图 1.18(b)所示。

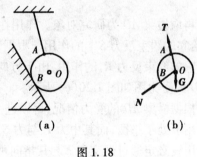

图 1.18

例 1.2 如图 1.19(a)所示,定滑轮在轮心 A 处受到平面铰链约束,在绳的一端施一力 F,将重力 G 的物体匀速吊起。设滑轮自重不计,滑轮与轴向摩擦不计。试分别画出滑轮和重物的受力图。

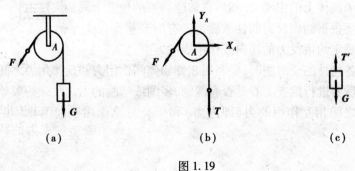

图 1.19

  解 将滑轮解除约束,取它作为研究对象。画出作用在滑轮上面的主动力 F,绳子拉力 T 和圆柱销的约束反力 X_A 和 Y_A,则滑轮的受力图如图 1.19(b)所示。

  再取重物作为研究对象。画出作用在重物上面的重力 G 和绳子拉力 T',其中拉力 T 和拉力 T' 为作用力和反作用力。则重物的受力图如图 1.19(c)所示。

  例 1.3 简易支架的结构如图 1.20(a)所示,图中 A、B、C 三点为铰链连接。悬挂物的重量为 P,横梁 AD 和斜杆 BC 的质量不计。试分别画出横梁 AD 和斜杆 BC 的受力图。

  解 先取斜杆 BC 为研究对象。斜杆两端为铰链连接。根据题意,斜杆质量不计,显然斜杆只在两端受力,在力 S_B 和 S_C 的作用下处于平衡状态,所以 BC 是二力构件。由公理一可知,这两个力一定是大小相等、方向相反、作用线沿 B、C 两点的连线(由经验判断,此处应为拉力,但在一般情况下,力的指向不能定出,需应用平衡条件才能确定)。斜杆 BC 的受力图如图 1.20(b)所示。

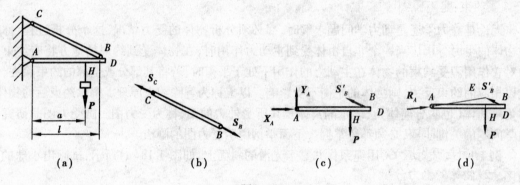

图 1.20

  再取横梁 AD 为研究对象。作用在横梁上的主动力有重力 P。梁在铰链 B 处受有二力杆 BC 给它的约束反力 S'_B 的作用。根据作用和反作用定律,$S_B = -S'_B$。梁在 A 处受有固定铰支座给它的约束反力 R_A 的作用,由于方向未知,可用两个大小未定的正交分力 X_A 和 Y_A 表示,横梁 AD 的受力图如图 1.20(c)所示。

  根据横梁 AD 的受力情况,可以进一步确定铰链 A 的约束反力方位。由于横梁 AD 在三个力作用下处于平衡,而其中力 P 与力 S'_B 相交于 E 点,故根据三力平衡汇交定理,第三个力 R_A 的作用线必定通过汇交点 E。其指向可先假设。横梁 AD 的受力图如图 1.20(d)所示。

  综合以上几个例题可归纳画受力图的步骤和注意事项:

  ①首先必须确定"研究对象"。将要研究的物体解除约束,画出隔离体。

  ②先画作用在隔离体上的主动力,然后在解除约束的位置上画约束反力。

  ③画约束反力要根据约束反力的性质确定。有时要根据二力平衡共线,不平行的三力平衡汇交等平衡条件确定约束反力的指向或作用线的方位。

  ④在画系统中各构件的受力图时,要利用相邻物体间作用力和反作用力之间的关系。

  ⑤画完受力图后要进行检查。看是否有漏画、多画或错画的力。凡受约束处必有约束力。研究对象内各部分之间相互作用的力(即内力)和研究对象作用于周围物体的力(即施力)不画。

小　结

本章介绍了静力学的基本概念及公理,并介绍了对物体进行受力分析的方法和步骤。

(1)基本概念

①力:物体间相互的机械作用,这种作用使物体的运动状态发生改变或使物体发生变形。力是矢量,力的运算服从矢量运算法则。

②刚体:在外力的作用下,大小和形状都保持不变的物体,是不变形的物体。它是实际物体的一种抽象化模型。

③平衡:指物体相对于地球保持静止或作匀速直线运动的状态。

④约束:是阻碍物体运动的限制物,最常见的典型约束有:柔性体、光滑接触面、光滑圆柱形铰链、固定铰支座、可动铰支座、球铰等。约束反力方向总是与它所能阻止的物体的运动或运动趋势的方向相反,其作用点在约束与物体的接触点。

(2)静力学公理

①二力平衡公理是最简单和基本的平衡条件。

②加减平衡力系公理是力系等效替代和简化的理论基础。

③力的平行四边形法则揭示了力的矢量运算规律,是力系简化的基本理论之一。

④作用与反作用定律揭示了力的传递方式,是分析物体系统问题的理论基础。

(3)物体的受力分析

在隔离体上画出所受的全部外力的图形称为受力图,正确画出受力图是解决静力学问题的关键步骤,否则会影响计算结果。在画受力图时,首先确定研究对象,画出隔离体,受力图上只画物体所受的外力,不画内力、施力。对系统中的二力杆必须准确无误地给予确定,以便简化解题过程。

思　考　题

1.1　二力平衡公理与作用和反作用定律中的两个力都是等值、反向、共线,试问二者有何区别,并举例说明。

1.2　刚体上作用三个力,如三个力的作用线交于一点,刚体是否必然平衡?

1.3　"分力一定小于合力",对不对?为什么?试举例说明。

1.4　当求图1.21(a)中铰链 C 的约束反力时,可否将作用于杆 AC 上 D 点的力 P 沿其作用线移动到 E 点,变成力 P'?图1.21(b)中力 P 作用在销钉 C 上,试问销钉 C 对杆 AC 的力与销钉 C 对杆 BC 的力是否等值、

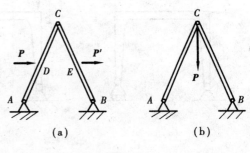

图1.21

反向、共线？为什么？

1.5 什么是二力杆？为什么在进行受力分析时要尽可能地找出结构中的二力杆？

习 题

1.1 画出图中有字符标注的物体的受力图。设各接触面均为光滑面,未画重力的物体重量不计。

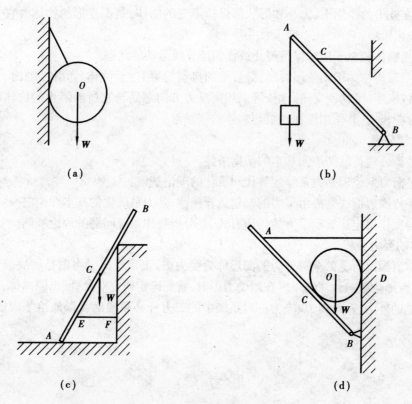

习题 1.1 图

1.2 画出三种受力情况下钢架的受力图,钢架自重不计。

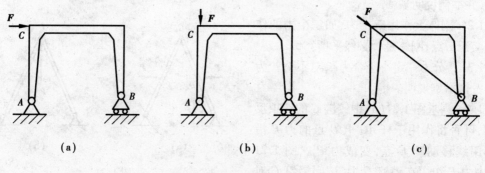

习题 1.2 图

1.3　试画出 AB 杆的受力图。

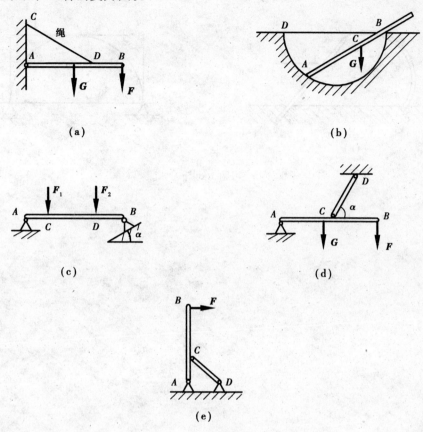

习题 1.3 图

1.4　试分别画出整个系统及杆 BD、AD、AB（带滑轮 C、重物 E 和一段绳索）的受力图,接触面为光滑面。

习题 1.4 图　　　　　　　　　　　习题 1.5 图

1.5　构件如图所示,试分别画出杆 HED、杆 BDC、杆 AEC 的受力图。

1.6　试分别画出图示结构中 AB 杆与 BC 杆的受力图。

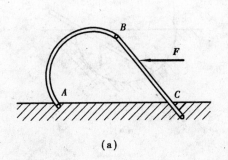
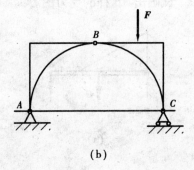

(a)　　　　　　　　　　　(b)

习题 1.6 图

第 **2** 章
平面力系

　　平面力系是工程上最常见的力系,很多实际问题都可以简化为平面力系来处理;本章主要对作用在构件上的平面力系进行简化,通过力系简化,讨论平面力系对刚体的移动效应和转动效应,建立平面力系的平衡方程,从而达到确定作用在构件上所有未知力的目的,进而为以后章节的工程构件进行强度、刚度和稳定性校核奠定基础。

2.1　工程中的平面一般力系问题

　　构件受到某个力系的作用,如果该力系中各作用力的作用线都分布在同一平面内,既不完全汇交于同一点,也不完全平行,这种力系称为平面一般力系(简称平面力系)。如图2.1(a)所示的悬臂吊车的横梁,受到载荷 Q、重力 P、支座反力(X_A、Y_A)和拉杆 CD 拉力 T 的作用,从图2.1(b)中看到:这些力的作用线均分布在同一平面内,它们不完全汇交于同一点,彼此间也不完全平行,显然这个力系就是平面力系。平面力系中,若力的作用线在同一平面且汇交于一点,这样的力系叫作平面汇交力系。例如型钢 MN 上焊接三根角钢,受力情况就是平面汇交力系,如图2.2所示。

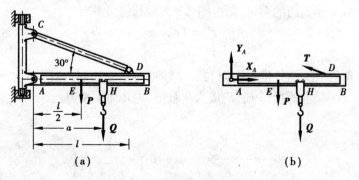

图 2.1

　　平面一般力系是工程上最常见的力系,很多工程实际问题都可以简化为平面一般力系来处理,本章对平面一般力系的简化和平衡方程进行重点分析。

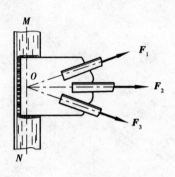

图 2.2

2.2　力在坐标轴上的投影

2.2.1　力在坐标轴上的投影

将作用在物体上的平面一般力系进行简化,是研究平面力系首先要解决的问题。在这里

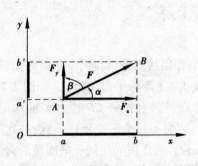

图 2.3

先介绍力在坐标轴上的投影方法,前面提到了力作为矢量既有大小又有方向,矢量间的加减对于我们来说还不熟悉,但是大家比较熟悉代数量间的加减,为此提出将力在坐标轴上进行投影,就是希望将平面内的矢量转化成代数量进行简化和计算。

设力 F 在 Oxy 平面内(图 2.3),从力 F 的起点和终点分别作 x 轴的垂线,在 x 轴上的线段 ab 称为力 F 在 x 轴上的投影(用 F_x 来表示);同理,从力 F 的起点和终点作 y 轴的垂线,在 y 轴上的线段 $a'b'$ 称为力 F 在 y 轴上的投影(用 F_y 来表示)。设 α 和 β 表示力 F 与 x 轴和 y 轴正向的夹角,则由图 2.3 根据几何关系有

$$\left.\begin{array}{l} F_x = F\cos \alpha \\ F_y = F\cos \beta \end{array}\right\} \tag{2.1}$$

式中,F_x、F_y 的正负值取决于其投影指向与 x、y 轴正向是否相同,相同则取正值,反之则取负值。这样力 F 在 x、y 轴上的投影 F_x、F_y 成为代数量,由几何关系得到

$$\left.\begin{array}{l} F = \sqrt{F_x^2 + F_y^2} \\ \cos \alpha = \dfrac{F_x}{\sqrt{F_x^2 + F_y^2}}, \cos \beta = \dfrac{F_y}{\sqrt{F_x^2 + F_y^2}} \end{array}\right\} \tag{2.2}$$

通过对矢量力 F 进行投影,将矢量力 F 简化为两个代数量 F_x、F_y,根据几何关系进行大小和方向计算。同理对平面一般系中的多个力的处理方法相同,以下讨论这个问题。

2.2.2　合力投影定理

作用于吊环螺钉上有四个力 $\boldsymbol{F}_1$、$\boldsymbol{F}_2$、$\boldsymbol{F}_3$ 和 $\boldsymbol{F}_4$（大小分别为 360、550、380 和 300 N，与 x 轴的夹角分别为：$\alpha_1=60°$、$\alpha_2=0°$、$\alpha_3=30°$、$\alpha_4=70°$），且分布在同一平面内如图 2.4所示。这四个力构成了平面一般力系，且是一种特殊情况，即四个力作用线的延长线汇交于同一点 O，把这样的平面力系称为平面汇交力系，现在提出一个问题就是：如何求出这四个力的合力 $\boldsymbol{R}$？

图 2.4

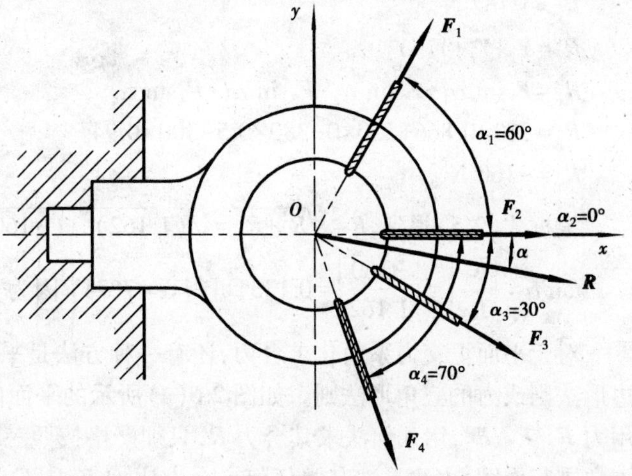

介绍的方法叫合力投影方法，即建立合力与各分力的投影之间的关系，这是本章需要掌握的重点内容。假设合力 $\boldsymbol{R}$ 在 x、y 轴上的投影分别为 R_x、R_y，分力 $\boldsymbol{F}_1$、$\boldsymbol{F}_2$、$\boldsymbol{F}_3$ 在 x、y 轴上的投影分别为（X_1, X_2, X_3）和（Y_1, Y_2, Y_3），如图 2.5 所示。通过力的平行四边形法则，其几何关系彼此之间存在如下关系：

图 2.5

$$\left.\begin{aligned}R_x &= X_1 + X_2 + X_3\\ R_y &= Y_1 + Y_2 + Y_3\end{aligned}\right\}\tag{2.3}$$

对于 n 个力组成平面汇交力系可得到

$$\left.\begin{aligned}R_x &= X_1 + X_2 + \cdots + X_n = \sum_{i=1}^{n} X_i\\ R_y &= Y_1 + Y_2 + \cdots + Y_n = \sum_{i=1}^{n} Y_i\end{aligned}\right\}\tag{2.4}$$

由此得到合力投影定理：合力在坐标轴上的投影等于各分力在同一坐标轴上的投影的代数和。注意是代数和，所谓代数和是指：各分力在坐标轴上的投影的正负号是按照其投影的方向与坐标轴的正向是否一致得到的，方向一致取正号，方向相反取负号。求出合力 $\boldsymbol{R}$ 的投影 R_x 和 R_y 后，则可计算出合力 $\boldsymbol{R}$ 的大小和方向，见式（2.5）。

$$\left.\begin{aligned}R &= \sqrt{R_x^2 + R_y^2} = \sqrt{\left(\sum X\right)^2 + \left(\sum Y\right)^2}\\ \tan\alpha &= \left|\frac{R_y}{R_x}\right| = \left|\frac{\sum Y}{\sum X}\right|\end{aligned}\right\}\tag{2.5}$$

式（2.5）中的 α 表示合力 $\boldsymbol{R}$ 与 x 轴之间所夹的锐角，合力的指向须根据 R_x 和 R_y 的正负号来综合判断。

下面对图 2.4 情况进行合力计算，根据式（2.4）得到

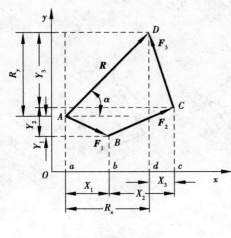

$$R_x = X_1 + X_2 + X_3 + X_4$$

$$R_x = F_1\cos\alpha_1 + F_2\cos\alpha_2 + F_3\cos\alpha_3 + F_4\cos\alpha_4$$

$$R_x = 360 \times 0.5 + 550 \times 1 + 380 \times 0.866 + 300 \times 0.342$$

$$R_x = 1\ 162\ \text{N}$$

$$R_y = Y_1 + Y_2 + Y_3 + Y_4$$

$$R_y = F_1\sin\alpha_1 + F_2\sin\alpha_2 - F_3\sin\alpha_3 - F_4\sin\alpha_4$$

$$R_y = 360 \times 0.866 + 550 \times 0 - 380 \times 0.5 - 300 \times 0.94$$

$$R_y = -160\ \text{N}$$

根据式(2.5)得到,$R = \sqrt{R_x^2 + R_y^2} = \sqrt{(1\ 162)^2 + (-160)^2}\ \text{N} = 1\ 173\ \text{N}$

$\tan\alpha = \left|\dfrac{R_y}{R_x}\right| = \left|\dfrac{-160}{1\ 162}\right| = 0.133$,可得 $\alpha = 7°54'$,因为 R_x 为正,R_y 为负,故合力 $\boldsymbol{R}$ 在第四象限。

对于平面汇交力系简化求合力,还有一种方法是平面几何作图法:主要依据是力的平行四边形法则或力的三角形法则。如图 2.6(a)所示的平面内,在刚体上作用汇交于 A 点的三个作用力 $\boldsymbol{F}_1$、$\boldsymbol{F}_2$、$\boldsymbol{F}_3$,用几何法求其合力 $\boldsymbol{R}$,只须严格按照三个力的大小(可以按照等比例画图)和方向进行作图,方法是选其中任何一个力比如 $\boldsymbol{F}_1$ 从汇交点 A 出发,按其方向和大小画出 $\boldsymbol{F}_1$ 到 B 点(即 AB),将 $\boldsymbol{F}_2$ 以 B 点作为起点画到 C 点(即 BC),将 $\boldsymbol{F}_3$ 以 C 点作为起点画到 D 点(即 CD),这样就形成 $ABCD$ 组成的一个力的多边形,将这个多边形的封闭边画出得 AD 即为这三个力的合力 $\boldsymbol{R}$,具体作图可以按照如图 2.6(b)、(c)所示的方法。

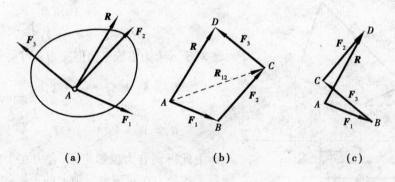

(a)　　　　　　　(b)　　　　　　　(c)

图 2.6

合力 $\boldsymbol{R}$ 可以表达为

$$\boldsymbol{R} = \boldsymbol{F}_1 + \boldsymbol{F}_2 + \boldsymbol{F}_3 \tag{2.6}$$

对于 n 个力,则有

$$\boldsymbol{R} = \boldsymbol{F}_1 + \boldsymbol{F}_2 + \cdots + \boldsymbol{F}_n = \sum_{i=1}^{n} \boldsymbol{F}_i \tag{2.7}$$

由此得到结论:平面汇交力系合成的结果是一个合力,其大小和方向由力多边形的封闭边来表示,其作用线通过各力的汇交点,即合力等于各分力的矢量和。

2.3 力矩与平面力偶理论

2.3.1 力对点之矩

本书在第 1 章介绍了力的外效应,即使物体的机械运动状态发生变化,这种运动状态可以使得物体具有移动效应,同时还有一些作用力能够使物体具有转动效应。图 2.7 是用扳手转动螺母的示意图,力 F 使扳手绕 O 点转动,这样的转动效应如何衡量?

首先作如下的规定:力 F 对 O 点的转动效应叫作力对点之矩(简称力矩),力矩以符号 $m_O(F)$ 表示(意为力 F 对 O 点之矩)其大小为

$$m_O(F) = \pm Fd \tag{2.8}$$

式(2.8)中 F 是力 F 的大小,d 是 O 点到力 F 作用线的垂直距离叫作力臂,注意:这里的力臂不能误认为是 OA。O 点为力矩中心(简称为矩心),"$\pm$"号表示:力使物体绕矩心作逆时针方向转动时力矩取正号,作顺时针方向转动时力矩取负号,这样平面中力对点之矩是一个代数量,单位为 N·m 或 kN·m。

通过式(2.8)可以看出:力 F 对 O 点之矩的大小取决于力 F 和力臂 d 大小之积,只要两者的乘积不变,两个值的大小可以任意改变;如果力 F 的作用线通过矩心 O 时,则力臂 $d=0$,则力矩等于零。

如果平面力系中有 F_1、F_2、$\cdots$、F_n 对平面内任一点 O 取矩,均可用上面的方法求解,由于力对点之矩即力矩为代数量,因此这些力对 O 点之矩的代数和为

$$M_O(F) = m_O(F_1) + m_O(F_2) + \cdots + m_O(F_n) = \sum_{i=1}^{n} m_O(F_i) \tag{2.9}$$

将 M_O 叫作这个力系对 O 点的主矩。

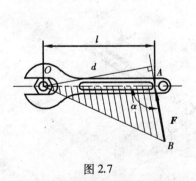

图 2.7

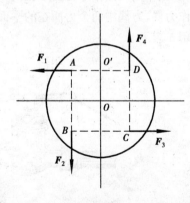

图 2.8

例 2.1 图 2.8 是半径为 r 的圆盘上,以 O 为中心,边长为 r 的正方形的四个顶点,分别作用着力 F_1、F_2、F_3、F_4,组成一个平面力系,四个力大小均等于 F,求该力系对 O、O' 点的主矩 M_O、$M_{O'}$,观察主矩 M_O、$M_{O'}$ 间有何关系。

解 ①求出该力系对 O 点的主矩 M_O,根据式(2.9)得到

$$M_O = m_O(F_1) + m_O(F_2) + m_O(F_3) + m_O(F_4)$$

$$M_O = \frac{r}{2}(F_1 + F_2 + F_3 + F_4) = \frac{r}{2} \times 4F = 2Fr$$

②求出该力系对 O' 点的主矩 $M_{O'}$，根据式(2.9)得到

$$M_{O'} = m_{O'}(F_1) + m_{O'}(F_2) + m_{O'}(F_3) + m_{O'}(F_4)$$

$$M_{O'} = F_1 \times 0 + F_2 \times \frac{r}{2} + F_3 \times r + F_4 \times \frac{r}{2} = 2Fr$$

③两个主矩之间存在 $M_O = M_{O'} = 2Fr$ 的关系。

例 2.2 图 2.9 是两个齿轮啮合传动，已知大齿轮的节圆半径为 r_2、直径为 D_2，小齿轮作用在大齿轮上的压力为 F，压力角为 α_0，求压力 F 对大齿轮转动中心 O_2 点之矩。

解 根据式(2.8)得到

$$m_{O_2}(F) = -Fd$$

其中，$d = r_2 \cos \alpha_0 = \frac{D_2}{2} \cos \alpha_0$，故

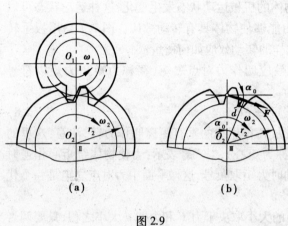

图 2.9

$$m_{O_2}(F) = -Fd = -F \times \frac{D_2}{2} \cos \alpha_0$$

式中，负号表示力 F 使大齿轮绕 O 点作顺时针方向转动。

2.3.2 力偶及其性质

前面介绍的是单个力使物体绕某一点具有转动效应，在工程实际中经常还有一种使得物体具有转动效应的力，但不是单个力而是一对力即两个力 (F, F')，且这两个力大小相等、方向相反、作用线互相平行但不在同一直线上，如图 2.10(a)、(b)所示，把这样的两个力 (F, F') 叫作力偶，力偶中两个力所在的平面叫作力偶作用面，两个力作用线间的垂直距离称为力偶臂，用 h 表示。

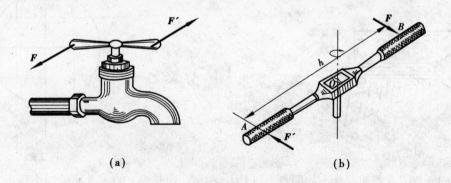

图 2.10

力偶对物体的作用效应又如何衡量和计算？由于力偶只能使物体产生转动效应，仍然可以将两个力分开，在力偶作用面内任取一点 O，这两个力 (F, F') 对 O 点的转动效应如图 2.11

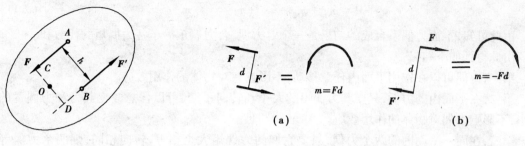

图 2.11   图 2.12

所示。力偶臂为 h，O 点为任意一点，则作用力 F 和 F' 对 O 点之矩分别为

$$m_O(\boldsymbol{F}) = Fd = + F \times \overline{OC}, m_O(\boldsymbol{F}') = + F'd = + F' \times \overline{OD}$$

二者之和为：$m_O(\boldsymbol{F}) + m_O(\boldsymbol{F}') = F \times \overline{OC} + F' \times \overline{OD} = + F \times h = m_O(\boldsymbol{F}, \boldsymbol{F})$，由此可见，力偶对矩心 O 点的力矩只与力 F 和力偶臂 h 的大小有关，而与矩心位置无关。就是说力偶对物体的转动效应只取决于力偶中力和力偶臂二者的乘积。就把力偶中力和力偶臂二者的乘积作为度量力偶对物体的转动效应的物理量，叫作力偶矩，记作

$$m(\boldsymbol{F}, \boldsymbol{F}') = m = \pm F \times h \tag{2.10}$$

式（2.10）中的正负号表示力偶的转动方向，逆时针方向转动时为正，顺时针方向转动时为负，如图 2.12 所示。平面力偶矩是个代数量，单位与力矩单位相同。

综上所述，力偶对物体的作用效应取决于三个要素：力偶矩的大小；力偶的转向；力偶的作用平面。其中任一要素发生变化，力偶对物体的作用效应都会发生变化。

2.3.3 平面力偶系的合成与平衡

在同一平面内存在两个力偶 $(\boldsymbol{F}_1, \boldsymbol{F}'_1)$ 和 $(\boldsymbol{F}_2, \boldsymbol{F}'_2)$，它们的力偶臂分别为 d_1 和 d_2，如图 2.13(a) 所示，其力偶矩分别为 m_1、m_2，现在看两个力偶合成的结果。

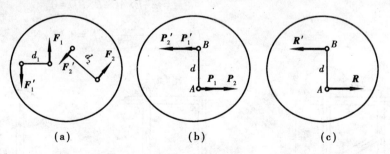

图 2.13

在同一平面内，任取一线段 $AB = d$，在 A、B 两端点作与 $AB = d$ 线段垂直的两组力偶 $(\boldsymbol{P}_1, \boldsymbol{P}'_1)$、$(\boldsymbol{P}_2, \boldsymbol{P}'_2)$，如图 2.13(b) 所示，令：$m_1 = P_1 d, m_2 = P_2 d$，这样的变换结果就使得原两个力偶 $(\boldsymbol{F}_1, \boldsymbol{F}'_1)$ 和 $(\boldsymbol{F}_2, \boldsymbol{F}'_2)$ 在不改变它们对物体作用效应的前提下，变化为新的两个力偶 $(\boldsymbol{P}_1, \boldsymbol{P}'_1)$、$(\boldsymbol{P}_2, \boldsymbol{P}'_2)$，两者之间对物体的作用效应是完全相同的。新的两个力偶由于作用力处于同一直线上，故可以简化为代数和的加减，合成为一个新的力偶 $(\boldsymbol{R}, \boldsymbol{R}')$，如图 2.13(c) 所示，合力的大小为：$R = R' = P_1 + P_2$，力偶臂为 d，力偶矩大小为 $M = Rd = (P_1 + P_2)d = P_1 d + P_2 d = m_1 + m_2$。同理在同一平面内有 n 个力偶，则合成的结果为一个合力偶，合力偶矩的大小为

$$M = m_1 + m_2 + \cdots + m_n = \sum m_i \qquad (2.11)$$

由此可知,平面力偶系合成的结果是一个合力偶,合力偶矩等于各力偶矩的代数和。

由此得到如下结果:

第一,力偶可以在作用平面内任意移动,不影响它对物体的作用效应。

第二,在平面内的力偶,只要其力偶矩的大小和转向不变,可以任意改变其力和力偶臂的大小,不影响力偶对物体的作用效应。

第三,在同一平面内的两个力偶,只要它们的力偶矩大小相等、转向相同,则两个力偶等效,如图 2.14 所示。

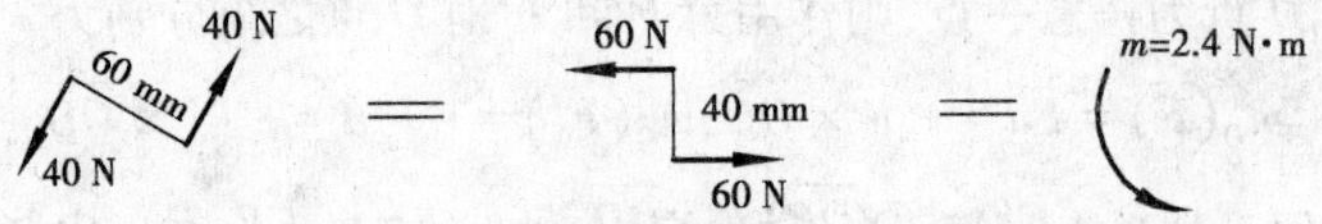

图 2.14

第四,平面力偶系平衡的必要和充分条件是:平面力偶系中的各力偶矩的代数和等于零,即

$$M = m_1 + m_2 + \cdots + m_n = \sum m_i = 0 \qquad (2.12)$$

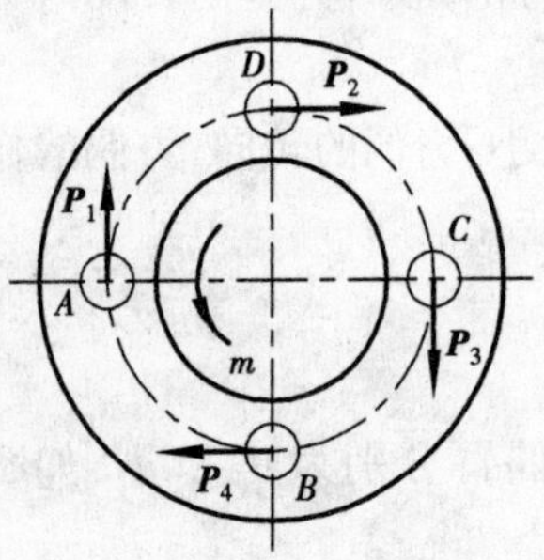

例 2.3 图 2.15 所示为联轴器上有四个螺栓 A、B、C、D 的孔心均匀分布在同一圆周上,此圆的直径 $AC = BD = 150$ mm,电动机轴传给联轴器的力偶矩 $m = 2.5$ kN·m,求每个螺栓所受的力。

解 假设四个螺栓受力是均匀的,且组成两个力偶与电动机传给联轴器的力偶平衡,于是有

$P_1 = P_2 = P_3 = P_4 = P$,由 $\sum m = 0$

该平面内的力偶代数和为

$$M = m - P \times AC - P \times BD = 0$$

$$P = \frac{m}{2AC} = \frac{2.5}{2 \times 0.15} \text{ kN} = 8.33 \text{ kN}$$

图 2.15

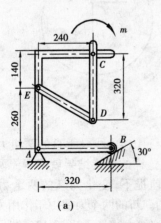 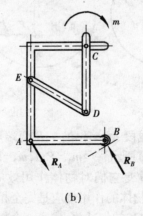 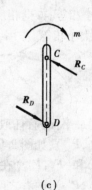

(a) (b) (c)

图 2.16

例 2.4 图 2.16 所示,在一个框架上作用一个力偶,力偶矩 $m = 40$ N·m,转向如图,A 为

固定铰链约束，C、D、E 是中间铰链约束，B 为光滑面约束，不计各杆质量，长度单位是 mm，求框架平衡时各约束处的约束反力。

解　①以框架为研究对象画受力图，如图 2.16(b)所示，由于框架受到外力偶矩 m 的作用，使得框架具有发生转动的效应，为保证框架的平衡，约束反力 R_A、R_B 构成一个力偶(R_A，R_B)与外力偶平衡，列平衡方程

$$-m+R_A \times AB\cos 30° = 0$$

得到

$$R_A = \frac{m}{AB\cos 30°} = \frac{40}{0.32 \times 0.866}\text{ N} = 144\text{ N} = R_B$$

②根据整体框架平衡，其中内部各杆件也平衡的原则，选取 CD 杆件作为研究对象，由于 DE 杆件为二力杆，所以 CD 杆的 D 处约束反力如图 2.16(c)所示，又由于 CD 受到了外力偶矩 m 的作用，为了保持该杆件的平衡，所以 C 处约束反力与 D 处约束反力构成一力偶，与外力偶平衡，列出平面力偶系的平衡方程，即

$$-m+R_C \times \frac{0.24}{\sqrt{(0.18)^2+(0.24)^2}} \times 0.32 = 0$$

得到

$$R_C = 156\text{ N} = R_D = R_E$$

2.4　力的平移定理

力偶对物体作用为转动效应，力偶可以在作用平面内任意移动，不影响它对物体的作用效应的性质，由于有了这个性质，对于平面内的力偶可以比较方便进行合成。平面内的作用力在平面内是否也可以自由地移动呢？前面介绍了作用在刚体上的作用力可以沿着其作用线的方向移动，不影响其对刚体的作用效应。

如果将作用在刚体上的作用力，从作用点平行移动到另外一点时，根据力的三要素可知，作用力对刚体的作用效应会发生变化，如何做到将作用力在作用平面内任意移动，而不改变该作用力对刚体的作用效果？假设在刚体 A 点作用一作用力 F，如图 2.17(a)所示，为了使力 F 在平面内移动到任一点比如 B 点而不改变该力对物体的作用效应，基本思路是在 B 点处附加一对大小相等、方向相反、作用线相同的平衡力系(F，F')，令这对平衡力系力的大小与 A 点作用力 F 大小相等、作用线互相平行，如图 2.17(b)所示。

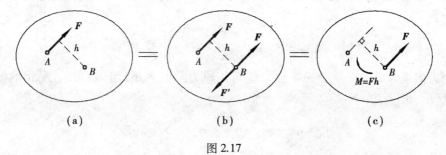

图 2.17

由于在 B 点附加的是一个平衡力系即零力系，所以力对刚体的作用效应不会改变。从另一个角度看，图 2.17(b)中的力系是一个平面力系，由 A 点的作用力 F 和 B 点的作用力 F' 组

成的力偶(F,F')以及 B 点的作用力 F 组成的。其中力偶(F,F')的力偶矩的大小为 $m=-Fh$，而 A 点的作用力 F 对 B 点之矩为 $m_B(F)=-Fh$，即二者在数值上是相等的。于是图 2.17(b) 中的平面力系可以看成是由作用在 B 点的作用力 F 和作用在刚体上的力偶矩为 $m=-Fh$ 所组成的力系，如图 2.17(c)所示。

由此得到以下结论:作用于刚体上的力在其作用线平面内可以平行移动到平面内的任意一点,为了保证该力对刚体的作用效应不变,需要附加一个力偶,附加力偶的力偶矩在数值上等于原力对平移点之矩。此即为力向一点平移定理。

通过上述定理可以看到,力向任意点平移,得到与之等效的一个力和一个力偶。力的平移定理既是力系简化的依据,又是分析力对物体作用效应的重要方法。

2.5　平面力系向一点的简化

2.5.1　平面力系向一点的简化

设刚体上作用有由多个力组成的平面力系(F_1、F_2、$\cdots$、F_n),如图 2.18(a)所示。现将该力系向其作用平面内任一点比如 O 点进行简化,O 点叫作简化中心,根据力的平移定理可以将力系中的各力向 O 点进行平移,同时附加相应的力偶如图 2.18(b)所示。这样的结果实际上得到了两个力系:一个是汇交于 O 点的平面汇交力系(F'_1、F'_2、$\cdots$、F'_n),另外一个力系是平面力偶系(M_1、M_2、$\cdots$、M_n),如图 2.18(c)所示,它们的力偶矩分别等于原力系诸力对 O 点之矩。

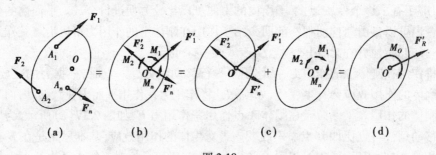

图 2.18

根据前面的知识,平面汇交力系的合成结果为一个合力叫作原力系的主矢,用 F'_R 表示,可以表示为

$$F'_R = F_1 + F_2 + \cdots + F_n = \sum_{i=1}^n F_i \tag{2.13}$$

平面力偶系合成的结果是一个合力偶叫作原力系的主矩,用 M_O 表示,简化的结果如图 2.18(d)所示,可以表示为

$$M_O = m_1 + m_2 + \cdots + m_n = \sum_{i=1}^n m_O(F_i) \tag{2.14}$$

2.5.2　简化结果的讨论

平面力系在作用平面内向任一点简化,可以得到一个主矢 F'_R 和一个主矩 M_O。主矢 F'_R

等于力系中所有力的矢量和,与简化中心的选择无关;主矩 M_O 等于力系中所有力对简化中心之矩的代数和,主矩与简化中心的选择有关。因此,说主矩时,必须指明是哪一点的主矩,M_O 就是指对 O 点的主矩。

平面力系在其作用平面内,简化为一个合力为 F' 和一个合力偶 M_O,当二者均不为零时,仍然可以进一步简化为一个合力 F,具体简化的步骤如图 2.19 所示。按照前面的方法将一个平面力系简化为 O 点一个主矢 F' 和一个主矩 M_O 后,且二者均不为零,再次按照上述方法将二者继续简化到平面内另外一点 O_1,成为一个力 F,大小与 F' 相等,方向相同且平行,力偶臂 $d = M_O/F'$,这样简化后在 O_1 成为一个力 F,这便是原力系的合力,至于 F 作用线在 O 点的哪一侧,可以根据主矩 M_O 的符号确定。

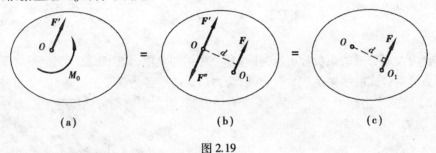

图 2.19

例 2.5　固定于墙内的环形螺钉上,作用有三个力 F_1、F_2、F_3,各力的方向如图 2.20 所示,各力的大小分别 $F_1 = 3$ kN、$F_2 = 4$ kN、$F_3 = 5$ kN。试求螺钉作用在墙上的合力。

解　从图 2.20(a)可以看到,三个力 F_1、F_2、F_3 平面汇交力系,汇交点为 O,其合成结果是一个合力,因此用力在坐标轴投影方法解此题较好,坐标系原点就选择在汇交点 O,如图

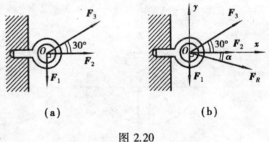

图 2.20

2.20(b)所示。将各力分别向 x 轴和 y 轴投影,根据式(2.4)得到

$$F_x = \sum_{i=1}^{3} F_{ix} = F_{1x} + F_{2x} + F_{3x} = (0 + 4 + 5 \times \cos 30°)\text{kN} = 8.33 \text{ kN}$$

$$F_y = \sum_{i=1}^{3} F_{iy} = F_{1y} + F_{2y} + F_{3y} = (-3 + 0 + 5 \times \sin 30°)\text{kN} = -0.5 \text{ kN}$$

由此可求出合力 F_R 的大小和方向。根据式(2.5)得到

$$F_R = \sqrt{F_x^2 + F_y^2} = \sqrt{8.33^2 + (-0.5)^2} \text{ kN} = 8.345 \text{ kN}$$

$$\tan \alpha = \left|\frac{F_y}{F_x}\right| = \left|\frac{-0.5}{8.33}\right| = 0.06, \alpha = 3.6°$$

由于 F_x 为正数,而 F_y 为负数,所以合力 F_R 在第四象限。

例 2.6　作用在物体上的力系如图 2.21(a)所示,已知 $F_1 = 1$ kN、$F_2 = 1$ kN、$F_3 = 2$ kN。$m = 4$ kN·m,$\alpha_1 = 30°$,图中长度单位为 m。将力系向 O 点进行简化以及讨论最终简化结果。

解　从图 2.21(a)可以看到题中给出的是平面一般力系,现将该力系向 O 点进行简化,平面一般力系向一点进行简化的实质,就是将一个平面一般力系分解称为平面汇交力系和平面

力偶系。然后再将这两个力系进行合成。

①将三个力平移到 O 点,成为一个平面汇交力系,为了确保力系对物体作用效应不变,需要附加一个平面力偶系。汇交于 O 点的平面汇交力系按照投影方法得到

$$F'_x = \sum F_x = F_{1x} + F_{2x} + F_{3x} = (0 + 1 + 2\cos 30°)\,\text{kN} = 2.732\,\text{kN}$$

$$F'_y = \sum F_y = F_{1y} + F_{2y} + F_{3y} = (-1 + 0 - 2\sin 30°)\,\text{kN} = -2\,\text{kN}$$

主矢 F'_R 的大小和方向为

$$F'_R = \sqrt{(F'_x)^2 + (F'_y)^2} = \sqrt{(2.732)^2 + (-2)^2}\,\text{kN} = 3.39\,\text{kN}$$

$$\tan \alpha = \left|\frac{F'_y}{F'_x}\right| = \left|\frac{-2}{2.732}\right| = 0.732$$

$$\alpha = 36.2°$$

根据合力投影分量的正负号可以判断,合力在第四象限,如图 2.21(b)所示。

平面力偶系合成的结果是一个合力偶,合力偶矩等于各力偶矩的代数和,又根据力向一点平移定理,上述三个力向 O 点平移后,需要附加力偶,附加力偶的力偶矩等于原力对平移点之矩,因此主矩为

$$M_O = \sum m_i = m_1 + m_2 + m_3 + m = m_O(F_1) + m_O(F_2) + m_O(F_3) + m$$

$$M_O = (-1 \times 1 - 1 \times 3 + 2 \times \sin 30° \times 2 + 4)\,\text{kN} \cdot \text{m} = 2\,\text{kN} \cdot \text{m}$$

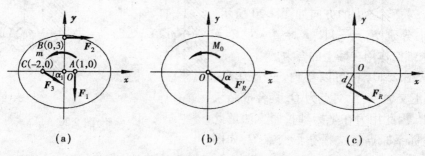

图 2.21

②将力系最终简化。该平面力系简化为 O 点一个主矢 F'_R 和一个主矩 M_O 后,且二者均不为零,再次按照上述方法将二者继续简化到平面内另外一点,成为一个力 F_R,大小与 F'_R 相等,方向相同且平行,力偶臂 $d = M_O/F'_R$,这样简化后在新的一点成为一个力 F_R,这便是原力系的合力,至于 F_R 作用线在 O 点的哪一侧,可以根据主矩 M_O 的符号确定。于是,$d = \dfrac{M_O}{F'_R} = \dfrac{2}{3.39}\,\text{m} = 0.59\,\text{m}$,合力 F_R 的作用线如图 2.21(c)所示。

2.6　平面一般力系的平衡方程及其应用

2.6.1　平面一般力系的平衡方程

前面分析了平面一般力系简化的结果是一个主矢和一个主矩,二者具有使得物体既有移

动效应又有转动效应。静力学主要研究物体在外力作用下处于平衡状态,所谓物体处于平衡状态是指:物体相对于地面保持静止或作匀速直线运动的状态,只有当平面力系的主矢和对任意一点的主矩同时为零时候,力系既不能使物体发生移动也不能使物体发生转动,此时物体处于平衡状态。因此,平面一般力系的平衡条件可以写为

$$
\left.
\begin{array}{l}
\sum X = 0 \\
\sum Y = 0 \\
\sum m_o(\boldsymbol{F}) = 0
\end{array}
\right\}
\tag{2.15}
$$

由此得到平面一般力系的解析条件是:力系中各力在两个任选的坐标轴中每一个轴上的投影的代数和分别等于零,各力对于平面内任意一点之矩的代数和也等于零。式(2.15)称为平面一般力系的平衡方程。

在应用平衡方程时,为了简化计算,经常将矩心选在两个未知力的交点上,而坐标轴尽可能与力系中的多数未知力的作用线垂直。大家思考一下,这样做有什么好处?

例 2.7 悬臂吊车如图 2.22(a)所示,横梁 AB 长 $l = 2.5$ m,其产生的重力 $P = 1.2$ kN;拉杆 BC 倾斜角 $\alpha = 30°$,质量忽略;载荷 $Q = 7.5$ kN。求图中位置 $a = 2$ m 时,拉杆 BC 的拉力和铰链 A 的约束反力。

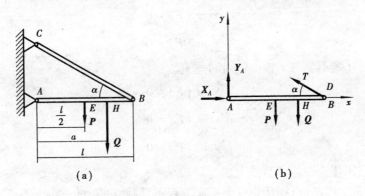

图 2.22

解 ①以横梁 AB 为研究对象,画受力图如图 2.22(b)所示,显然各力组成平面力系,由于整体结构和约束的限制,悬臂吊车处于平衡状态,说明该力系为平衡力系。根据式(2.15)列平衡方程得到

$$\sum X = 0, X_A - T\cos \alpha = 0$$

$$\sum Y = 0, Y_A + T\sin \alpha - P - Q = 0$$

$$\sum m_A(\boldsymbol{F}) = 0, T\sin \alpha \times l - P \times \frac{l}{2} - Qa = 0$$

将三个方程联立求解为 $X_A = 11.43$ kN,$Y_A = 2.1$ kN,$T = 13.2$ kN,由于 X_A、Y_A 均为正值,说明图中假设方向与实际方向是一致的。

②还可以用另外两种方法求解,一是对 A、B 两点的力矩列出平衡方程和对 x 轴列出投影平衡方程,即

$$\sum X = 0, X_A - T\cos \alpha = 0$$

$$\sum m_A(\boldsymbol{F}) = 0, T\sin\alpha \times l - P \times \frac{1}{2} - Qa = 0$$

$$\sum m_B(\boldsymbol{F}) = 0, P \times \frac{l}{2} + Q(l-a) - Y_Al = 0$$

将三个方程联立解得 $X_A = 11.43$ kN, $Y_A = 2.1$ kN, $T = 13.2$ kN。

二是对 A、B、C 三点的力矩列出平衡方程得到

$$\sum m_A(\boldsymbol{F}) = 0, T\sin\alpha \times l - P \times \frac{l}{2} - Qa = 0$$

$$\sum m_B(\boldsymbol{F}) = 0, P \times \frac{l}{2} + Q(l-a) - Y_Al = 0$$

$$\sum m_C(\boldsymbol{F}) = 0, X_A\tan\alpha \times l - P \times \frac{l}{2} - Qa = 0$$

将三个方程联立解得 $X_A = 11.43$ kN, $Y_A = 2.1$ kN, $T = 13.2$ kN

从上可以看到,平面一般力系平衡方程除了前面所表示的基本形式外,还有二力矩式和三力矩式,形式如下

$$\sum X = 0(或 \sum Y = 0)$$

$$\sum m_A(\boldsymbol{F}) = 0$$

$$\sum m_B(\boldsymbol{F}) = 0$$

其中,A、B 两点的连线不能与 x 轴(或 y 轴)垂直。

$$\sum m_A(\boldsymbol{F}) = 0$$

$$\sum m_B(\boldsymbol{F}) = 0$$

$$\sum m_C(\boldsymbol{F}) = 0$$

其中,A、B、C 三点不能选在同一直线上。

如果不能满足上述条件,则所列三个平衡方程不是独立的,对于一个平面力系来说,由于其独立的平衡方程是三个,因此只能求出三个未知量。

例 2.8 图 2.23(a)为 A 端固定的悬臂梁 AB 受力图,梁的全长上作用有集度为 q 的均匀载荷;自由端 B 处承受一集中力 F_P 和一个力偶 M 的作用,已知 $F_P = ql$,$M = ql^2$,l 为梁的长度。试求固定端处的约束反力。

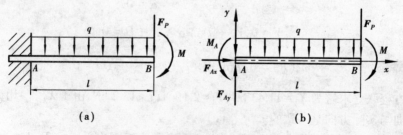

图 2.23

解 ①以梁 AB 为研究对象,解除 A 端的固定端约束,其约束反力为 F_{Ax}、F_{Ay} 和约束力偶 M_A,受力图如图 2.23(b)所示。作用在梁上的均匀集度载荷的合力为 ql,合力的作用线位于梁

的中点。

②由于整体处于平衡状态,列平衡方程得到

$$\sum X = 0, F_{Ax} = 0$$

$$\sum Y = 0, F_{Ay} - ql - F_P = 0, F_{Ay} = 2ql$$

$$\sum m_A(\boldsymbol{F}) = 0, M_A - ql \times \frac{l}{2} - F_P \times l - M = 0, M_A = \frac{5}{2}ql^2$$

例 2.9　图 2.24(a)刚架由立柱 AB 和横梁 BC 组成,B 处为刚性节点,A 为铰链约束,C 为辊轴支座,图中 $\boldsymbol{F_P}$、l 均为已知,求 A、C 两处约束反力。

解　①以刚体 ABC 为研究对象,解除 A、C 两处的约束,根据约束性质画受力图如图 2.24(b)所示,该力系为平面一般力系。

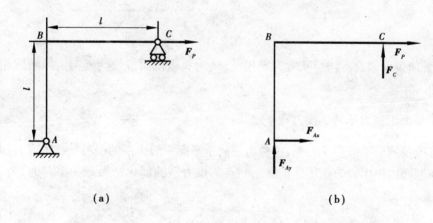

(a)　　　　　　　　　　　　(b)

图 2.24

②由于刚架处于平衡状态,列出平衡方程得到

$$\sum m_A(\boldsymbol{F}) = 0, -F_P \times l + F_C \times l = 0, F_C = F_P$$

$$\sum X = 0, F_{Ax} + F_P = 0, F_{Ax} = -F_P$$

$$\sum Y = 0, F_{Ay} + F_C = 0, F_{Ay} = -F_C = -F_P$$

其中,F_{Ax}、F_{Ay} 均为负值,说明假设方向与实际方向相反。

例 2.10　图 2.25(a)中的车刀固定在刀架上,已知 $l = 60$ mm,切削力 $P_y = 18$ kN,$P_x = 7.2$ kN,求固定端 A 处的约束反力。

解　①以车刀 AB 为研究对象,解除 A 处的约束,从图 2.25(b)到图 2.25(d)为固定端约束反力的几种画法,一般以图 2.25(d)为准,车刀的受力图如图 2.25(e)所示,该力系为平面一般力系。

②由于车刀处于平衡状态,列出平衡方程,得到

$$\sum X = 0, X_A + P_x = 0, X_A = -P_x = -7.2 \text{ kN}$$

$$\sum Y = 0, Y_A - P_y = 0, Y_A = P_y = 18 \text{ kN}$$

$$\sum m_A(\boldsymbol{F}) = 0, m_A + p_y \times l = 0, m_A = -P_y \times l = -18 \times 0.06 \text{ kN} \cdot \text{m} = -1.08 \text{ kN} \cdot \text{m}$$

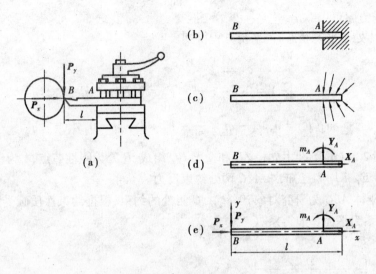

图 2.25

其中,X_A 为负值说明假设方向与实际方向相反,m_A 为负值说明假设转向与实际转向相反,应为顺时针转向。

2.6.2 平面汇交力系的平衡方程

前面曾经提到了平面汇交力系,这种力系属于平面一般力系的一种特殊情况,该力系的主要特点是在平面内作用力的作用线汇交于一点。该力系的简化结果是一个合力,为了保证物体平衡,需要合力为零。于是有

$$\left.\begin{array}{l} F_R = \sqrt{\left(\sum X\right)^2 + \left(\sum Y\right)^2} = 0 \\[2mm] \sum X = 0 \\[2mm] \sum Y = 0 \end{array}\right\} \tag{2.16}$$

也就是说平面汇交力系的平衡条件为:力系中的各力在 x 轴和 y 轴上投影的代数和分别等于零。式(2.16)为平面汇交力系的平衡方程。运用该方程可以求出两个未知量。

例 2.11   图 2.26 为一刚架受力图,在 B 点受到一个水平作用力,设 $P = 20$ kN,忽略刚架的质量,且刚架处于平衡状态,求 A、D 处的约束反力。

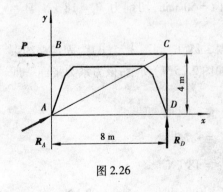

图 2.26

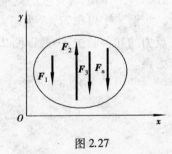

图 2.27

解 通过受力图可以看出,这是一个平面汇交力系,均汇交于 C 点,由于刚架处于平衡状态,故列出平衡方程有

$$\sum X = 0, P + R_A \times \frac{8}{4\sqrt{5}} = 0$$

得到 $R_A = -22.4$ kN,负值说明假设方向与实际方向相反。

$$\sum Y = 0, R_D + R_A \times \frac{4}{4\sqrt{5}} = 0, \text{得到 } R_D = 10 \text{ kN}。$$

2.6.3 平面平行力系的平衡方程

平面一般力系中还有一种特殊情况就是平面平行力系,这种力系的特点是:各力的作用线在同一平面内且作用线互相平行,如图 2.27 所示。

由于各力在 x 轴上的投影恒等于零,因此平面平行力系的平衡方程为

$$\left.\begin{array}{l}\sum Y = 0 \\ \sum m_O(\boldsymbol{F}) = 0\end{array}\right\} \quad (2.17)$$

也可以用两个力矩方程表达为

$$\left.\begin{array}{l}\sum m_A(\boldsymbol{F}) = 0 \\ \sum m_B(\boldsymbol{F}) = 0\end{array}\right\} \quad (2.18)$$

其中 A、B 两点连线不能与各力的作用线平行,运用该方程可以求出两个未知量。

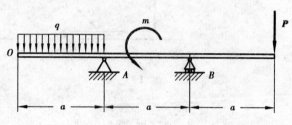

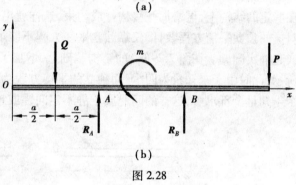

(a)

(b)

图 2.28

例 2.12 水平外伸梁如图 2.28(a) 所示,若均匀分布载荷集度为 $q = 20$ kN/m,$P = 20$ kN,力偶矩 $m = 16$ kN·m,$a = 0.8$ m,求 A、B 点的约束反力。

解 将约束解除画受力图如图 2.28(b)所示,作用于梁上的力有 P、均匀分布载荷集度 q 的合力 $Q(Q = qa)$,支座反力 R_A、R_B,力偶矩 m,由于作用力彼此平行,故为平面平行力系,同时水平外伸梁处于平衡状态,列出平衡方程得到

$$\sum Y = 0, -qa - P + R_A + R_B = 0 \qquad (a)$$

$$\sum m_A(\boldsymbol{F}) = 0, m + qa \times \frac{a}{2} - P \times 2a + R_B \times a = 0 \qquad (b)$$

由式(b)得到 $R_B = -\frac{m}{a} - \frac{qa}{2} + 2P = \left(-\frac{16}{0.8} - \frac{20}{2} \times 0.8 + 2 \times 20\right)$ kN = 12 kN

将 R_B 之代入式(a)中得到 $R_A = qa + P - R_B = (20 \times 0.8 + 20 - 12)$ kN = 24 kN

2.7 物体系统的平衡静定与超静定问题

2.7.1 静定与超静定的概念

前面研究的问题中,作用在刚体上的未知量的数目正好等于独立平衡方程的数目,可由平衡方程求得全部的未知量,这类问题称为静定问题。图 2.29(a)所示的简支梁中,已知外力 P、Q,解除约束后,该梁的受力图如图 2.29(b)所示,未知的约束反力有三个,与已知外力构成一个平面力系,可以列出三个独立的平衡方程,从而可以对这三个未知约束反力求解。这样的问题就属于静定问题。

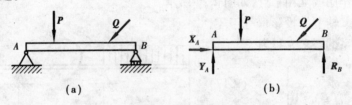

图 2.29

实际工程结构中,为了提高结构的强度和刚度,增加结构的承载能力,加大安全系数,经常在静定的结构上,再增加一些构件或约束,这样就出现了作用在刚体上的约束未知量数目多于对应的独立平衡方程数目,仅靠独立平衡方程不能求出全部未知量,这类问题叫作静不定问题或超静定问题。在图 2.29(a)的结构基础上,增加了 C 点的约束后,其结构和受力图如图2.30所示,此时由于未知量为四个,而独立的平衡方程为三个,因此仅靠三个平衡方程就不能将四个未知量全部求解,这样的问题属于静不定问题或超静定问题。

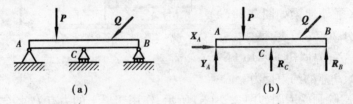

图 2.30

对于静不定问题或超静定问题,仅靠独立平衡方程不能求出全部未知量,但并不是说就无法求解了,只是在静力学中研究的对象是刚体,忽略了物体受力后的变形问题,在材料力学中将着重考虑物体受力后的变形问题,补充变形和作用力之间的关系式,使得未知量数目和独立方程数目相等,这些问题依然可解。以下研究一下物体系统的平衡问题,以便对超静定问题给出解决的一些思路。

2.7.2 物体系统的平衡

工程结构或机构中大多是由许多物体通过一定的约束方式连接组成的系统,这样的系统称为物体系统。静力学中的物体均为刚体,所以也叫作刚体系统。对于刚体系统的平衡问题介绍注意的四个问题。

（1）整体平衡和局部平衡的问题

刚体系统如果整体系统处于平衡状态,其未知量的数目可能多于独立的平衡方程的数目,成为超静定问题,但是如果将组成该系统的构件按照需要分开的话,组成该系统的各构件也处于平衡状态,各构件分别列出平衡方程的话,根据实际问题需要进行求解,那么整体系统的超静定问题可能就得到解决了。即系统如果整体是平衡的,则组成系统的每一个局部以及每一个刚体也必然处于平衡状态。

（2）研究对象有多种选择

系统是由多个刚体构件组成的,在解决超静定问题时候,选取研究对象要根据实际问题的需要,可以选整个系统为研究对象,也可以选择局部作为研究对象,有时还要选择单个物体作为研究对象,总体原则是:运用平衡方程确定其中未知量的部分为研究对象。

（3）受力分析时,要分清内力和外力

内力和外力是相对的,要看研究对象而定,研究对象以外的物体作用于研究对象上的力为外力,研究对象内部各部分之间的相互作用力为内力,注意:内力总是成对出现的,它们大小相等、方向相反、作用线同在一条直线上,分别作用在两个相连接的物体上。即如果以整体为研究对象,则其内部的内力不用考虑,但如果将整体系统拆开,以局部为研究对象,原来整体系统中的内力变成了外力,需要考虑这些作用力来建立平衡方程。

（4）刚体系统的受力分析

根据约束性质确定约束反力,注意相互连接物体之间的作用力和反作用力,使得作用在整体系统和局部以及每个构件均处于平衡状态,可以通过平衡方程求解。

例 2.13　图 2.31（a）为一个连续梁,A 处为固定端,B 处是中间铰链,C 处是辊轴支座,DE 段承受均匀载荷集度为 q,E 处作用一个外力偶,力偶矩为 M,如果 q、M、l 是已知量,试求:A、C 两处的约束反力。

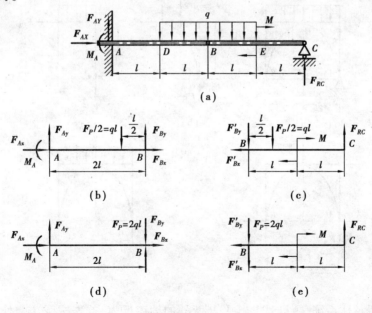

图 2.31

解　①题目要求求出 A、C 二处的约束反力,首先按照这两处约束性质将其约束反力画出,如图 2.31(a)所示。显然约束反力的数目是四个,这是一个平面一般力系,其独立平衡方程数目是三个,因此不能完全求解,属于超静定问题。因为整体系统处于平衡状态,所以其中的各刚体也处于平衡状态,画出 AB、BC 两个刚体的受力图如图 2.31(b)、(c)所示,作用在两刚体上的均匀载荷的合力为 $F_P/2=ql$,根据整体系统平衡有

$$\sum X = 0, F_{Ax} = 0$$

②考虑图 2.31(b)、(c)的情况,显然 BC 梁由于有三个未知力,可以列出三个独立的平衡方程,属于静定问题,可以求解;而 AB 梁由于有四个未知力,还属于超静定问题,先不能完全求解,因此选择 BC 梁为研究对象有

$$\sum m_B(\boldsymbol{F}) = 0, F_{RC} \times 2l - M - ql \times \frac{l}{2} = 0, F_{RC} = \frac{M}{2l} + \frac{ql}{4}$$

③根据整体系统平衡,B 处的集中合力为 $2ql$,根据平衡方程得到

$$\sum Y = 0, F_{Ay} - 2ql + F_{RC} = 0, F_{Ay} = \frac{7}{4}ql - \frac{M}{2l}$$

$$\sum m_A(\boldsymbol{F}) = 0, M_A - 2ql \times 2l - M + F_{RC} \times 4l = 0, M_A = 3ql^2 - M$$

④如果本题拆开简化的受力图,不是按照图 2.31(b)、(c)的画法,而是按照图 2.31(d)、(e)的画法,请分析这样处理的结果是否正确,分析以后对均匀载荷的合力画法会有比较清晰的认识。

例 2.14　图 2.32(a)所示是常见的三铰拱结构,两个构件通过中间 C 中间铰链连接,A、B 为固定铰链支座,拱的顶面承受均匀载荷集度为 q,q、l、h 已知,不计拱的自重,求 A、B 两处的约束反力。

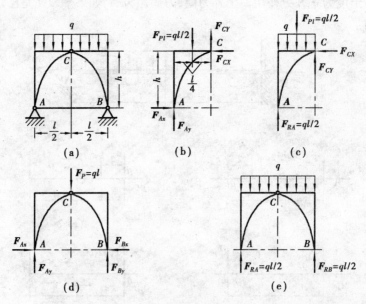

图 2.32

解　①先看整体系统,题目要求出 A、B 两处的约束反力,首先按照这两处约束性质将其约束反力画出,如图 2.32(d)所示。显然约束反力数目是四个,是一个平面一般力系,其独立平衡方程数目是三个,因此不能完全求解,属于超静定问题。根据平衡方程得到

$$\sum m_A(\boldsymbol{F}) = 0, F_{By} \times l - F_P \times \frac{l}{2} = 0, F_{By} = \frac{ql}{2}$$

$$\sum m_B(\boldsymbol{F}) = 0, -F_{Ay} \times l + F_P \times \frac{l}{2} = 0, F_{Ay} = \frac{ql}{2}$$

$$\sum X = 0, F_{Ax} - F_{Bx} = 0, F_{Ax} = F_{Bx}$$

但是解不出 F_{Ax}、F_{Bx}。

②考察局部平衡,如图 2.32(b)所示,根据整体平衡与局部平衡的原则,列出平衡方程得到

$$\sum m_C(\boldsymbol{F}) = 0, F_{Ax} \times h + \frac{ql}{2} \times \frac{l}{4} - F_{Ay} \times \frac{l}{2} = 0, F_{Ax} = \frac{ql^2}{8h} = F_{Bx}$$

③如果受力图按照图 2.32(c)、(e)所示进行计算,结果会如何? 请深入思考。

2.8 考虑摩擦时物体系统的平衡问题

前面讨论问题时,将接触面视为绝对光滑的表面,忽略了摩擦力的作用,实际上机械与工程结构中完全光滑的表面是不存在的,有时摩擦起着主要作用,生活中如果没有摩擦力的作用,人们一旦运动则不能自行停止,开动的汽车也不能靠刹车停止下来,所以摩擦在有些场合是非常有利的。当然摩擦力的存在对于各种机械传动会带来多余的阻力,消耗能量降低效率,这时摩擦力又成了不利因素。

按照接触面的相对运动情况,摩擦可以分成相对滑动和滚动摩擦两类。以下主要讨论滑动摩擦中的静滑动摩擦应用。

2.8.1 滑动摩擦

图 2.33(a)是一重量为 W 的物体,放在水平桌面上,由绳通过滑轮系着,下面挂着砝码,作用在物体上的作用力如图 2.33(b)所示,即物体受到绳子的拉力 Q(其大小等于砝码的重量),物体的重力 W,桌面对物体的支撑力 N,W 和 N 大小相等、方向相反并同时作用于物体上,所以物体不会在垂直方向发生运动;对于物体来讲,绳子的拉力 Q 具有使物体运动的趋势叫作主动力,当砝码重量较小时,经验告诉我们物体处于静止状态(即处于平衡状态),说明在水平方向,作用于物体上还有一个力与绳子的拉力 Q 保持平

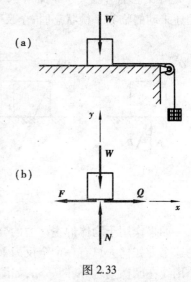

图 2.33

衡,即大小相等、方向相反并同时作用于物体上,从而物体才能处于静止状态,就把这个与物体运动趋势方向相反的力叫作静滑动摩擦力(简称静摩擦力)$\boldsymbol{F}$,其作用在于阻止物体发生水平运动。因此当物体处于静止时,静滑动摩擦力 $\boldsymbol{F}$ 与绳子的拉力 Q(即砝码的重量)大小相等有 $\boldsymbol{F} = Q$,如果不断增加砝码的重量,即绳子的拉力 Q 也逐渐增大,则静滑动摩擦力 $\boldsymbol{F}$ 也随之相应地增大。当砝码的重量增加到一定时,即 Q 达到某个值时,物体处于将要滑动而未滑动的临

界平衡状态时,这时的静滑动摩擦力 F 达到了最大值,把这个最大值称为最大静摩擦力 F_{max} 且有最大静摩擦力 F_{max} 的大小与法向反力 N 的大小成正比,即

$$F_{max} = f_s N \tag{2.19}$$

f_s 叫作静滑动摩擦因数,一般可以通过手册查到。

由此可见,静摩擦力随着主动力的不同而改变,其大小由平衡方程确定,满足如下关系式: $0 \leq F \leq F_{max}$,静摩擦力的方向与两物体间相对滑动趋势的方向相反。从约束的角度看,静滑动摩擦力也属于一种约束反力,而且在一定范围内取值。

2.8.2 摩擦角与自锁现象

图 2.34(a)是水平面上一物体的受力情况,其中 Q_1 是主动力,桌面对物体的支撑力 N,静摩擦力为 F,N 和 F 的合力为 R 叫作支撑面对物体的全反力。α 是全反力 R 与支撑力 N 之间的夹角,随着主动力 Q_1 的增加,物体发生运动的趋势增加,静摩擦力 F 也随之增大,夹角 α 将随着静摩擦力 F 的增大而增大。当主动力 Q_1 增大到 Q_2 时,物体处于运动的临界状态时即静摩擦力 F 达到了最大值 F_{max} 时,这时的夹角 α 也达到最大值 ρ,把 ρ 称为摩擦角,如图 2.34(b)所示。根据几何关系有

$$\tan \rho = \frac{F_{max}}{N} = \frac{f_s N}{N} = f_s \quad 即 \quad \tan \rho = f_s \tag{2.20}$$

上式表明:摩擦角 ρ 的正切等于静摩擦因数,说明摩擦角与摩擦因数都是表示材料的表面性质的量。由于静摩擦力 F 的取值范围为: $0 \leq F \leq F_{max}$,因此全反力 R 的作用线与接触面法线的夹角 α 也不可能大于摩擦角 ρ,支撑面的全反力 R 的作用线必定在摩擦角内,当物体处于要动还未动的临界平衡状态时,全反力 R 的作用线在摩擦角的边缘。

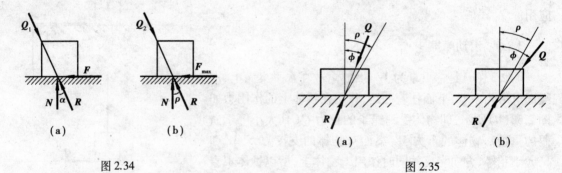

图 2.34   图 2.35

如果作用于物体的主动力的合力 Q 作用线在摩擦角内即 $\varphi \leq \rho$,如图 2.35(a)所示,则无论这个力如何大总有一个全反力 R 与之平衡,从而物体保持静止;反之,如果主动力的合力 Q 作用线在摩擦角之外,即 $\phi > \rho$,如图 2.35(b)所示,则无论合力 Q 怎么小,物体也不可能保持平衡,这种与力的大小无关而只与摩擦角有关的平衡条件称为自锁条件,物体在这种条件下的平衡现象称为自锁现象。在工程上如螺旋千斤顶在被升起的重物重量作用下,不会自动下降,则千斤顶的螺旋升角必须小于摩擦角,这就是利用自锁的实例。

2.8.3 考虑摩擦时物体的平衡问题

考虑摩擦时物体的平衡问题,与不考虑摩擦时的平衡问题有共同的特点即物体平衡时应满足平衡条件,解题方法和过程也基本相同。但是,考虑摩擦时物体的平衡问题还需注意:

第一,在画物体的受力图时,必须考虑摩擦力,特别注意摩擦力的方向与物体相对滑动趋势的方向相反;

第二,在滑动之前即物体处于静止状态时,摩擦力不是一个固定值,而是在一定的范围内取值,这样在问题的答案中有一定的范围;

第三,当物体处于临界状态和求未知量的平衡范围时,除了要列出平衡方程外,还要列出摩擦关系式 $F_{max} = f_s N$。

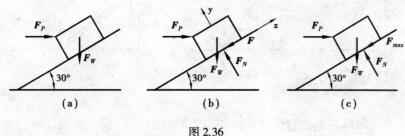

图 2.36

例 2.15 图 2.36(a)所示为放置于斜面上的物块,物块产生的重力 $F_W = 1\ 000$ N,斜面倾角为 30°,物块承受一方向自左至右的水平推力,其数值为 $F_P = 400$ N,已知物块与斜面之间的摩擦因数 $f_s = 0.2$。求物块处于静止状态时,静摩擦力的大小和方向;要使物块向上滑动时,水平推力 F_P 的最小值。

解 ①以物体为研究对象,画受力图如图 2.36(b)所示,其中摩擦力 **F** 的方向与物体运动趋势方向相反,这里假设了物块在图 2.36(b)受力情况下,具有沿斜面向上运动的趋势。具体物块是具有向上还是向下运动趋势,需要根据图中的受力情况,列出平衡方程,如果摩擦力求解的结果为正,说明假设的方向是正确的,反之说明假设方向与实际情况是相反的。

②假设物体处于静止状态,列平衡方程

$$\sum X = 0,\ -F - F_W \sin 30° + F_P \cos 30° = 0$$

得到 $F = -153.6$ N,摩擦力取负号说明与实际指向相反,即物体实际具有下滑的趋势,摩擦力的方向实际上是沿斜面向上的。

由

$$\sum Y = 0,\ F_N - F_W \cos 30° - F_P \sin 30° = 0$$

得到 $F_N = 1\ 066$ N,最大摩擦力为 $F_{max} = f_s F_N = 0.2 \times 1\ 066$ N $= 213.2$ N

由于 $F < F_{max}$,所以物块处于静止状态,物块具有向下滑动的趋势,摩擦力大小为 153.6 N,方向沿斜面向上。

③要使物块向上滑动时,物块的受力图如图 2.36(c)所示,在物块要动还未动时,物块处于平衡状态,列出平衡方程

$$\sum X = 0,\ -F_{max} - F_W \sin 30° + F_{Pmin} \cos 30° = 0$$

$$\sum Y = 0,\ F_N - F_W \cos 30° - F_{Pmin} \sin 30° = 0$$

$$F_{max} = f_s F_N$$

将上面三个方程联立求解得到 $F_{Pmin} = 879$ N,即当水平推力 $\boldsymbol{F}_P$ 大小达到 879 N 时,物块将沿斜面向上滑动。

例 2.16 图 2.37(a)所示是一个梯子,梯子的重力为 $\boldsymbol{F}_W$,假设梯子 B 端与墙壁之间为光滑约束,梯子 A 端与地面之间为非光滑约束,其摩擦因数为 f_s,若 F_W、f_s 为已知,求梯子在倾角 α_1 的位置保持平衡,如图 2.37(b)所示,A、B 两处的约束反力和摩擦力为多大? 若使梯子不致滑倒,求其倾角 α 的范围。

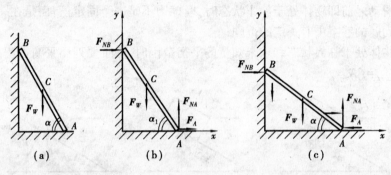

图 2.37

解 ①梯子在倾角 α_1 的位置保持平衡如图 2.37(b)所示,求 A、B 两处的约束反力和摩擦力,设梯子长度为 l 有

$$\sum m_A(\boldsymbol{F}) = 0, F_W \times \frac{l}{2}\cos\alpha_1 - F_{NB} \times l\sin\alpha_1 = 0$$

$$\sum X = 0, F_A + F_{NB} = 0$$

$$\sum Y = 0, F_{NA} - F_W = 0$$

将三个方程联立求解为

$$F_{NB} = \frac{F_W\cos\alpha_1}{2\sin\alpha_1}, F_{NA} = F_W, F_A = -F_{NB} = -\frac{F_W}{2}\cot\alpha_1$$

摩擦力 $\boldsymbol{F}_A$ 的结果是负值,说明其实际方向与假设方向是相反的。

②若使梯子不致滑倒,求其倾角 α 的范围。

梯子在要滑倒还未滑倒即摩擦力为最大摩擦力时刻,梯子还处于平衡状态,列出平衡方程

$$\sum m_A(\boldsymbol{F}) = 0, F_W \times \frac{l}{2}\cos\alpha - F_{NB} \times l\sin\alpha = 0$$

$$\sum X = 0, -F_A + F_{NB} = 0$$

$$\sum Y = 0, F_{NA} - F_W = 0$$

$$F_A = f_s F_{NA}$$

将上述方程联立求解得到保持梯子平衡的临界倾角为 $\alpha = \operatorname{arccot}(2f_s)$,故梯子对地面的倾角范围为 $\alpha \geqslant \operatorname{arccot}(2f_s)$。

2.8.4 滚动摩擦

前面介绍了当物体具有滑动趋势和进行滑动时,在接触表面会产生滑动摩擦力;那么当物体进行滚动时,会产生什么样的摩擦力?

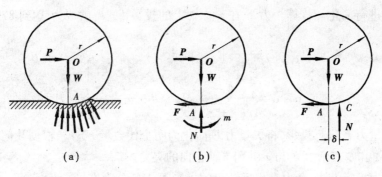

图 2.38

在平面上有一个轮子,其重量为 W,轮子半径为 r,在中心 O 点处作用一水平推力 P 见图 2.38(a)所示;当力 P 较小时,轮子处于静止状态,说明是静滑动摩擦力 F 起到了阻碍轮子运动的作用,它与推力 P 等值反向,实际上由于轮子和支撑面并非刚体,在压力 W 的作用下,轮子与支撑面在接触处要发生微小变形,支撑面的约束反力是分布于一端弧线上的平面力系如图 2.38(a)所示,以 A 点为简化中心,可以把这些力简化到作用于 A 点的一个力即前面用到的法向反力 N,这样简化的结果就成了作用在轮子上平面力系中的力有:重力 W、静滑动摩擦力 F、法向反力 N 以及滚动摩擦力偶其力偶矩为 m,当轮子处于平衡状态时,这些力的关系是:重力 W 和法向反力 N 平衡,(水平推力 P、静滑动摩擦力 F 构成一对力偶)与滚动摩擦力偶(其力偶矩为 m)平衡,如图 2.38(b)所示;当水平推力 P(主动力)较小时,轮子处于静止平衡状态,随着水平推力 P(主动力)的不断增加,滚动摩擦力偶(其力偶矩为 m)也要不断增加才能保持轮子的平衡,就是说在轮子静止状态下,m 取值是在零与最大值之间,即 $0 \leqslant m \leqslant m_{max}$,当 m 增加到极限值 m_{max} 时,如果再增加的话,轮子开始滚动,把 m_{max} 叫作最大滚动摩擦力偶矩。实验证明,滚动摩擦力偶矩的最大值 m_{max} 与法向反力成正比,即

$$m_{max} = \delta N \tag{2.21}$$

其中,δ 称为滚动摩擦因数,与接触面的材料及表面状态有关,单位是 cm,可以通过手册查询。δ 的意义是:将作用于 A 点的法向反力 N 与滚动摩擦力偶其矩为 m_{max} 合成结果,如图 2.38(c)所示,结果使力 N 向滚动方向平移过一距离 d,即当轮子即将开始滚动时,N 从 A 点向滚动方向平行移过的距离即为滚动摩擦因数 δ。在轮子开始即将滚动时有

$$d = \frac{m_{max}}{N} = \frac{\delta N}{N} = \delta \tag{2.22}$$

小　结

本章主要对作用在构件上的平面力系进行简化,通过力系简化,讨论平面力系对刚体的移动效应和转动效应,建立平面力系的平衡方程,从而达到确定作用在构件上所有未知力的目的,进而为以后章节工程构件进行强度、刚度和稳定性设计奠定基础。

(1)平面一般力系进行简化需要注意

①掌握力在坐标轴上的投影方法,该方法将力在坐标轴上进行投影,将平面内的矢量加减

转化成代数量进行简化和计算。力 F 在 x、y 轴上的投影 F_x、F_y 就成为代数量,由几何关系可得到

$$F = \sqrt{F_x^2 + F_y^2}$$
$$\cos \alpha = \frac{F_x}{\sqrt{F_x^2 + F_y^2}}, \cos \beta = \frac{F_y}{\sqrt{F_x^2 + F_y^2}}$$

通过对矢量力 F 进行投影,将矢量力 F 简化为两个代数量 F_x、F_y,根据几何关系进行大小和方向计算。α 和 β 表示力 F 与 x 轴和 y 轴正向的夹角。

②掌握合力投影方法,合力在坐标轴上的投影等于各分力在同一坐标轴上的投影的代数和。注意是代数和,所谓代数和是指:各分力在坐标轴上的投影的正负号是按照其投影的方向与坐标轴的正向是否一致得到的,方向一致取正号,方向相反取负号。求出合力 R 的投影 R_x 和 R_y 后,则可计算出合力 R 大小和方向

$$R = \sqrt{R_x^2 + R_y^2} = \sqrt{\left(\sum X\right)^2 + \left(\sum Y\right)^2}$$
$$\tan \alpha = \left|\frac{R_y}{R_x}\right| = \left|\frac{\sum Y}{\sum X}\right|$$

式中,α 表示合力 R 与 x 轴之间所夹的锐角,合力的指向须根据 R_x 和 R_y 的正负号来综合判断。

③掌握力 F 对 O 点的转动效应叫作力对点之矩(简称力矩),力矩以符号 $m_o(F)$ 表示,其大小为

$$m_o(F) = \pm Fd$$

式中,F 是力 F 的大小,d 是 O 点到力 F 作用线的垂直距离叫作力臂。

④如果平面力系中有 F_1、F_2、$\cdots$、F_n 对平面内任一点 O 取矩的话,均可用上面的方法求解,由于力对点之矩即力矩为代数量,所以这些力对 O 点之矩的代数和为

$$M_O = m_o(F_1) + m_o(F_2) + \cdots + m_o(F_n) = \sum_{i=1}^{n} m_o(F_i)$$

把 M_O 叫作这个力系对 O 点的主矩。

⑤把力偶中力和力偶臂二者的乘积作为度量力偶对物体的转动效应的物理量,叫作力偶矩

$$m(F, F') = m = \pm F \times h$$

式中的正负号表示力偶的转动方向,逆时针方向转动时为正,顺时针方向转动时为负。力偶对物体的作用效应取决于三个因素:力偶矩的大小、力偶的转向、力偶的作用平面。

⑥在同一平面内有 n 个力偶,则合成的结果为一个合力偶,合力偶矩的大小为

$$M = m_1 + m_2 + \cdots + m_n = \sum m_i$$

平面力偶系合成的结果是一个合力偶,合力偶矩等于各力偶矩的代数和。

⑦作用于刚体上的力在其作用线平面内可以平行移动到平面内的任意一点,为了保证该力对刚体的作用效应不变,需要附加一个力偶,附加力偶的力偶矩等于原力对平移点之矩。此即为力向一点平移定理。

力向任意点平移,得到与之等效的一个力和一个力偶。力的平移定理既是力系简化的依据,又是分析力对物体作用效应的重要方法。

⑧平面力系在作用平面内向任一点简化,可以得到一个主矢 F'_R 和一个主矩 M_O。主矢 F'_R 等于力系中所有力的矢量和,与简化中心的选择无关;主矩 M_O 等于力系中所有力对简化中心之矩的代数和,主矩与简化中心的选择有关。因此说主矩时,必须指明是哪一点的主矩,M_O 就是指对 O 点的主矩。

(2)平面一般力系的平衡方程及其应用

①平面一般力系简化的结果是一个主矢和一个主矩,二者具有使得物体既有移动又有转动效应,物体处于不平衡状态,我们知道所谓物体处于平衡状态是指:物体相对于地面保持静止或作匀速直线运动的状态。只有当平面力系的主矢和对任意一点的主矩同时为零时候,力系既不能使物体发生移动也不能使物体发生转动,此时物体处于平衡状态。因此平面一般力系的平衡条件可以写成

$$\left.\begin{array}{l} \sum X = 0 \\ \sum Y = 0 \\ \sum m_O(F) = 0 \end{array}\right\}$$

平面一般力系的平衡解析条件是:力系中各力在两个任选的坐标轴中每一个轴上的投影的代数和分别等于零,各力对于平面内任意一点之矩的代数和也等于零。在应用平衡方程时,为了简化计算,经常将矩心选在两个未知力的交点上,而坐标轴尽可能与力系中的多数未知力的作用线垂直。

②刚体系统的平衡问题注意的四个问题:一是整体平衡和局部平衡的问题;二是研究对象有多种选择;三是受力分析时,要分清内力和外力,内力和外力是相对的,要看研究对象而定;注意:内力总是成对出现的,它们大小相等、方向相反、作用线同在一条直线上,分别作用在两个相连接的物体上;四是刚体系统的受力分析,根据约束性质确定约束反力,注意相互连接物体之间的作用力和反作用力,使得作用在整体系统和局部以及每个构件均处于平衡状态,可以通过平衡方程求解。

③按照接触面的相对运动情况,摩擦可以分成相对滑动和滚动摩擦两类。

最大静摩擦力 F_{max} 的大小与法向反力 N 的大小成正比,即 $F_{max} = f_s N$

静摩擦力随着主动力的不同而改变,其大小由平衡方程确定,满足如下关系式:

$0 \leqslant F \leqslant F_{max}$,静摩擦力的方向与两物体间相对滑动趋势的方向相反。当物体处于临界状态和求未知量的平衡范围时,除了要列出平衡方程外,还要列出摩擦关系式 $F_{max} = f_s N$。

滚动摩擦力偶矩的最大值 m_{max} 与法向反力成正比,即 $m_{max} = \delta N$。

思 考 题

2.1　如图 2.39 所示由作用线处于同一平面内的两个力 F、$2F$ 组成一个平行力系,两个力作用线之间的距离为 d,试问:这个力系向哪一点简化,得到只有合力无合力偶;确定合力的大

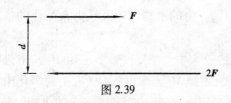

图 2.39

小和方向。

2.2 如图 2.40 所示的各力多边形中,哪些是自行封闭的? 哪些不是自行封闭的? 如果不是自行封闭的,哪些是合力? 哪些是分力? 为什么?

2.3 如图 2.41 所示同一平面内的三个轴 x、y、z,

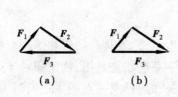

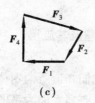

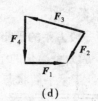

（a） （b） （c） （d）

图 2.40

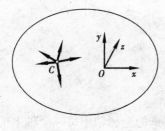

图 2.41

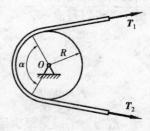

图 2.42

其中 x 轴垂直于 y 轴,z 轴是任意的,若作用于物体上的平面汇交力系满足下列方程式:$\sum X = 0$,$\sum Y = 0$,能否说明该力系一定满足下列方程式:$\sum Z = 0$,试说明理由。

2.4 如图 2.42 所示的胶带传动,若仅包角 α 变化而其他条件均保持不变时,试问使胶带轮转动的力矩是否改变? 为什么?

2.5 如图 2.43(a) 所示刚体受同平面内二力偶 (F_1,F_3) 和 (F_2,F_4) 的作用,其力多边形封闭,如图 2.43(b) 所示,问该物体是否处于平衡? 为什么?

2.6 如图 2.44(a) 所示力 F_A 向 B 点平移,其附加力偶如图 2.44(b) 所示,试问对不对? 为什么?

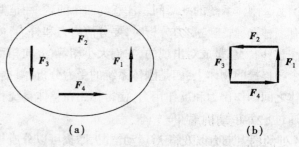

（a） （b）

图 2.43

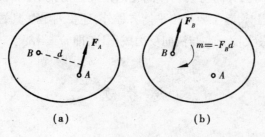

（a） （b）

图 2.44

2.7　组合梁如图 2.45 所示,解题时需选取梁 *CD* 为研究对象画受力图,试问应如何处理作用在销钉 *C* 上的力 *Q*?

2.8　如图 2.46 所示,已知一平面力系对 $A(3,0)$,$B(0,4)$ 和 $C(-4.5,2)$ 三点的主矩分别为:$M_A = 20$ kN·m,$M_B = 0$,$M_C = -10$ kN·m。求这一力系最后简化所得合力的大小、方向、作用线。

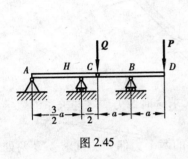

图 2.45

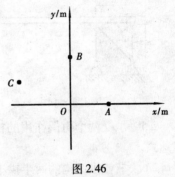

图 2.46

习　题

2.1　梁在 *A* 端为固定铰链支座,*B* 为活动铰支座,$P = 20$ kN。求图中两种情况 *A*、*B* 处的约束反力。

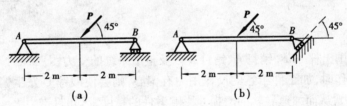

习题 2.1 图

2.2　电动机重 $W = 5$ kN,放在水平梁 *AC* 的中间,*A* 和 *B* 为固定铰链,*C* 为中间铰链。试求 *A* 处的约束反力以及杆 *BC* 所受的力。

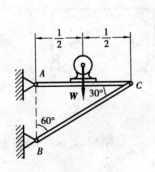

习题 2.2 图

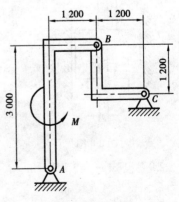

习题 2.3 图

2.3 各构件的自重忽略,在构件 AB 上作用一力偶,其力偶矩 $M = 800$ N·m。试求 A、C 两处的约束反力。

2.4 结构的受力和尺寸见图示,求结构中杆 1、2、3 所受的力。

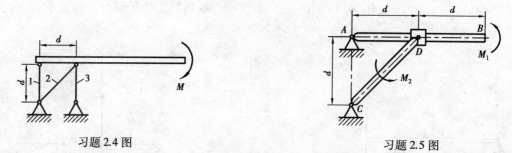

习题 2.4 图   习题 2.5 图

2.5 承受两个力偶作用的机构在图中的位置时保持平衡,求这时两力偶之间关系的数学表达式。

2.6 三铰拱结构的两半拱上,作用有数值相等、方向相反的两个力偶 M。试求 A、B 两处的约束反力。

习题 2.6 图   习题 2.7 图

2.7 试分别画出杆 AEB、销钉 C、销钉 A 以及整个系统的受力图。

2.8 锻锤工作时,如工件给它的反作用力有偏心,则会使锻锤 C 发生偏斜,将在导轨 AB 上产生很大的压力,从而加速导轨的磨损并影响锻件的精度,已知打击力 $P = 1\,000$ kN,偏心距 $e = 200$ mm,锻锤高度 $h = 200$ mm。求锻锤给导轨两侧的压力。

习题 2.8 图   习题 2.9 图

2.9 已知 $m_1 = 3$ kN·m、$m_2 = 1$ kN·m,转向如图所示,$a = 1$ m。求刚架 A、B 处的约束反力。

2.10 如图所示,曲柄滑道机构中,杆 AE 上有一导槽,套在杆 BD 的销钉 C 上,销钉 C 可在光滑导槽内滑动,已知 $m_1 = 4$ kN·m,$AB = 2$ m,在图中位置处于平衡,$\theta = 30°$。求 m_2 及铰链 A、B 处的约束反力。

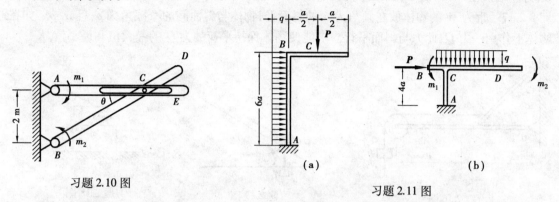

习题 2.10 图

习题 2.11 图

2.11 刚架的载荷和尺寸如图所示,图(b)中 $m_1 < m_2$,求刚架的各支座反力。

2.12 起重机如图所示,已知 P、Q、a、b 及 c,求向心轴承 A 及向心推力轴承 B 的反力。

习题 2.12 图

习题 2.13 图

2.13 两根位于垂直平面内的均质杆的底端彼此相靠地搁在光滑地板上,其上端则靠在两垂直且光滑的墙上,产生的重力分别为 P_1、P_2。求平衡时两杆的水平倾角 α_1 与 α_2 的关系。

2.14 均质细杆 AB 产生的重力为 P,两端与滑块相连,滑块 A 和 B 可在光滑槽内滑动,两滑块又通过滑轮 C 用绳索相互连接,物体处于平衡状态。求:用 P 和 θ 表示绳中张力 T;当张力 $T = 2P$ 时的 θ 值。

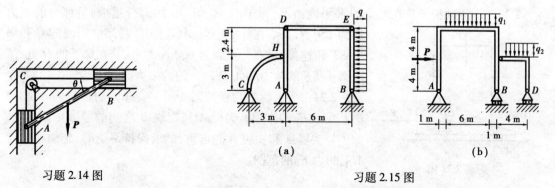

习题 2.14 图

习题 2.15 图

2.15 刚架的载荷和尺寸如图所示,忽略刚架重量,求刚架上各支座反力。

2.16 构架由滑轮 *D*、杆 *AB* 和 *CBD* 构成，一钢丝绳绕过滑轮，绳的一端挂一重物，重量为 *G*，另一端系在杆 *AB* 的 *E* 处，尺寸如图所示，求铰链 *A*、*B*、*C*、*D* 处的约束反力。

2.17 重为 *W* 的物体放在倾角为 α 的斜面上，物体与斜面间的摩擦角为 ρ，且 α>ρ。如在物体上作用一力 *Q*，此力与斜面平行。求能使物体保持平衡的力 *Q* 的最大值和最小值。

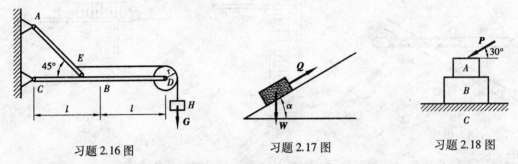

习题 2.16 图   习题 2.17 图   习题 2.18 图

2.18 两物块 *A* 和 *B* 重叠放在粗糙的水平面上，在上面的物块 *A* 的顶上作用一斜向的力 *P*。已知：物块 *A* 产生的重力为 1 000 N，物块 *B* 产生的重力为 2 000 N，*A* 和 *B* 之间的摩擦因数 $f_1=0.5$，*B* 与地面 *C* 之间的摩擦因数 $f_2=0.2$。问当 *P*=600 N 时，是物块 *A* 相对物块 *B* 运动呢？还是 *A*、*B* 物块一起相对于地面 *C* 运动？

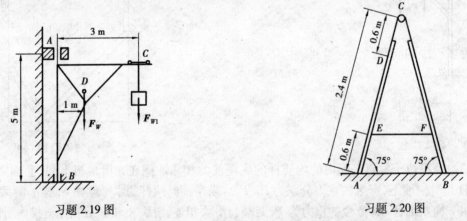

习题 2.19 图   习题 2.20 图

2.19 旋转式起重机 *ABC* 具有铅垂转动轴 *AB*，起重机产生的重力为 F_W = 3.5 kN，重心在 *D* 处，在 *C* 处吊有 F_{W1} = 10 kN 的物体。求：滑动轴承 *A* 和止推轴承 *B* 处的约束力。

2.20 一活动梯子放在光滑的水平地面上，梯子由 *AC* 与 *BC* 两部分组成，每部分的重力

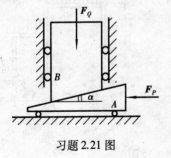

习题 2.21 图

均为 150 N，重心在杆的中点，*AC* 与 *BC* 两部分用铰链 *C* 和绳子 *EF* 相连接，现有一重力为 600 N 的人，站在梯子的 *D* 处，试求绳子 *EF* 的拉力和 *A*、*B* 两处的约束力。

2.21 尖劈起重装置如图所示，尖劈 *A* 的顶角为 α，物块 *B* 上受力 F_Q 的作用。尖劈 *A* 与物块 *B* 之间的静摩擦因数 f_s，如不计尖劈 *A* 和物块 *B* 的自重，试求保持平衡时，施加在尖劈 *A* 上的力 F_P 的范围。

第 **3** 章
空间力系

本章在研究平面一般力系后,进一步研究物体在空间力系作用下的平衡问题,分析重心的概念和解法。

3.1 力在空间直角坐标轴上的投影

解决工程中的问题经常会遇到物体所受各力的作用线不在同一平面内,而是在空间分布的,这种力系称为空间力系。按各力作用线的相对位置,也可分为空间汇交力系、空间平行力系与空间任意力系。显然,空间任意力系是力系的最一般形式。如图3.1 所示,传动轴的受力即为空间力系。空间力系的研究方法与平面力系是相似的,首先简化原力系,然后根据简化结果来导出平衡条件。

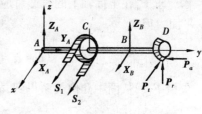

图 3.1

3.1.1 直接投影法

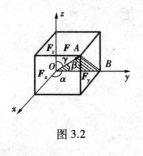

图 3.2

前面在研究平面力系时,将力在坐标轴上进行投影,同样在研究空间力系时,也要将空间力在空间直角坐标轴上进行投影。已知空间力 F,先分解为相互垂直的三个分力,进而再将三个分力分别向空间直角坐标轴上投影,即得力在空间直角坐标轴上的投影,称为直接投影法。

如图 3.2 所示,若已知空间力 F 与坐标轴的方向角 α、β、γ,则力 F 在坐标轴上的投影为

$$\left.\begin{array}{l} F_x = \pm F\cos\alpha \\ F_y = \pm F\cos\beta \\ F_z = \pm F\cos\gamma \end{array}\right\} \qquad (3.1)$$

此法计算方便,但实际上常不易同时获得 α、β、γ 三个已知方位角,而常用二次投影法。

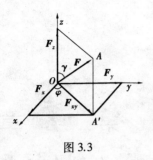

图 3.3

3.1.2 二次投影法

有时需要将力 F 先投影到坐标平面上，然后再投影到坐标轴上，这种方法称为二次投影法。如图 3.3 所示，如已知力 F 与 z 正向之间的夹角 γ，则力 F 在 z 轴和 Oxy 平面上的投影分别为

$$F_z = F\cos\gamma, \quad F_{xy} = F\sin\gamma$$

如给出力 F 在 Oxy 平面的投影 F_{xy} 与 x 轴正向之间的夹角 φ，则 F_{xy} 在 x、y、z 轴上的投影分别为

$$\left.\begin{array}{l} F_x = F\sin\gamma\cos\varphi \\ F_y = F\sin\gamma\sin\varphi \\ F_z = F\cos\gamma \end{array}\right\} \tag{3.2}$$

反之已知力 F 在三个直角坐标轴上投影 F_x、F_y、F_z，也可求出力 F 的大小和方向，即

$$\left.\begin{array}{l} F = \sqrt{F_x^2 + F_y^2 + F_z^2} \\ \cos\alpha = F_x/F \\ \cos\beta = F_y/F \\ \cos\gamma = F_z/F \end{array}\right\} \tag{3.3}$$

例 3.1　棱边长为 a 的正方体上作用力有 F_1、F_2，如图 3.4 所示，试计算二力在三个坐标轴上的投影。

解　求 F_1 在坐标轴上的投影可应用二次投影法。首先将 F_1 投影到 Oxy 平面内得到

$$\cos\alpha = \frac{\sqrt{6}}{3}$$

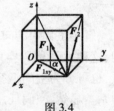

图 3.4

矢量 F_{1xy}，从图中几何关系得到，故力 F_{1xy} 的大小为

$$F_{1xy} = F_1\cos\alpha = \frac{\sqrt{6}}{3}F_1$$

然后将力 F_{1xy} 向 x、y 轴投影，于是得到力 F_1 在这两个坐标轴上的投影

$$X_1 = -F_{1xy}\sin 45° = -\frac{\sqrt{3}}{3}F_1 \quad Y_1 = -F_{1xy}\cos 45° = -\frac{\sqrt{3}}{3}F_1$$

F_1 在 z 轴上的投影为

$$Z_1 = F_1\sin\alpha = \frac{\sqrt{3}}{3}F_1$$

同理，可求出 F_2 在三个坐标轴上的投影分别为

$$X_2 = -F_2\cos 45° = -0.707F_2, Y_2 = 0, Z_2 = F_2\sin 45° = 0.707F_2$$

3.1.3 合力投影定理

有了力在空间坐标轴上投影的知识，就可以计算空间汇交力系的合力。设在物体上作用有空间汇交力系 F_1、F_2、$\cdots$、F_n，如图 3.5 所示。用解析法合成空间力系，其方法与平面汇交力系合成相似，合力投影定理在空间上仍然适用，即

$$R_x = F_{1x} + F_{2x} + \cdots + F_{nx} = \sum F_{ix}$$

$$R_y = F_{1y} + F_{2y} + \cdots + F_{ny} = \sum F_{iy}$$

$$R_z = F_{1z} + F_{2z} + \cdots + F_{nz} = \sum F_{iz}$$

空间的合力投影定理可以表述为:空间汇交力系的合力对任一轴的投影,等于各力对该轴的投影的代数和。按式(3.3),可求得合力 R(图 3.5(b))的大小和方向,合力的作用线通过原力系的汇交点 O。于是有

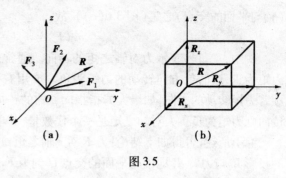

图 3.5

$$R = \sqrt{R_x^2 + R_y^2 + R_z^2}$$

$$\cos\alpha = R_x/R$$

$$\cos\beta = R_y/R$$

$$\cos\gamma = R_z/R$$

3.2 力对轴之矩 合力矩定理

3.2.1 力对轴之矩

前面建立了在平面内力对点之矩的概念。在实际工程中经常遇到绕固定轴的转动,如门、窗、机器上的传动轴和电动机的转子等。为了度量力对绕定轴转动的刚体转动效应,必须了解力对轴之矩的概念。

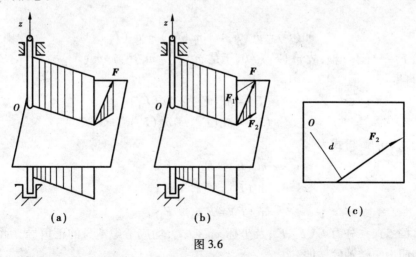

图 3.6

下面以开门为例来加以说明。设门上作用力 F 不在垂直于转轴 z 的平面内(图 3.6(a)),今将力 F 分解为两个分力,如图 3.6(b)所示。分力 F_1 平行于转轴 z,分力 F_2 在垂直于转轴 z 的平面内。由于力 F_1 与 z 轴平行,所以力 F_1 不会使门绕 z 轴转动,只能使门沿 z 轴移动。因此力 F_1 对轴之矩为零。分力 F_2 在垂直于轴的平面内,它对 z 轴之矩实际上就是它对平面内 O 点

(轴与平面的交点)之矩(图 3.6(c)),故

$$m_z(\boldsymbol{F}) = m_0(\boldsymbol{F}_2) = \pm F_2 d \tag{3.4}$$

式中,正负号表示力对轴之矩的转向。通常规定:从 z 轴的正向看去,逆时针方向转动的力矩为正,顺时针方向转动的力矩为负。或用右手法则来判定:用右手握住 z 轴,使四个指头顺着力矩转动的方向,如果大拇指指向 z 轴的正向则力矩为正;反之,如果大拇指指向 z 轴的负向则力矩为负。力对轴之矩是一个代数量,其单位与力对点之矩相同。

综上所述,可得如下结论:力 $\boldsymbol{F}$ 对 z 轴之矩 $m_z(\boldsymbol{F})$ 的大小等于力 $\boldsymbol{F}$ 在垂直于 z 轴的平面内的投影 F_2 与力臂 d(即轴与平面的交点 O 到力 F_2 作用线的垂直距离)的乘积,其正负按右手法则确定,或从 z 轴正向看逆时针方向转动时为正,顺时针方向转动时为负。显然,当力 $\boldsymbol{F}$ 平行于 z 轴时,或力 $\boldsymbol{F}$ 的作用线与 z 轴相交($d=0$)即力 $\boldsymbol{F}$ 与 z 轴共面时,力 $\boldsymbol{F}$ 对该轴之矩均等于零。

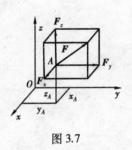

图 3.7

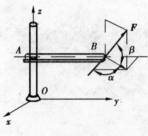

图 3.8

3.2.2 合力矩定理

平面力系中的合力矩定理在空间力系中仍然适用。如图 3.7 所示,力 $\boldsymbol{F}$ 对某轴(如 z 轴)的力矩为力 $\boldsymbol{F}$ 在 x、y、z 三个坐标方向的分力 F_x、F_y、F_z 对同轴(z 轴)力矩的代数和,称为合力矩定理。

$$m_z(\boldsymbol{F}) = m_z(\boldsymbol{F}_x) + m_z(\boldsymbol{F}_y) + m_z(\boldsymbol{F}_z)$$

因分力 F_z 平行于 z 轴,故 $m_z(\boldsymbol{F}_z)=0$,于是 $m_z(\boldsymbol{F})=m_z(\boldsymbol{F}_x)+m_z(\boldsymbol{F}_y)$

同理,可得

$$m_x(\boldsymbol{F}) = m_x(\boldsymbol{F}_z) + m_x(\boldsymbol{F}_y)$$
$$m_y(\boldsymbol{F}) = m_y(\boldsymbol{F}_x) + m_y(\boldsymbol{F}_z)$$

力对轴之矩的解析式为

$$m_x(\boldsymbol{F}) = F_z y_A + F_y z_A$$
$$m_y(\boldsymbol{F}) = F_x z_A + F_z x_A \tag{3.5}$$
$$m_z(\boldsymbol{F}) = F_y x_A + F_x y_A$$

应用式(3.5)时,分力 F_x、F_y、F_z,及坐标 x_A、y_A、z_A,均应考虑本身的正负号,所得力矩的正负号也将表明力矩转轴的转向。

例 3.2 在轴 OA 的手柄 AB 端作用一力 $\boldsymbol{F}$,如图 3.8 所示。已知 $F = 50$ N,$OA = 200$ mm,$AB = 180$ mm,$\alpha = 45°$,$\beta = 60°$,求力 $\boldsymbol{F}$ 对 x、y、z 轴之距。

解 力 $\boldsymbol{F}$ 在坐标轴上的投影为

$$X = F\cos\beta\cos\alpha = 50 \times 0.5 \times 0.707 \text{ N} = 17.7 \text{ N}$$

$$Y = F\cos \beta \sin \alpha = 50 \times 0.5 \times 0.707 \text{ N} = 17.7 \text{ N}$$

$$Z = F\sin \beta = 50 \times 0.866 \text{ N} = 43.3 \text{ N}$$

力 F 的作用点 B 坐标为 $x = 0, y = AB = 180 \text{ mm}, z = OA = 200 \text{ mm}$。

于是,有

$$m_x(F) = yZ - zY = (180 \times 43.3 - 200 \times 17.7) \text{ N} \cdot \text{mm} = 4\ 260 \text{ N} \cdot \text{mm} = 4.26 \text{ kN} \cdot \text{m}$$

$$m_y(F) = zX - xZ = (200 \times 17.7 - 0) \text{ N} \cdot \text{mm} = 3\ 540 \text{ N} \cdot \text{mm} = 3.54 \text{ kN} \cdot \text{m}$$

$$m_z(F) = xY - yX = (0 - 180 \times 17.7) \text{ N} \cdot \text{mm} = -3\ 180 \text{ N} \cdot \text{mm} = 3.18 \text{ kN} \cdot \text{m}$$

3.3　空间力系的平衡方程及其应用

对于空间一般力系可以按照前面所学的内容进行合成,将各分力通过投影方法投影到三个坐标轴上,进行代数加减后得到三个坐标轴上的合力;通过各分力对三个坐标轴之矩得到合力矩。若空间一般力系平衡,其解析表达式为

$$\sum X = 0, \sum Y = 0, \sum Z = 0$$

$$\sum m_x(\boldsymbol{F}) = 0, \sum m_y(\boldsymbol{F}) = 0, \sum m_z(\boldsymbol{F}) = 0 \tag{3.6}$$

式(3.6)即为空间任意力系的平衡方程。

由此得出结论,空间任意力系平衡的必要和充分条件是:力系中所有各力在任意相互垂直的三个坐标轴的每一个轴上的投影的代数和等于零,以及力系中所有的各力对这三个坐标轴之矩的代数和分别等于零。空间任意力系有六个独立的平衡方程,可以求解六个未知量,它是解决空间力系平衡问题的基本方程。

若作用于刚体上的空间力系 $\boldsymbol{F}_1$、$\boldsymbol{F}_2$、$\cdots$、$\boldsymbol{F}_n$ 汇交于点 O,则称空间汇交力系,如图 3.9 所示。如选择空间汇交力系的汇交点为坐标系 $Oxyz$ 的原点,则不论此力系是否平衡,各力对三轴之矩恒为零,因此,空间汇交力系的平衡方程为

$$\left.\begin{array}{l} \sum X = 0 \\ \sum Y = 0 \\ \sum Z = 0 \end{array}\right\} \tag{3.7}$$

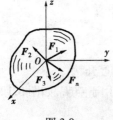

图 3.9

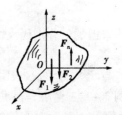

图 3.10

若作用于刚体上的空间力系各力的作用线彼此互相平行,则为空间平行力系。如图 3.10 所示,设物体受一空间平行力系作用,令 z 轴与这些力平行,则各力对于 z 轴之矩等于零;又由于 x 轴和 y 轴都与这些力垂直,所以各力在这两轴上的投影也等于零,即

$$\sum m_z(\boldsymbol{F}) = 0, \sum X = 0, \sum Y = 0$$

三式成为恒等式。因此,空间平行力系的平衡方程为

$$\left.\begin{array}{l} \sum Z = 0 \\ \sum m_x(\boldsymbol{F}) = 0 \\ \sum M_y(\boldsymbol{F}) = 0 \end{array}\right\} \tag{3.8}$$

求解空间力系的平衡问题时,可以直接应用以上公式,也可以将空间力系转化为在三个坐标平面内的平面力系来处理。后一种方法比较容易掌握,也便于运用平面力系平衡问题的解题技巧。因此,这种方法在工程实际中运用较多。

下面举例说明空间力系平衡方程的应用。

例3.3 三根无重杆 AB、AC、AD 铰接于 A 点,其下悬挂一物体,重量为 $P = 1\,000$ N(图3.11)。AB 与 AC 等长且互相垂直,$\angle OAD = 30°$,B、C、D 处均为铰接。求各杆所受的力。

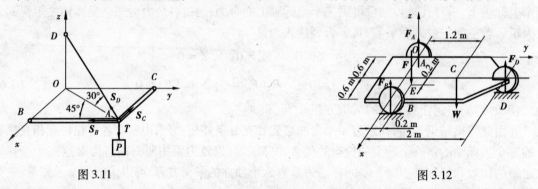

图 3.11   图 3.12

解 因为不计杆重,所以三杆所受的力都沿杆的轴线方向。现假设各杆所受的力都是拉力。取结点 A 为研究对象,则 A 点受三杆的拉力 $\boldsymbol{S}_B$、$\boldsymbol{S}_C$、$\boldsymbol{S}_D$ 绳子的拉力 $\boldsymbol{T}(T = P)$ 组成一空间汇交力系而平衡。取坐标系如图所示,于是平衡方程可写为

$$\sum X = 0, \ - S_C - S_D\cos 30°\sin 45° = 0 \tag{a}$$

$$\sum Y = 0, \ - S_B - S_D\cos 30°\cos 45° = 0 \tag{b}$$

$$\sum Z = 0, S_D\sin 30° - T = 0 \tag{c}$$

由式(c)解得

$$S_D = T/\sin 30° = P/0.5 = 1\,000/0.5 \text{ N} = 2\,000 \text{ N}$$

将求得的值分别代入式(a)、式(b),即可解得

$$S_B = S_C = -1\,225 \text{ N}$$

S_B 与 S_C 均为负值,表明这两力的实际方向与假设相反,即二杆均受压力。

例3.4 三轮小车自重 $W = 8$ kN,作用于点 C,载荷 $F = 10$ kN,作用于点 E,如图3.12所示。求小车静止时地面对车轮的反力。

解 取小车为研究对象,画受力图如图3.12所示。其中,$\boldsymbol{W}$ 和 $\boldsymbol{F}$ 为主动力,$\boldsymbol{F}_A$、$\boldsymbol{F}_B$、$\boldsymbol{F}_D$ 为地面的约束反力,此5个力相互平行,组成空间平行力系。

取坐标轴如图所示,列出平衡方程

$$\sum F_z = -F - W + F_A + F_B + F_D = 0 \tag{a}$$

$$\sum m_x(\boldsymbol{F}) = 0, \quad -0.2\ \text{m} \times F - 1.2\ \text{m} \times W + 2\ \text{m} \times F_D = 0 \tag{b}$$

$$\sum m_y(\boldsymbol{F}) = 0, \quad 0.8\ \text{m} \times F + 0.6\ \text{m} \times W - 0.6\ \text{m} \times F_D - 1.2 \times F_B = 0 \tag{c}$$

由式(b)得 $F_D = 5.8$ kN,由式(c)得 $F_B = 7.78$ kN,由式(a)得 $F_A = 4.42$ kN

例 3.5 如图 3.13(a),镗刀杆的刀头在镗削工件时受到切向力 $\boldsymbol{F}_x$,径向力 $\boldsymbol{F}_y$ 和轴向力 $\boldsymbol{F}_z$ 的作用,各力的大小 $F_x = 750$ N,$F_y = 1\ 500$ N,$F_z = 500$ N;而刀尖 B 的坐标 $x = 200$ mm,$y = 75$ mm,$z = 0$ mm。试求镗刀杆根部约束反力的各个分量。

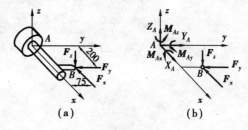

图 3.13

解 刀尖根部是固定端,约束力是任意分布的空间力系。在 A 点作用三个正交分力 X_A、Y_A、Z_A 和作用在不同平面内的三个正交力偶 M_{Ax}、M_{Ay}、M_{Az}。画受力图,如图 3.13(b)所示。选直角坐标系 $Axyz$。

写出空间任意力系的平衡方程

$$\sum X = 0, X_A - F_x = 0$$

$$\sum Y = 0, Y_A - F_y = 0$$

$$\sum Z = 0, Z_A - F_z = 0$$

$$\sum m_x(\boldsymbol{F}) = 0, M_{Ax} - 0.075F_z = 0$$

$$\sum m_y(\boldsymbol{F}) = 0, M_{Ay} - 0.2F_z = 0$$

$$\sum m_z(\boldsymbol{F}) = 0, M_{Az} + 0.075F_x - 0.2F_y = 0$$

解各方程可得
$X_A = F_x = 750$ N,$Y_A = F_y = 1\ 500$ N,$Z_A = F_z = 500$ N,$M_{Ax} = 0.075F_z = 37.5$ N·m
$M_{Ay} = -0.2F_z = -37.5$ N·m,$M_{Az} = -0.075F_x + 0.2F_y = 243.8$ N·m
M_{Ay} 的"–"号表示实际转向与所设转向相反。

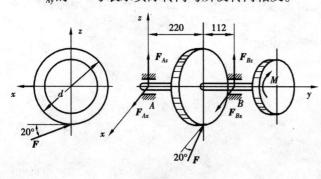

图 3.14

例 3.6 支撑于两个滑动轴承 A、B 的转动轴如图 3.14 所示。圆柱直齿轮的节圆直径 $d = 17.3$ mm,压力角 $\alpha = 20°$,在法兰盘上作用一力偶,其力偶矩 $M = 1\ 030$ N·m。如轮轴自重和摩擦不计,求传动轴匀速转动时 A、B 两轴承的反力及齿轮所受的啮合力 F。

解 取整个轴为研究对象。设 A、B 两轴承的反力分别为 F_{Ax}、F_{Az}、F_{Bx}、F_{Bz},并沿 xz 轴的正向,此外还有力偶 M 和齿轮所受的啮合力 F,这些力构成空间任意力系。取坐标轴如图所示,列出平衡方程

$$\sum m_y(\boldsymbol{F}) = 0, \quad -M + F\cos 20° \times d/2 = 0$$

$$\sum m_x(\boldsymbol{F}) = 0, F\sin 20° \times 220 \text{ mm} + F_{Bz} \times 332 \text{ mm} = 0$$

$$\sum m_z(\boldsymbol{F}) = 0, F\cos 20° \times 220 \text{ mm} - F_{Bx} \times 332 \text{ mm} = 0$$

$$\sum F_x = 0, F_{Ax} + F_{Bx} - F\cos 20° = 0$$

$$\sum F_z = 0, F_{Az} + F_{Bz} + F\sin 20° = 0$$

得 $F = 12.67$ kN$, F_{Bz} = -2.87$ kN$, F_{Bx} = 7.89$ kN$, F_{Ax} = 4.02$ kN$, F_{Az} = -1.46$ kN

3.4 重 心

重心是力学中一个重要的概念,对物体的平衡或运动状态有重要影响。因此,在许多机械及零件的设计计算中,都会遇到确定机械或零件的重心位置问题。

3.4.1 重心的概念

重心实际上是平行力系中的一个特例。在地面上的一切物体都受到地球的重力作用,物体是由许多微小部分组成的,可以把物体各部分的重力看成是铅直向下相互平行的空间平行力系。这个空间平行力系的合力为物体的重力,重力的大小等于物体所有各部分重力大小的总和,重力的作用点即是空间平行力系中心,称为物体的重心。

3.4.2 重心坐标公式

(1)重心坐标的一般公式

利用合力矩定理可以导出确定重心坐标的公式。取一连在物体上的空间直角坐标系

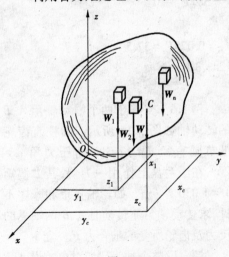

图 3.15

$Oxyz$,设物体的重心坐标为 x_c、y_c、z_c,如图 3.15 所示。将物体分成若干微小部分,每个微小部分所受重力分别为 $\boldsymbol{W}_1$、$\boldsymbol{W}_2$、$\cdots$、$\boldsymbol{W}_n$,各力作用点的坐标分别为 $(x_1、y_1、z_1)$,$(x_2、y_2、z_2)$,$\cdots$,$(x_n、y_n、z_n)$。$\boldsymbol{W}$ 是各重力 $\boldsymbol{W}_1$、$\boldsymbol{W}_2$、$\cdots$、$\boldsymbol{W}_n$ 的合力。根据合力矩定理,合力 $\boldsymbol{W}$ 对轴之矩等于各分力对同轴之矩的代数和。如对 x 轴之矩有

$$M_x(\boldsymbol{W}) = \sum_{i=1}^{n} m_x(\boldsymbol{W}_i)$$

或

$$W \cdot y_C = W_1 \cdot y_1 + W_2 \cdot y_2 + \cdots + W_n \cdot y_n$$

可得

$$y_C = \frac{\sum W_i \cdot y_i}{W}$$

同理,可得对 y 之矩

$$M_y(\boldsymbol{W}) = \sum_{i=1}^{n} m_y(\boldsymbol{W}_i)$$

或
$$W \cdot x_C = W_1 \cdot x_1 + W_2 \cdot x_2 + \cdots + W_n \cdot x_n$$
可得
$$x_C = \frac{\sum W_i \cdot x_i}{W}$$

将坐标系连同物体绕 y 轴转 90°，使 x 轴铅直向上，重心位置不变，再应用合力矩定理，对新的 y 轴求力矩，用与上述相同的方法，可得
$$z_C = \frac{\sum W_i \cdot z_i}{W}$$

由此得到重心坐标的一般公式为
$$\left.\begin{array}{l} x_C = \dfrac{\sum W_i \cdot x_i}{W} \\[3mm] y_C = \dfrac{\sum W_i \cdot y_i}{W} \\[3mm] z_C = \dfrac{\sum W_i \cdot z_i}{W} \end{array}\right\} \tag{3.9}$$

在式(3.9)中，如以 $W_i = m_i g$，$W = mg$ 代入，在分子和分母中消支 g，即得到公式
$$\left.\begin{array}{l} x_c = \dfrac{\sum m_i \cdot x_i}{M} \\[3mm] y_c = \dfrac{\sum m_i \cdot y_i}{M} \\[3mm] z_c = \dfrac{\sum m_i \cdot z_i}{M} \end{array}\right\} \tag{3.10}$$

上式称为质心坐标公式。在均匀重力场内，质心与其重心的位置相重合。

(2) 均质物体的重心坐标公式

均质物体的重量是均匀分布的，如物体单位体积的重量为 γ，物体体积为 V，则
$$W = \gamma \cdot V$$
物体每个微小部分的重量分别为
$$W_1 = \gamma \cdot V_1, W_2 = \gamma \cdot V_2, \cdots, W_n = \gamma \cdot V_n$$
代入重心坐标式(3.9)中，则得到
$$\left.\begin{array}{l} x_c = \dfrac{\sum x_i V_i}{V} \\[3mm] y_c = \dfrac{\sum y_i V_i}{V} \\[3mm] z_c = \dfrac{\sum z_i V_i}{V} \end{array}\right\} \tag{3.11}$$

物体分割得越细，即每一小块的体积越小，则按上式计算的重心位置越准确。在极限情况

下可用积分计算即

$$x_c = \frac{\int_V x \mathrm{d}V}{V}, y_c = \frac{\int_V y \mathrm{d}V}{V}, z_c = \frac{\int_V z \mathrm{d}V}{V} \cdot \tag{3.12}$$

可见,对均质物体来说,物体的重心只与物体的形状有关,而与物体的重量无关,因此均质物体的重心也称为物体的形心。

(3)均质薄板的重心

对于平面薄板,其重心只求两个坐标就可以了,如图 3.16 所示的 x_c 和 y_C。薄板的厚度为 h,面积为 A,将薄板分成若干微小部分,每个微小部分的面积为 A_1、A_2、$\cdots$、A_n,则:$V = hA$。将 $V_1 = hA_1$,$V_2 = hA_2$,$\cdots$,$V_n = hA_n$ 代入式(3.11)中得到

$$\left.\begin{array}{l} x_c = \dfrac{\sum x_i A_i}{A} \\[3mm] y_c = \dfrac{\sum y_i A_i}{A} \end{array}\right\} \tag{3.13}$$

上式的极限为

$$x_c = \frac{\int_A x \mathrm{d}A}{A}, y_c = \frac{\int_A y \mathrm{d}A}{A} \tag{3.14}$$

其中,$\int_A x \mathrm{d}A$,$\int_A y \mathrm{d}A$ 分别定义为平面图形对 y 轴和 x 轴的静矩。

3.4.3 确定物体重心的方法

在工程实际中,物体通常是由一个或几个简单几何图形的物体组合而成的组合形体。对于简单几何图形物体的重心,可从有关的工程手册中查到。下面将常见的几种简单几何图形物体的重心位置列成表 3.1,以供求组合物体重心时使用。

(1)对称性法

在工程实际中,经常遇到具有对称轴、对称面或对称中心的均质物体。这种物体的重心一定在对称轴、对称面或对称中心上。如图 3.17(a)的工字钢截面,具有对称轴 $O\text{-}O'$,则它的重心一定在 $O\text{-}O'$ 轴上;又如图 3.17(b)的立方体具有对称中心 C,则 C 点就是它的重心。

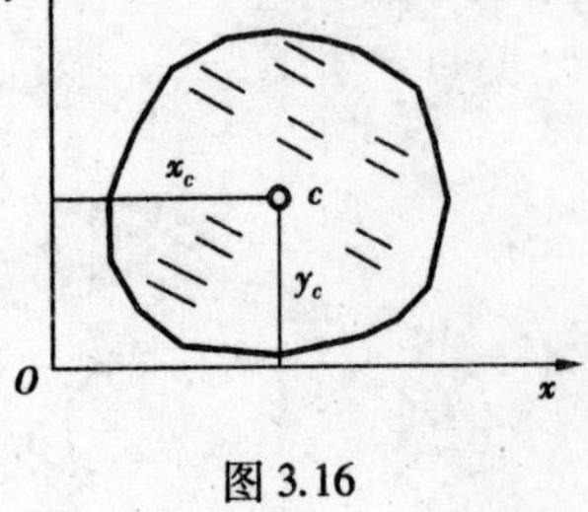

图 3.16

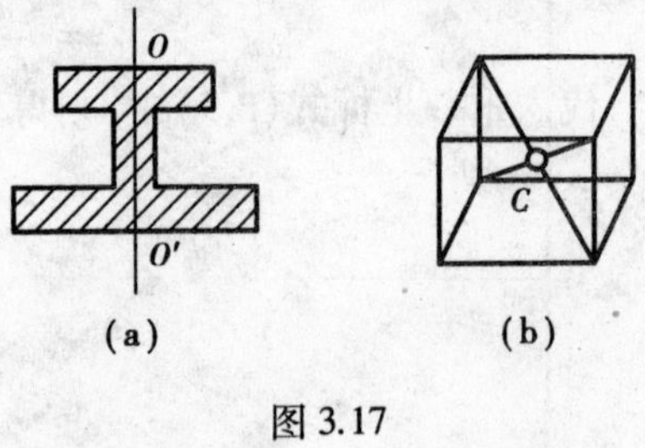

图 3.17

(2)分割法

组合形体形状比较复杂,但它们大都可看成是由表 3.1 中给出的简单形状匀质物体组合而成。分割法是将形状比较复杂物体分成几个部分,这些部分形状简单,其重心位置容易确

定,然后,根据重心坐标公式求出组合形体的重心。

表 3.1　常用简单形状匀质物体的重心

简单形状均质物体	重心坐标
 三角形	在中线的交点 $$y_c = \frac{1}{3}h$$
 梯形	在上下底中点的连线上 $$y_c = \frac{h(2a+b)}{3(a+b)}$$
 部分圆形	$$x_c = \frac{2(R^3-r^3)\sin\alpha}{3(R^2-r^2)\alpha}$$
 弓形	$$x_c = \frac{4R\sin^3\alpha}{3(2\alpha-\sin 2\alpha)}$$
 圆弧	$$x_c = \frac{r\sin\alpha}{\alpha}$$ 半圆弧 $$\alpha = \frac{\pi}{2}$$ $$x_c = \frac{2r}{\pi}$$
 半圆球体	$$z_c = \frac{3}{8}r$$
 扇形	$$x_c = \frac{2r\sin\alpha}{3\alpha}$$ 半圆 $\alpha = \frac{\pi}{2}$ $$x_c = \frac{4r}{3\pi}$$

续表

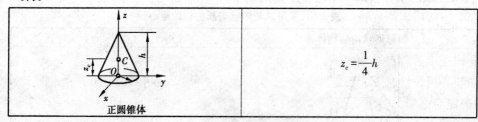

正圆锥体	$z_c = \dfrac{1}{4}h$

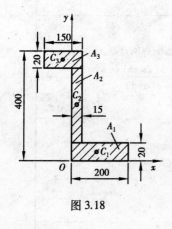

图 3.18

例3.7　图 3.18 为图 Z 形钢的截面,图中尺寸单位为 mm。求 Z 形截面的重心位置。

解　将 Z 形截面分割为三部分,每部分都是矩形。设坐标 $Oxyz$,它们的面积和坐标分别为

$A_1 = 20 \times 2 = 40 \text{ cm}^2, x_1 = 10 \text{ cm}, y_1 = 1 \text{ cm}; A_2 = 36 \times 1.5 = 54 \text{ cm}^2, x_2 = 0.75 \text{ cm}, y_2 = 20 \text{ cm}$

$A_3 = 15 \times 2 = 30 \text{ cm}^2, x_3 = -6 \text{ cm}, y_3 = 39 \text{ cm}$

将以上数据代入式(3.13)中,得到 Z 形截面重心位置为

$x_C = 2.1 \text{ cm}, y_C = 18.5 \text{ cm}$

(3)负面积法

若在物体内切去一部分,要求剩余部分物体的重心时,仍可应用分割法,只是切去部分的面积或体积应取负值。

例3.8　求图 3.19 所示图形的形心,已知大圆的半径为 R,小圆的半径为 r,两圆的中心距为 a。

解　取坐标系如图所示,因图形对称于 x 轴,其形心在 x 轴上,故 $y_C = 0$。

图形可以看做由两部分组成,挖去的面积以负值代入,两部分图形的面积和形心坐标为

$A_1 = \pi R^2, x_1 = y_1 = 0; A_2 = -\pi r^2, x_2 = a, y_2 = 0$

由式(3.13)可得

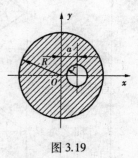

图 3.19

$$x_C = \frac{\sum x_i A_i}{A} = \frac{A_1 x_1 + A_2 x_2}{A} = \frac{\pi R^2 \times 0 + (-\pi r^2) \times a}{\pi R^2 + (-\pi r^2)} = -\frac{ar^2}{R^2 - r^2}$$

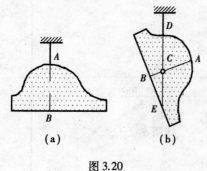

(a)　　　　(b)

图 3.20

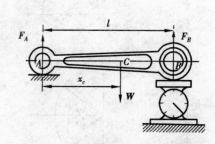

图 3.21

(4) 实验方法

工程上还常用实验方法来测定复杂形状物体的重心,这种方法比较简便,且具有足够的准确度。

①悬挂法

例如装岩机设计时要求确定铲斗重心,铲斗具有对称面,根据对称性,其重心在此对称面内,只须确定对称平面的重心。可用一均质等厚的板按一定的比例尺做成铲斗对称面形状。先悬挂在任意点 A,根据二力平衡原理,重心必在过悬挂点 A 的铅垂线上,标出此线 AB(图 3.20(a));然后再将它悬挂在任意点 D;同理,标出另一直线 DE,则 AB 与 DE 的交点 C 即为重心,如图 3.20(b)所示。有时也可悬挂两次以上,以提高精确度。

②称重法

有些形状复杂或体积较大的物体常用称重法求重心。例如内燃机的连杆,因为具有对称轴,所以只要确定重心在此轴上的位置 x_C。将连杆 B 端放在台秤上,A 端搁在水平面上,使中心线 AB 处于水平位置,如图 3.21 所示。设连杆的重量为 W,用台秤测得 B 端反力 F_B 的大小,由 $\sum M_A(F) = 0$,得,故

$$x_C = \frac{F_B \times l}{W}$$

小 结

本章主要介绍了空间力系的解法和物体重心的求法。

1.力在空间直角坐标轴上的投影

①直接投影法:$F_x = \pm F\cos \alpha$,$F_y = \pm F\cos \beta$,$F_z = \pm F\cos \gamma$

②二次投影法:$F_x = F\sin \gamma\cos \varphi$,$F_y = F\sin \gamma\sin \varphi$,$F_z = F\cos \gamma$

2.力对轴之矩是用来度量力使物体绕轴转动效应的物理量。

力与轴平行,则力对轴之矩为零。力与轴相交,力对轴之矩也为零。力对轴空间交错(不平行也不相交),则力对轴之矩的解析式为

$$m_x(F) = F_z \cdot y_A + F_y \cdot z_A$$
$$m_y(F) = F_x \cdot z_A + F_z \cdot x_A$$
$$m_z(F) = F_y \cdot x_A + F_x \cdot y_A$$

3.空间任意力系的平衡问题解法有两种:一是直接利用空间力系的六个平衡方程式

$$\sum X = 0, \sum Y = 0, \sum Z = 0$$
$$\sum m_x(F) = 0, \sum m_y(F) = 0, \sum m_z(F) = 0$$

另一是将空间力系通过投影转化为三个平面力系问题求解。

4.重心问题是空间平行力系的特例。重心是物体重力合力的作用点,它在物体内具有确定不变的位置。应用合力矩定理,可得确定重心坐标的基本公式。可根据物体的具体情况,选用相应的方法和公式来确定物体的重心。

思 考 题

3.1 若空间任意力系向一点简化结果是 $R \neq 0, M_o \neq 0$。问力系是否一定能简化为一合力? 为什么?

3.2 在下列情况下,力 F 的作用线与 x 轴关系如何?

① $F_x = 0, m_x(F) \neq 0$;

② $F_x \neq 0, m_x(F) = 0$;

③ $F_x = 0, m_x(F) = 0$。

3.3 若①空间力系中各力的作用线平行于某一固定平面;②空间力系中各力的作用线分别汇交于两个固定点,试分析这两种力系各有几个平衡方程。

3.4 空间任意力系投影在直角坐标面上,得三个平面力系,若该力系平衡,每个平面力系计有三个平衡方程,这与空间力系的六个平衡方程是否矛盾? 为什么?

3.5 物体的重心是否一定在物体上? 为什么?

3.6 计算一物体重心的位置时,如果选取的坐标轴不同,重心的坐标是否改变? 重心相对于物体的位置是否改变?

习 题

3.1 计算图中 F_1、F_2、F_3 三个力在 x、y、z 轴上的投影。已知 $F_1 = 2$ kN,$F_2 = 1$ kN,$F_3 = 3$ kN。

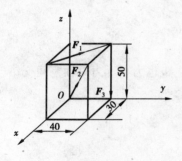

习题 3.1 图

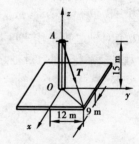

习题 3.2 图

3.2 试求图示绳索拉力 T 对各坐标轴之矩。已知 $T = 10$ kN。

3.3 一平行力系由五个力组成,力的大小和作用线的位置如图所示,图中小方格的边长为 10 mm。求平行力系的合力。

3.4 均质预制楼板 $ABCD$ 重 $P = 2.8$ kN,支承如图示。E 为 AB 中点,$FD = GC = \frac{1}{8}AD$,试求 F、G 两处绳索的张力及 E 处的约束反力。

3.5 作用于手柄端的力 $F = 600$ N,试计算力 F 在 x、y、z 轴上的投影及对 x、y、z 轴之矩。

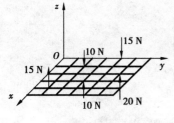

习题 3.3 图

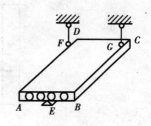

习题 3.4 图

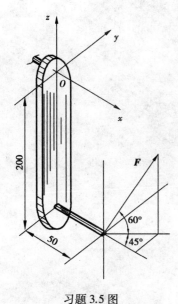

习题 3.5 图

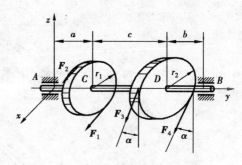

习题 3.6 图

3.6　水平传动轴 AB 上装有两个皮带轮 C 和 D,与 AB 轴一起转动,如图所示。皮带轮的半径各为 $r_1=200$ mm 和 $r_2=250$ mm,皮带轮和轴承间的距离为 $a=b=500$ mm,两皮带轮间的距离 $c=1\,000$ mm。套在轮 C 上的皮带是水平的,其拉力为 $F_1=2F_2=5\,000$ N;套在轮 D 上的皮带与铅直线成角 $\alpha=30°$,其拉力为 $F_3=2F_4$。求平衡情况下,拉力的 F_3 和 F_4 值,并求由皮带拉力所引起的轴承反力。

3.7　一减速机构如图所示。动力由 I 轴输入,通过联轴节在 I 轴上作用一力偶,其矩为 $m=697$ N·m,如齿轮节圆直径为 $D_1=160$ mm,$D_2=632$ mm,$D_3=204$ mm,齿轮压力角为 20°,试求 II 轴两端轴承 AB 的约束反力。图中单位为 mm。

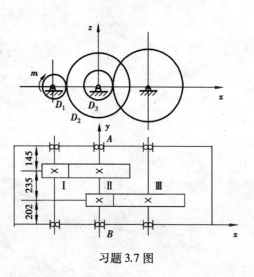

习题 3.7 图

3.8 求对称工字形钢截面的形心,尺寸如图。

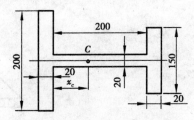

习题 3.8 图

3.9 确定图示均质厚扳的重心位置,尺寸如图。

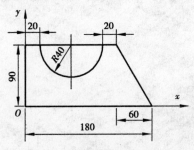

习题 3.9 图

3.10 求图示均质混凝土基础的重心位置。

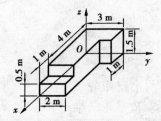

习题 3.10 图

第 2 篇

材料力学

第 4 章

轴向拉伸与压缩

靠靠靠

杆件工作时受到拉伸和压缩是其受力与变形的一种最简单形式,掌握其基本原理和分析方法,对于材料力学的实际应用具有普遍的意义。

本章从杆件受到的外力出发,通过杆件受力后平衡状态采用截面法揭示出内力;考虑材料的尺寸因素,计算应力;对杆件受力后的变形进行强度和刚度计算,对杆件在受到拉伸和压缩时的力学性能以及强度设计有一个比较全面的了解。

4.1 轴向拉伸与压缩的基本概念

承受轴向拉伸与压缩的杆件在工程应用中比较普遍,三脚架结构尺寸如图 4.1(a)所示,按照静力学方法对该结构系统进行受力分析,受力图如图 4.1(b)所示。通过受力图不难发现,杆 BD 和 CD 两者均为二力杆,BD 两端受到拉力,CD 两端分别受到压力,这两对力的特点是:两个力大小相等,方向相反,作用在同一条直线上,且作用在杆件上外力的合力的作用线与杆的轴线相重合。如果暂不考虑杆件的具体形状和外力作用的具体形式,受到拉伸或压缩杆件的受力图可简化,如图 4.2 所示。

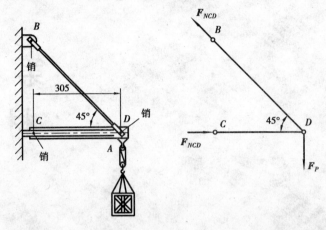

图 4.1

从图 4.2 看出,随着外力的增加,受到拉力作用的杆件沿轴线方向发生伸长,这种变形叫作轴向拉伸(以正号计);受到压力作用的杆件沿轴线方向发生缩短,这种变形叫作轴向压缩(以负号计)。

在此提出四个问题供大家思考:

第一,两个杆件所用的材料相同、尺寸相同,由于所受外力不同,其发生失效(杆件的变形程度随着外力的增加而增加,可能会发生两种现象:一种是杆件发生了明显变形,另一种是杆件发生了断裂,这两种情况均称为杆件失效)的情况可能不同;即杆件失效与杆件所受的外力大小有关。

第二,相同材料和不同尺寸的两个杆件,在相同的外力作用下,杆件的变形程度是不一样的,横截面大的变形程度较小,发生失效的概率要低于横截面较小的杆件;即杆件失效与杆件的尺寸大小有关。

第三,相同尺寸的杆件,在相同的外力作用下,如果材料不同,杆件发生失效的情况也不同;即杆件失效与杆件的材料自身性质有关。

第四,针对上述三个问题,最终在实际应用和构件设计中需要解决哪些问题?

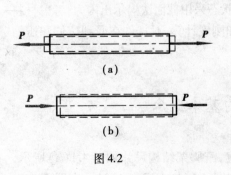

图 4.2

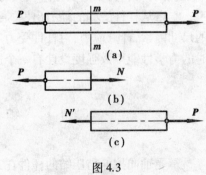

图 4.3

4.2　轴向拉伸与压缩的内力

杆件受到外力作用时,其变形程度随着外力的增加而增大,如果杆件受到的外力为零,则杆件本身不发生任何变形;当外力较小时,杆件也不会发生明显的变形;当外力较大时,杆件会发生明显的塑性变形甚至断裂,这样的现象给我们一个启示:外力作用在杆件上进行拉伸或压缩时,杆件自身内部会产生一种与外力相抗衡的内力,正是由于有了内力与外力相抗衡,所以在外力较小时,材料的内力足以与外力抗衡时,材料不会发生明显变形,随着外力的增加,内力不足以与外力相抗衡时,材料才会发生明显的变形甚至断裂。

因此知道了杆件内部产生的内力是由于受到外力作用后,杆件要发生变形,而这种变形,使材料内一部分相对于另一部分要发生位移,发生位移的部分要维持原状,从而产生了内力。

4.2.1　内力与截面法

那么如何分析在外力作用下杆件所产生的内力? 如何确定内力的大小和方向? 通常的方法是采用截面法。基本思路是:一杆件两端受到外力的作用处于平衡状态,将其从中间的某个位置截开,截开的一部分也处于平衡状态,利用静力学的基本分析方法,可以揭示出内力的大小和方向。

设有一杆件受到外力 P 作用,求任意截面 $m\text{-}m$ 上的内力,如图 4.3(a)所示。解决方法是:在外力 $P\text{-}P$ 的作用下,拉杆处于平衡状态,假想从 $m\text{-}m$ 横截面处将杆件截开,分为左右两段,如图 4-3(b)、(c)所示,($N\text{-}N'$)是截面上的作用力与反作用力,是所求的内力。由于杆件在外力 P 的作用下处于平衡状态,根据静力学二力平衡方程可得 $N=P$,由于 $m\text{-}m$ 横截面是杆上的任一横截面,这样就把其内力揭示出来了,这种方法叫作截面法,需要说明的是:这样处理的结果是假定内力是均匀分布在横截面上的,利用截面法求出的是分布在横截面上内力的合力,内力的方向垂直于横截面,且通过截面的形心,这样的内力叫作轴力,记作 F_N 或 N,其正负号与外力是拉力或压力同号。

综上所述,确定杆件横截面上的内力的合力的基本方法是截面法,一般包含下列步骤:

首先,应用工程静力学方法,确定作用在杆件上的所有未知的外力;

其次,在所要考察的横截面处,用假想截面将杆件截开,分为两部分;

第三,考察其中任意一部分的平衡,在截面形心处建立合适的直角坐标系,由静力学平衡方程计算出各个内力分量的大小与方向;

第四,考虑另外一部分的平衡,以验证所得结果的正确性。

需要指出的是:当用假想截面将杆件截开,考虑其中任意一部分平衡时,实际上已经将这一部分当作刚体,所用的平衡方法与在工程静力学中的刚体平衡方法完全一样。

4.2.2　轴力与轴力图

前面给出的是杆件两端受到大小相等、方向相反的轴向载荷作用的情况,通过截面法得知,横截面上只有一个轴力 F_N。但是实际构件工作时,杆件可能同时要承受两个或两个以上的轴向载荷作用,如图 4.4(a)、(b)、(c)所示(已知 $F_1 = 15$ kN,$F_2 = 5$ kN),这种情况下其内力分析就会相对复杂一些。

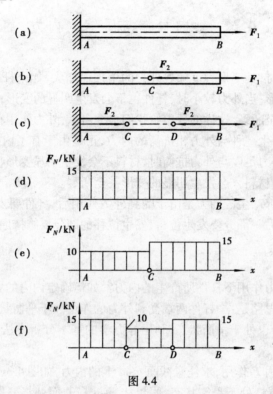

图 4.4

通过图 4.4 可以看到:用截面法把轴力沿着轴线方向的变化以图形的形式表示出来,叫作轴力图。这样表示的好处在于轴力沿轴线方向变化情况一目了然,不容易出错。因此,绘制轴力图的方法为:

①确定约束力;

②根据杆件上作用的载荷以及约束力,确定控制面,也就是轴力图的分段点,即集中在轴力的作用点处;

③应用截面法,用假想截面从控制面处将杆件截开,在截开的截面上,画出未知轴力,并假定为正方向,对截开的部分杆件建立平衡方程,确定控制面上的轴力;

④建立 F_N-x 坐标系,将所求得的轴力值标在坐标系中,按照图 4.4 的方法画出轴力图。

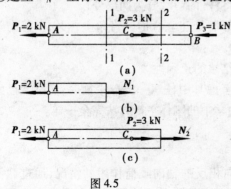

图 4.5

例 4.1   一杆件沿轴线同时受到三个力 P_1、P_2、P_3 的作用,其作用点分别为 A、C、B,如图 4.5(a)所示,求杆件的轴力。

解   由于杆上受到三个外力的作用,因此,按照前面所学的内容,进行分段处理,在 AC 段内的任意处以横截面 1-1 将杆件截开为两段,取左段为分析对象(图 4.5(b)),该段的右端轴力以 N_1 表示,由平衡条件得知,轴力 N_1 与外力 P_1 大小相等、方向相反、沿杆的轴线重合,由外力可知 N_1、P_1 均为拉力,列平衡方

程,即

$$\sum X = 0, N_1 - P_1 = 0$$

得

$$N_1 = P_1 = 2 \text{ kN}$$

同理,在 CB 段内任意处以横截面 2-2 将杆件截开为两段,取左段为研究对象,如图 4.5(c)所示,设右端内力 N_2 仍为拉力,列平衡方程得到

$$\sum X = 0, N_2 - P_1 + P_2 = 0, N_2 = P_1 - P_2 = -1 \text{ kN}$$

结果为负号,说明该截面上实际的轴力方向与假设的方向相反,即 N_2 为压力,其值为 1 kN。当然,读者也可以取右段作为研究对象,结果相同。

4.3 轴向拉伸与压缩时横截面上的应力

4.3.1 应力的概念

前面主要分析了作用在构件上的外力,用截面法揭示出其横截面上的内力,在 4.1 节的最后,曾提出杆件的失效与杆件的尺寸大小有关,即在轴向拉伸与压缩时要考虑尺寸大小,这里指的是杆件的横截面积。

两根材料相同、横截面积不等的杆件,若所受的轴向拉力相同,通过截面法可知,两杆件横截面上的内力是相等的,随着外力(拉力)的增加,细杆(即横截面积小)将先被拉断;说明杆件的危险程度取决于横截面上分布内力的聚集程度,就把单位横截面上的内力叫作正应力简称为应力。

4.3.2 横截面上的应力计算

根据材料均匀性的假设,杆件横截面上的应力是均匀分布的,如图 4.6 所示。那么,横截面上的应力是如何计算的?根据应力的定义和横截面上应力均匀分布的规律,可以得到

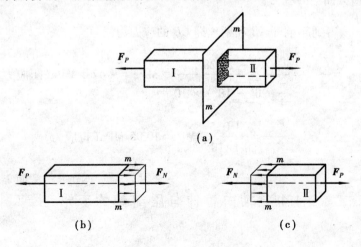

(a)

(b)   (c)

图 4.6

$$\sigma = \frac{F_N}{A} \tag{4.1}$$

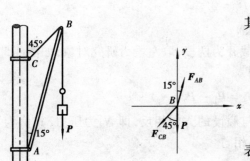

图 4.7

其中　σ——横截面上的正应力，Pa（或 MPa、GPa）；（换算关系 1 Pa = 1 N/m²，1 MPa = 10^6 Pa，1 GPa = 10^9 Pa）；

F_N——横截面上的轴力（内力），N；

A——横截面面积，m²。

通过式（4.1）得到的 σ 为正号表示拉应力，负号表示压应力。

例 4.2　一起重机如图 4.7（a）所示，起重杆 AB 为一钢管，其外径 $D = 20$ mm，内径 $d = 18$ mm，钢绳 CB 的横截面面积为 0.1 cm²。已知起重量 $P = 2\,000$ N，试求出起重杆和钢绳所受的应力。

解　第一，解除约束，画 B 处的受力图，如图 4.7（b）所示，由于 B 端处于平衡状态，列平衡方程得到

$$\sin 15° F_{AB} = \sin 45° F_{CB} \tag{1}$$

$$\cos 15° F_{AB} = P + \cos 45° F_{CB} \tag{2}$$

式（2）-式（1）得到（$\cos 15° - \sin 15°$）$F_{AB} = P$

$$F_{AB} = \frac{P}{\cos 15° - \sin 15°}, F_{AB} = \frac{2\,000}{0.965\,9 - 0.258\,8}\text{N} = \frac{2\,000}{0.707\,1}\text{N} = 2\,828\text{ N}$$

代入式（1）得到　　　$F_{CB} = \frac{0.258\,8 \times 2\,828}{0.707}\text{N} = 1\,035\text{ N}$

第二，用截面法求轴力：

起重杆 AB 受到压力，钢绳受到拉力，用截面法很容易求得轴力

起重杆 AB　$F_{NAB} = -F_{AB} = -2\,828$ N，钢绳 CB　$F_{NCB} = F_{CB} = 1\,035$ N

第三，计算横截面上的应力：

由公式 $\sigma = \frac{F_N}{A}$，得到起重杆 AB 和钢丝绳 CB 的应力为

$$\sigma_{AB} = \frac{F_{NAB}}{A_{AB}} = \frac{-2\,828}{\frac{\pi}{4}(20^2 - 18^2) \times 10^{-6}}\text{ MPa} = -47.4\text{ MPa（压应力）}$$

钢绳 CB　　　$\sigma_{CB} = \frac{F_{NCB}}{A_{CB}} = \frac{1\,035}{0.1 \times 10^{-4}}\text{ MPa} = 103.5\text{ MPa（拉应力）}$

4.4　轴向拉伸与压缩时的变形

在 4.1 节最后提到了杆件在外力（拉力或压力）作用下，杆件会发生变形，那么杆件在轴向拉伸与压缩时的变形情况到底遵从什么规律？又是如何计算的？这就是本节重点要回答的问

题。

杆件在轴向拉伸或压缩时,所产生的主要变形是沿着轴线方向的伸长或缩短;试验表明:与此同时,杆件的横向尺寸也会缩小或增大,前者称为纵向(轴向)变形,后者称为横向变形。

4.4.1 轴向变形与胡克定律

设一等截面直杆两端受轴向拉力 F_P 作用,如图 4.8(a)所示,变形前杆的长度为 l,受力后伸长至 l',则其纵向伸长量为:$\Delta l = l'-l$,把 Δl 叫作绝对伸长量,从图 4.8(b)可以看到 Δl 与杆件两端轴向载荷 F_P 呈线性关系,这样的变形叫作弹性变形,即当外加载荷 F_P 卸除后,杆件的变形 Δl 也为零(这是杆件实际试验结果)。用截面法很容易求得杆件横截面上的轴力 $F_N = F_P$,由试验结果可知:材料变形在弹性范围内,Δl 的计算公式为

$$\Delta l = \pm \frac{F_N l}{EA} \tag{4.2}$$

式(4.2)中正号表示伸长,负号表示缩短。

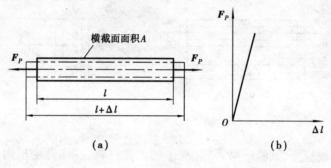

图 4.8

其中 F_N——横截面上的轴力,N;

   l——杆件原长,m;

   E——材料的弹性模量,Pa;

   A——横截面面积,m^2。

注:在计算时,要将式(4.2)中 4 个量的单位按上述规定进行计算,当杆上有两个以上的外力作用时,需要先画出轴力图,然后按式(4.2)分段计算各段的变形,各段变形的代数和即为杆的总伸长量(或缩短量)

$$\Delta l = \sum_i \frac{F_{N_i} l_i}{(EA)_i} \tag{4.3}$$

从式(4.2)可以看出,对于长度 l 相等,受力相同的杆件,EA 越大,则杆件的变形 Δl 就越小,所以 EA 代表了杆件抵抗拉伸(或压缩)变形的能力,称为杆件的抗拉(或抗压)刚度。同时可以看到:在 E、A、F_N 相同的情况下,杆件的长度 l 越大,则其绝对伸长量 Δl 也越大,故绝对伸长 Δl 还不能说明杆件的变形程度,为了比较杆件之间的变形,引用相对伸长的概念即绝对伸长量 Δl 与杆件原始长度 l 的比值,用以衡量和比较杆件的变形程度,用下式表示

$$\varepsilon = \frac{\Delta l}{l} \tag{4.4}$$

把 ε 叫作纵向线应变,是一个无量纲量,其中正号表示伸长,负号表示缩短。

将式(4.2)代入式(4.4),得到:$\varepsilon = \dfrac{\dfrac{F_N l}{EA}}{l} = \dfrac{F_N}{EA}$,进行变换得到

$$E\varepsilon = \frac{F_N}{A} = \sigma,即\ \sigma = E\varepsilon \qquad (4.5)$$

即材料在弹性变形范围内,正应力 σ 与纵向线应变 ε 成正比,这样的规律叫作胡克定律。

4.4.2 横向变形与泊松比

从图 4.8(a)可以看出:杆件在纵向方向伸长,则在横向方向缩短,把在垂直于杆件轴线方向产生的变形叫作横向变形。设杆件原有宽度为 b,高度为 h,受到轴向拉力后分别缩小量为 Δb、Δh 如图 4.9 所示,且两横向相对变形相等有

$$\varepsilon' = \frac{\Delta b}{b} = \frac{\Delta h}{h}$$

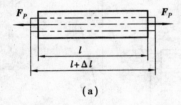
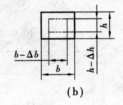

图 4.9

把 ε' 叫作横向线应变,试验结果表明:对于同一种材料,在弹性变形内,纵向线应变 ε 与横向线应变 ε' 之间存在下列关系

$$\varepsilon' = -\nu\varepsilon \qquad (4.6)$$

ν 是材料的另一个弹性常数,叫作泊松比,为无量纲量。

式(4.6)中的负号表示:当纵向线应变为伸长时,横向线应变为缩短;反之,当纵向线应变为缩短时,横向线应变为伸长。这样将式(4.5)代入式(4.6)中可得

$$\varepsilon' = -\nu\varepsilon = -\nu\frac{\sigma}{E} \qquad (4.7)$$

由式(4.7)即可求出横向线应变的大小。

弹性模量 E 和泊松比 ν 是材料的两个弹性常数,是由材料的自身性质决定的,与外界无关,可由试验测定,表 4.1 给出了一些常用金属材料的 E 和 ν 值。

表 4.1　常用金属材料的 E 和 ν 的数值

材　料	E/GPa	ν
低碳钢	196~216	0.25~0.33
16 锰钢	200~220	0.25~0.33
合金钢	186~216	0.24~0.33
灰口、白口铸铁	115~160	0.23~0.27
铜及其合金	74~130	0.31~0.42
铝合金	70	0.33

例 4.3 一直杆由 *ABC* 组成如图 4.10 所示，其中 *AB* 为铜合金制成，长度 $l_{AB} = 2\,000$ mm，$E_{AB} = 100$ GPa，$\nu_{AB} = 0.4$，横截面积 $A_{AB} = 10 \times 10^2$ mm²，*BC* 为合金钢制成，$E_{BC} = 210$ GPa，$\nu_{BC} = 0.3$，长度 $l_{BC} = 1\,500$ mm，横截面积 $A_{BC} = 5 \times 10^2$ mm²，在 *A*、*B*、*C* 三处承受轴向载荷，其中 $F_P = 60$ kN，分别求出杆件 *AB* 段和 *BC* 段的 ε 和 ε' 以及整根杆件的 ε。

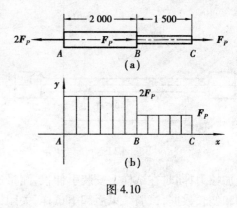

图 4.10

解 ①作轴力图

应用截面法，可以得到 *AB* 和 *BC* 段的轴力分别为

$$F_{NAB} = 2F_P = 120 \text{ kN}$$

$F_{NBC} = F_P = 60$ kN 均为拉力。沿轴线方向作出轴力图如图 4.10(b) 所示。

②分段计算正应力 σ

$$\sigma_{AB} = \frac{F_{NAB}}{A_{AB}} = \frac{120 \times 10^3}{10 \times 10 \times 10^{-6}} \text{MPa} = 120 \text{ MPa}$$

$$\sigma_{BC} = \frac{F_{NBC}}{A_{BC}} = \frac{60 \times 10^3}{5 \times 10^2 \times 10^{-6}} \text{MPa} = 120 \text{ MPa}$$

③分段计算纵向线应变 ε

由 $\sigma = E\varepsilon$ 得到 $\varepsilon = \dfrac{\sigma}{E}$，$\varepsilon_{AB} = \dfrac{\sigma_{AB}}{E_{AB}} = \dfrac{120 \times 10^6}{100 \times 10^9} = 0.12\%$

$$\varepsilon_{BC} = \frac{\sigma_{BC}}{E_{BC}} = \frac{120 \times 10^6}{210 \times 10^9} = 0.06\%$$

④分段计算横向线应变 ε'

由 $\varepsilon' = -\nu\varepsilon$ 得到 $\varepsilon'_{AB} = -\nu_{AB}\varepsilon_{AB} = -0.4 \times 0.12\% = -0.048\%$

$$\varepsilon'_{BC} = -\nu_{BC}\varepsilon_{BC} = -0.3 \times 0.06\% = -0.018\%$$

⑤整根杆件的纵向线应变 ε

$$\varepsilon_{ABC} = \varepsilon_{AB} + \varepsilon_{BC} = 0.12\% + 0.06\% = 0.18\%$$

4.5 材料在轴向拉伸与压缩时的力学性能

在 4.1 节最后提到了第三个思考题是：相同尺寸的杆件，在相同的外力作用下，如果材料不同，杆件发生失效的情况也不同，即在工程设计与使用中必须考虑材料本身的性能，以下讨论这个问题。首先通过一个试验说明问题。

4.5.1 拉伸试验

拉伸试验是了解材料主要力学性能的一种常规试验方法，应用非常普遍，拉伸试验一般情况下是在常温、静载荷条件下进行的，常温指室温，静载荷是指试验过程中加载的速度要平稳缓慢，要按照国家试验标准要求的条件进行。试验前要将试验用的试样加工成为标准试样，通

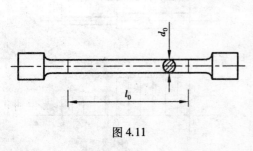

图 4.11

常金属材料进行拉伸试验的试样要加工成为圆形试样,其形状见图 4.11,其中 d_0 为试样直径,l_0 叫作试样的标距长度(也叫工作长度),A_0 为试样的原始面积;对于长试样取 $l_0 = 10 d_0$,对于短试样取 $l_0 = 5 d_0$。

试验所用的主要设备是万能材料试验机和试样变形的引伸仪,试验时将试样的两端装在试验机的夹具中,上下对正并与轴线重合,对试样要缓慢施加拉力;同时在试样上安装引伸仪,测量试样在标距长度内的伸长。试验过程中认真记录拉力和伸长数据,试验结束后卸下试样,关闭试验机,如果试验机具有自动记录和绘图功能,则将记录和绘图取走便于分析;如果试验机没有自动记录和绘图功能,则需要读者根据原始数据和试验记录数据进行换算并在坐标纸中绘出 σ-ε 曲线图。

4.5.2 低碳钢在拉伸时的力学性能

低碳钢在工程中应用广泛,其拉伸试验对于了解其力学性能是一个简单的办法,以低碳钢作为拉伸试验所用试样,按照国家标准加工成为标准试样如图 4.11 所示。将试样安装在万能材料试验机的夹具中,按照国家标准进行拉伸试验,一般是在常温下进行,通过均匀加载,分别记录试验过程中的拉力 F,通过引伸仪测量伸长量 Δl,一直到将试样拉断结束试验。试验结束后,进行数据处理,按照式(4.1)和式(4.4)分别计算出 σ 和 ε,作出 σ-ε 关系曲线图,叫作应力-应变曲线,如图 4.12 所示。

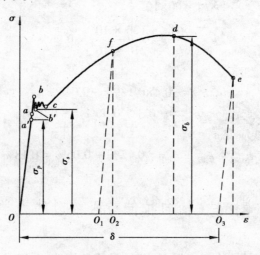

图 4.12

根据图 4.12 曲线特点,拉伸试验试样变形分为四个阶段:第一阶段为弹性变形阶段(oa),此阶段应力与应变成线性关系,并有 $\sigma = E\varepsilon$ 关系式,这个阶段的应力极限叫作比例极限(也叫弹性极限),用 σ_P 表示;第二阶段叫屈服阶段(bc),此阶段的特点是 σ-ε 已不再遵从线性关系,应变急剧增加,但应力几乎不增加应变却在应力几乎不变的情况下急剧地增大,材料暂时失去了抵抗变形的能力,应力首次波动下将所到达的最低值(曲线中的 b' 点)叫作屈服强度(简称屈服点)用 σ_S 表示;第三阶段为强化阶段(cd 段),此阶段应力、应变都明显增加,但二者成曲线关系,材料得到强化即要使变形增加则必须增加应力,这一阶段如果卸载,试样会留下明显的变形,叫作塑性变形;经过屈服阶段后,材料又恢复了抵抗塑性变形的能力,要使得继续变形,必须增加应力,这种现象称为材料的强化,从 c 点到 d 点称为强化阶段。在强化阶段内任一点 f 处如果慢慢卸去载荷,然后再重新加载,应力应变曲线见图示,此时材料的比例极限和屈服强度均得到提高,断裂后的塑性变形减小,这种现象称为加工硬化或冷作硬化。第四阶段为局部变形阶段(de 段),当应力达到 b 点时,应力不再增加,而应变却集中在试样的某一小段的范围内,横截面面积出现局部迅速收缩,把这种现象叫作颈缩,这种现象一直延续到 e 点后,试样发生断裂,将 d 点对应的应力叫作抗拉强度用 σ_b 表示。

屈服强度 σ_S 和抗拉强度 σ_b 是反映材料强度的两个重要指标,对于杆件设计具有重要的参考价值,也是拉伸试验中需要测定的重要数据。表示试样塑性变形还有两个重要指标即延伸率 δ 和断面收缩率 ψ,具体计算公式如下

$$\delta = \frac{l_1 - l_0}{l_0} \tag{4.8}$$

$$\psi = \frac{A_0 - A_1}{A_0} \tag{4.9}$$

其中　l_1——试样拉断后标距的长度;

　　　l_0——试样原始标距的长度;

　　　A_1——试样断裂处的横截面积;

　　　A_0——试样原横截面面积。

延伸率 δ 含义为:试样拉断后标距部分所增加的长度与原标距长度的百分比;断面收缩率 ψ 的含义是:试样断裂后断裂处横截面面积的缩减量与原横截面面积的百分比。δ 和 ψ 的数值越大,说明材料的塑性越大。一般 $\delta > 5\%$ 的材料叫作塑性材料,如低合金钢、青铜等;$\delta < 5\%$ 的材料称为脆性材料,比如铸铁、混凝土等。

4.5.3　其他材料在拉伸时的力学性能

前面介绍了低碳钢的拉伸试验下所表现的比较典型的力学性能,拉伸过程分明显的四个阶段。工程中所用的材料还有很多种,有些材料强度较高,有些材料强度较低,有些材料塑性较好,而有些材料塑性较差,由于材料内部成分、组织的不同,导致了在同样的试验条件下,材料的 $\sigma\text{-}\varepsilon$ 曲线有较大区别,图 4.13 是几种不同的材料在相同拉伸试验条件下的 $\sigma\text{-}\varepsilon$ 曲线。可以看到:图 4.13(a)中 16Mn 钢和 Q235 钢都具有明显的拉伸四个阶段,曲线十分相似,但是 16Mn 钢的屈服强度 σ_S 和抗拉强度 σ_b 比 Q235 钢显著提高,这两种材料叫作塑性材料;而图 4.13(b)中灰口铸铁和玻璃钢在拉伸曲线的表现基本看不出四个阶段,没有屈服点,也看不出局部变形阶段,直到试样拉断,其变形很小,断口处的横截面面积几乎没有变化,这种断裂状态叫作脆性断裂,这样的材料叫作脆性材料,对于脆性材料由于它们没有 σ_S,故以 σ_b 作为强度指标;还有一种情况需要说明,硬铝也是塑性材料,但是拉伸中没有明显的屈服阶段,一般处理方法是取试样产生 0.2% 的塑性应变对应的应力值,作为材料的屈服强度,用 $\sigma_{0.2}$ 表示,如图 4.14 所示,工程中常以此作为材料的强度指标。

图 4.15(a)、(b)所示为塑性材料试样拉伸试验时发生颈缩和断裂时的照片,图 4.15(c)是脆性材料试样断裂时的照片。

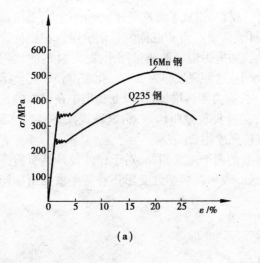

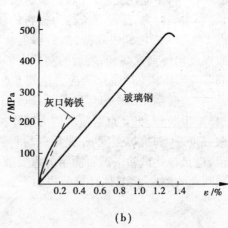

（a）

（b）

图 4.13

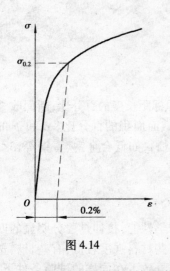

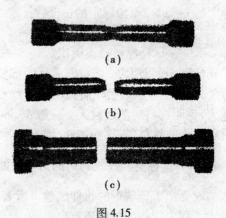

图 4.14

图 4.15

4.5.4　材料在压缩时的力学性能

实际构件在工作时除了受到拉力之外,还经常受到压力作用,低碳钢在拉伸和压缩时的 $\sigma\text{-}\varepsilon$ 曲线如图 4.16 所示,两条曲线比较,拉伸和压缩的曲线有相当部分是重合的,因此低碳钢压缩时的弹性模量 E、屈服点 σ_S 与拉伸试验的结果基本相同。当应力达到屈服点以后,试样会发生明显的塑性变形,试样长度明显缩短,试样会被压成鼓形,随着外力的增加,试样越压越扁,但试样不会发生破坏,故测不出抗压强度。

脆性材料如铸铁压缩与拉伸时有较大区别,如图 4.17 所示,其抗压强度(用 σ_c 表示)远大于抗拉强度 σ_b,为抗拉强度的 4~5 倍,正是由于铸铁具有这样的性质,经常用于制造受压构件。

通过上述的介绍不难看出:塑性材料和脆性材料的主要差别在于材料拉伸断裂前是否发生明显的塑性变形,工程实际中需要进行锻压、冷加工的构件采用塑性材料;脆性材料由于其抗压能力比较突出,工程中需要受压的构件如机器的基座和外壳等常采用脆性材料。表 4.2 给出了常用工程材料的主要力学性能。

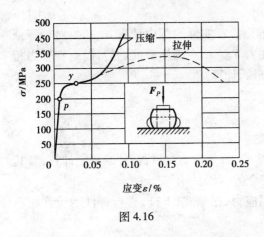

图 4.16

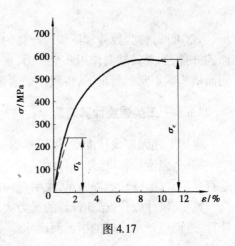

图 4.17

4.6　许用应力与强度条件

在 4.1 节最后提到了第四个思考题是:在学习了上述三个问题的前提下,最终在实际应用和构件设计中要解决哪些问题? 以下的内容着重回答这个问题。

4.6.1　极限应力　许用应力　安全系数

在前面的内容中,介绍了极限应力的概念,杆件在拉压过程中,当所受的应力达到一定的极限时,材料要发生明显的塑性变形甚至断裂,前面介绍的屈服极限和抗拉强度都属于极限应力,也可以这样理解极限应力,就是导致杆件使用失效(明显的塑性变形或者断裂)的应力叫作极限应力用 σ_u 表示,掌握材料的极限应力值对于杆件的实际使用和构件设计具有重要意义。

但是仅仅了解构件的极限应力是不够的,因为如果仅按照极限应力考虑杆件的实际应用条件或者进行强度设计,则材料的使用条件非常危险,构件必须有一定的强度储备,这样即使在实际应用中遇到超载荷或其他不利的情况,不至于马上发生破坏,即给极限应力打一个折扣,用极限应力 σ_u 除以一个大于 1 的系数 n 以后,作为构件工作应力不得超过的应力值,这个应力值叫作许用应力用 $[\sigma]$ 表示,系数 n 叫作安全系数,彼此的关系为

$$[\sigma] = \frac{\sigma_u}{n} \tag{4.10}$$

一般情况下,塑性材料的极限应力 σ_u 取屈服强度 σ_S(或者 $\sigma_{0.2}$),钢材的安全系数 $n = 2 \sim 2.5$,铸件的安全系数 $n = 4$;脆性材料的极限应力 σ_u 取抗拉强度 σ_b(或者抗压强度 σ_c),安全系数 $n = 2 \sim 3.5$。实际使用和设计时,安全系数的选取还要考虑构件的工作条件、具体材料、受力情况、安全条件要求、经济情况等。

4.6.2　强度条件

为了确保构件安全可靠地工作,必须使得构件的实际工作的最大应力不超过材料的许用应力,对于拉伸和压缩的杆件,应满足如下条件

$$\sigma_{max} \leqslant [\sigma] \tag{4.11}$$

式(4.11)称为拉伸和压缩的杆件的强度设计准则。在实际问题中计算 σ_{max} 时,对于等截面的杆件,如果其轴向作用几个外力,选择最大的轴力 F_{Nmax} 所在的横截面进行计算;在轴力相同而横截面不同的情况下,按照横截面面积最小的进行计算。

4.6.3 三类强度计算问题

应用上述强度设计准则,可以解决三类强度问题:

第一,强度校核:已知杆件的横截面面积、受力大小、许用应力,进行杆件的 σ_{max} 计算,看其是否满足式(4.11),如果满足,说明杆件的强度是安全的;否则是不安全的。

第二,尺寸设计:已知杆件的受力大小以及许用应力,根据式(4.11)进行杆件的横截面积计算,进而设计出合理的横截面尺寸。

由 $$\sigma_{max} = \frac{F_N}{A} \leqslant [\sigma],得到 A \geqslant \frac{F_N}{[\sigma]} \tag{4.12}$$

其中,F_N 和 A 分别为杆件轴向最大正应力处横截面上的轴力和面积。

第三,确定许用载荷:根据杆件的横截面尺寸和许用应力,确定杆件所能承受的最大载荷。

由 $$\sigma_{max} = \frac{F_N}{A} \leqslant [\sigma],得到 F_N \leqslant A[\sigma] \tag{4.13}$$

以下通过三个例子说明问题。

例 4.4 螺旋压紧装置如图 4.18(a)所示,已知工件所受的压紧力 $F = 4$ kN,装置中旋紧螺旋螺纹的内径 $d_A = 13.2$ mm;固定螺栓内径 $d_B = 16.4$ mm。两根螺栓材料相同,许用应力 $[\sigma] = 53$ MPa,试校核各螺栓的强度是否安全。

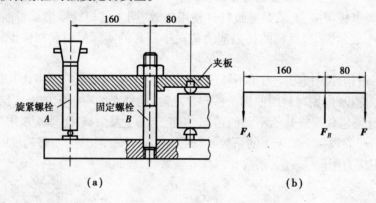

图 4.18

解 ①受力图为 4.18(b)所示,分别计算两螺栓的外力 F_A、F_B
通过力矩分析,很容易求得 $F_A = 2$ kN,$F_B = 6$ kN。

②分别计算两螺栓的轴力:通过截面法很容易求得 $F_{AN} = 2$ kN,$F_{BN} = 6$ kN
于是所受的应力分别为

$$\sigma_{maxA} = \frac{F_{AN}}{A_A} = \frac{2\,000}{\frac{\pi}{4} \times 13.2^2 \times 10^{-6}} \text{ MPa} = 14.61 \text{ MPa} < [\sigma] = 53 \text{ MPa}$$

$$\sigma_{maxB} = \frac{F_{BN}}{A_B} = \frac{6\ 000}{\dfrac{\pi}{4} \times 16.4^2 \times 10^{-6}}\ \text{MPa} = 28.40\ \text{MPa} < [\sigma] = 53\ \text{MPa}$$

说明两螺栓都处于安全状态。

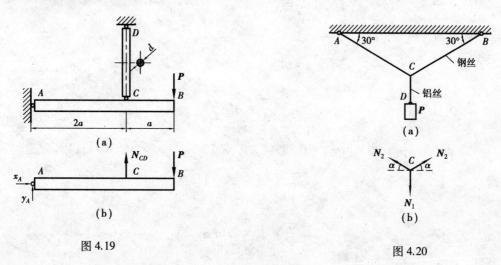

图 4.19　　　　　　　　　　　　　　　　图 4.20

例 4.5　图 4.19(a)刚性梁 *ACB* 由圆杆 *CD* 悬挂在 *C* 点，*B* 端作用集中载荷 $P = 25$ kN，已知 *CD* 杆的直径 $d = 20.8$ mm，许用应力 $[\sigma] = 158$ MPa，试校核 *CD* 杆的强度；如果 $P = 55$ kN，设计 *CD* 杆的直径 *d*。

解　① *AB* 杆的受力图如图 4.19(b)所示，由平衡条件得到

$$\sum m_A = 0, 2aN_{CD} = 3aP, \text{所以}, N_{CD} = 1.5\ P$$

CD 杆的应力

$$\sigma_{CD} = \frac{N_{CD}}{A_{CD}} = \frac{1.5 \times 25 \times 1\ 000}{\dfrac{\pi}{4} \times 20.8^2 \times 10^{-6}}\ \text{MPa}$$

$$= 110.4\ \text{MPa} < [\sigma] = 158\ \text{MPa}$$

说明在此条件下，*CD* 杆是安全的。

② 在 $P = 55$ kN，设计 *CD* 杆的直径 *d*

$$\sigma_{CD} = \frac{N_{CD}}{A_{CD}} = \frac{1.5 \times 55 \times 1\ 000}{\dfrac{\pi}{4} \times d^2 \times 10^{-6}}\ \text{MPa}$$

$$\leqslant [\sigma] = 158\ \text{MPa}$$

$$d \geqslant \sqrt{\frac{1.5 \times 55 \times 1\ 000}{\dfrac{\pi}{4} \times 10^{-6} \times 158 \times 10^6}}\ \text{mm} = 25.8\ \text{mm}$$

取 $d = 26$ mm。

例 4.6　图 4.20 所示的重物 *P* 由铝丝 *CD* 悬挂在钢丝 *AB* 的中点 *C*，已知铝丝直径 $d_1 =$

2 mm,许用应力$[\sigma]_1 = 100 \text{ MPa}$,钢丝直径$d_2 = 1 \text{ mm}$,许用应力$[\sigma]_2 = 240 \text{ MPa}$,且$\alpha = 30°$,试求许用载荷$[P]$。

解 ①设铝丝和钢丝的张力分别为N_1和N_2,由平衡条件得到

$$2N_2\sin\alpha = N_1 = P, N_2 = \frac{P}{2\sin\alpha}$$

②由强度条件可知:

铝丝

$$\sigma_1 = \frac{N_1}{A_1} = \frac{P^{(1)}}{\frac{\pi}{4} \times d_1^2} \leqslant [\sigma]_1$$

$$P^{(1)} \leqslant \frac{\pi}{4} \times d_1^2 \times [\sigma]_1 = 0.785\ 4 \times 2^2 \times 10^{-6} \times 100 \times 10^6 \text{ N} = 314 \text{ N}$$

钢丝

$$\sigma_2 = \frac{N_2}{A_2} = \frac{P^{(2)}}{\frac{\pi}{4} \times d_2^2 \times 2\sin\alpha} \leqslant [\sigma]_2$$

解得

$$P^{(2)} \leqslant \frac{\pi}{4} \times d_2^2 \times 2\sin\alpha \times [\sigma]_2 = 0.785\ 4 \times 1^2 \times 10^{-6} \times 2 \times \frac{1}{2} \times 240 \times 10^6 \text{ N}$$

$$= 189 \text{ N}$$

为了整体结构安全起见,许用载荷

$$[P] = P^{(2)} = 189 \text{ N}$$

4.7 拉压超静定问题简介

4.7.1 超静定的概念及其解法

在前面的问题中,杆件的约束反力和杆件的内力均是采用静力学平衡方程求得的,这类用静力学平衡方程即可求解的问题,叫作静定问题。但是在实际工程中,有时为了增加构件的强度、刚度,或者为了满足结构的其他需要,常常给构件增加一些约束,或者在结构中增加一些杆件,这时由于未知力的个数多于所能提供的独立的平衡方程的数目,因此,仅靠静力学平衡方程就无法确定全部的未知力,这类问题叫作超静定问题或者叫静不定问题。未知力个数与独立的平衡方程数之差,叫作静不定次数,在静定结构上附加的约束称为多余约束,这种"多余"只是保证结构的平衡与几何不变性的,是提高结构强度和刚度的需要。

求解静不定问题的基本思路是:因为未知力的个数多于所能提供的独立的平衡方程的数目,因此,仅靠静力学平衡方程就无法确定全部的未知力,如何想办法使未知力的个数与独立的平衡方程个数相等,以求解出未知力的个数?采用的办法是寻找各构件变形之间的关系,或者构件各部分变形之间的关系,这种变形之间的关系叫作变形协调关系,进而根据物理条件

（一般采用胡克定律）建立补充方程，从而达到求解的目的。以下通过一个例子说明该问题。

表 4.2 常用工程材料的主要力学性能

材　料	牌　号	屈服点 σ_S/MPa	抗拉强度 σ_b/MPa	抗压强度 σ_C/MPa	伸长率 δ_5/%	用　途
普通碳素钢	Q235	216~240	373~470		25~27	金属结构零件,普通零件
	Q275	255~280	490~620		19~21	金属结构零件,普通零件
优质碳素钢	45 号	360	610		16	齿轮、轴
	50 号	390	660		13	齿轮、连杆、轧辊等
普通低合金钢	16Mn	274~343	480~520		19~21	起重设备、容器、机械
	15MnV	340~420	490~550		17~19	起重机、高压容器、车辆
合金结构钢	40Cr	550~800	750~1 000		9~15	齿轮、轴、曲轴、连杆
	40MnB	500~800	750~1 000		10~12	齿轮、轴、曲轴、连杆
球墨铸铁	QT40-10	294	392		10	曲轴、齿轮、活塞、阀门
	QT60-2	312	588		2	曲轴、齿轮、活塞、阀门
灰口铸铁	HT15-33		100~280	650		轴承盖、基座、壳体
	Ht20-40		160~320	750		轴承盖、基座、壳体
铝合金	LY11	110~240	210~420		18	航空结构件、铆钉
	LD9	280	420		13	内燃机活塞
铜合金	QA19-4	200	500~600		40	齿轮、轴套

　　例 4.7　图 4.21 所示的横梁左端铰接于 A，在 B、C 处与两垂直杆 CD 和 BE 连接，设两杆的弹性模量和横截面面积分别为 E_1、E_2 和 A_1、A_2，在 B 端作用一载荷 P，横梁的自重不计，求拉杆 CD 和 BE 的轴力。

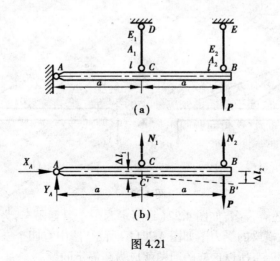

图 4.21

解 ①受力图见图 b，两杆的轴力分别为 N_1、N_2，横梁上的未知力有四个，即 N_1、N_2、X_A、Y_A，这些力构成平面一般力系，可列出三个独立的平衡方程，未知力的个数与平衡方程的个数相差 1 为一次静不定问题。因为要求出 N_1、N_2，所以列出二者的平衡方程为

根据 $\sum M_A = 0, aN_1 + 2aN_2 - 2aP = 0$，化简得到

$$N_1 + 2N_2 - 2P = 0 \tag{a}$$

当然还可以列出独立的静力学平衡方程 $\sum X = 0$，$\sum Y = 0$，但是因为三个方程中存在四个未知力，故无法求出 N_1、N_2。

②考虑增加一个独立的平衡方程，从而解出 N_1、N_2；基本思路是：在弹性变形范围内，在载荷 P 的作用下，ACB 横梁发生微小的弹性变形，设 C 点变形后到达 C'，CC' 的伸长为 Δl_1，设 B 点变形后到达 B'，BB' 的伸长为 Δl_2，于是，根据变形的几何关系存在

$$\frac{\Delta l_1}{a} = \frac{\Delta l_2}{2a}$$

得到 $2\Delta l_1 = \Delta l_2$（变形的几何关系）。

根据胡克定律式（4.2）得到 $\Delta l_1 = \dfrac{N_1 l}{E_1 A_1}$，$\Delta l_2 = \dfrac{N_2 l}{E_2 A_2}$（物理条件）

将上述变形的几何关系和物理条件关系式进行联立，得到

$$2\Delta l_1 = 2\frac{N_1 l}{E_1 A_1} = \Delta l_2 = \frac{N_2 l}{E_2 A_2}$$

即

$$N_2 = 2\frac{E_2 A_2}{E_1 A_1}N_1 \tag{b}$$

将式（a）、式（b）联立求解得到 $N_1 = \dfrac{2P}{1 + 4\dfrac{E_2 A_2}{E_1 A_1}}$，$N_2 = \dfrac{4P}{4 + \dfrac{E_1 A_1}{E_2 A_2}}$

通过本题分析，求解静不定问题需要考虑三个方面的关系：一是静力学平衡方程的关系；二是杆件变形几何关系（注意：是弹性变形即微小变形）；三是变形与力之间的物理关系（胡克定律）。通过三个方面，就将静不定问题通过增加方程数得到解决。涉及强度计算，与前面的介绍方法相同。

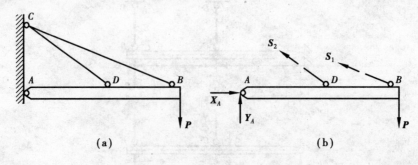

图 4.22

工程中类似的问题还有许多，如图 4.22（a）所示为一个悬臂吊车，为了减少横梁的弯曲变形，增加了一根拉杆 CD，横梁的受力图如图 4.22（b）所示，图中有四个未知力（S_1、S_2、X_A、Y_A），而独立的平衡方程只有三个，所以这样的问题就成为超静定问题。

例 4.8　图 4.23(a)所示是一根两端支承的杆件 AB，在 C 处承受一轴向外力 P，已知杆的横截面面积 A，材料的弹性模量 E，试求在 A、B 两端的支座反力。

解　①受力图见图 4.23(b)，列静力学平衡方程

$\sum Y = 0, R_A + R_B - P = 0$，由于式中有两个未知力，故为一次静不定问题。

②列变形几何条件，设杆件受力 P 作用后，C 点移到 C'，在此条件下，杆 AB 的长度应保持不变，AC 段的伸长 Δl_{AC} 与 CB 段的缩短 Δl_{CB} 应该相等

由几何变形条件得到　$\Delta l_{AC} = \Delta l_{CB} = \Delta l$

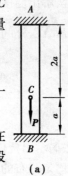
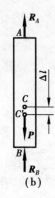

图 4.23

③列物理条件，由胡克定律 $\Delta l_{AC} = \dfrac{R_A \times 2a}{EA}$，$\Delta l_{CB} = \dfrac{R_B \times a}{EA}$

④建立补充方程 $\dfrac{R_A \times 2a}{EA} = \dfrac{R_B \times a}{EA}$，得到 $2R_A = R_B$

与平衡方程联立后求解得到 $R_A = \dfrac{P}{3}, R_B = \dfrac{2P}{3}$

4.7.2　温度应力和残余应力介绍

在工程实际中，许多构件或结构由于温度的变化，导致杆件产生伸长或缩短现象。对于静定问题，温度变化引起杆件的长度变化不会受到影响；由于约束的增加，成了静不定问题后，因为温度的变化引起杆件的伸长或缩短就要受到影响，由此在杆件内部就会引起应力，这种由于温度变化而引起的杆件内部产生的应力称为温度应力。杆件的温度应力可以参照静不定问题求解。

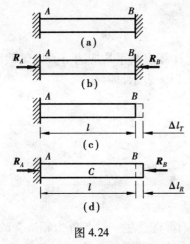

图 4.24

例 4.9　图 4.24(a)所示的杆件 AB，长度为 l，横截面面积为 A，已知材料的弹性模量 E 和线膨胀系数 α，求温度升高 ΔT 后杆的温度应力。

解　①列平衡方程。设 A、B 两端的支座反力为 R_A 和 R_B，由平衡方程得到

$$R_A = R_B = R \qquad\qquad (a)$$

②列变形几何条件。设因温度而引起的伸长为 Δl_T，因轴向应力而引起的缩短为 Δl_R，由于杆 AB 长度没有变化，故两者相等，由变形几何条件得到

$$\Delta l_T = \Delta l_R \qquad\qquad (b)$$

③列物理条件。由变形与力和温度的物理关系为

$$\Delta l_T = \alpha \Delta T l \qquad\qquad (c)$$

$$\Delta l_R = \frac{Rl}{EA} \qquad\qquad (d)$$

④建立补充方程,解出温度应力,将式(c)、式(d)代入式(b)得到

$$\alpha\Delta Tl = \frac{Rl}{EA}, R = \alpha EA\Delta T, 杆的温度应力为 \ \sigma = \frac{R}{A} = \alpha E\Delta T$$

4.8 应力集中的概念

前面通过截面法揭示出杆件的内力,并由此计算出横截面面积上分布的正应力,在前面计算正应力时,假设是均匀分布的。对于等截面直杆或者截面变化缓和的杆件,这个结论是正确的。对于截面尺寸急剧变化的杆件,例如有开孔、沟槽、螺纹的构件,在截面突变处,横截面上的应力则不再均匀分布。在局部区域应力突然增大的现象,称为应力集中。也就是说应力集中是由于几何形状不连续导致应力局部增大的现象。图4.25(a)所示为开孔板条承受轴向载荷时,通过孔中心线的截面上的应力分布;图4.25(b)所示为轴向加载的变宽度矩形截面板条,在宽度突变处截面上的应力分布。

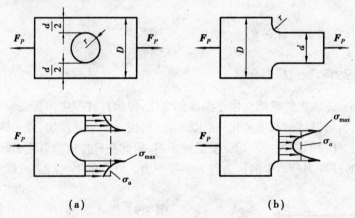

（a）　　　　　　　　　　（b）

图 4.25

如果假设在削弱了的截面上应力均匀分布,并由此计算出其平均应力 σ_m,则该截面上的最大应力 σ_{max} 与平均应力 σ_m 的比值称为应力集中系数,以 k 表示,即

$$k = \frac{\sigma_{max}}{\sigma_m} \tag{4.14}$$

小　结

1.外力作用在杆件上进行拉伸或压缩时,杆件自身内部会产生一种与外力相抗衡的内力,假定内力是均匀分布在横截面上,利用截面法求出的是分布在横截面上内力的合力,内力的方向垂直于横截面,且通过截面的形心,这样的内力叫作轴力,记作 $\boldsymbol{F}_N$,其正负号与外力是拉力或压力同号。

2.单位横截面上的内力叫作正应力,简称为应力,有

$$\sigma = \frac{F_N}{A}$$

3.杆件在轴向拉伸或压缩时,所产生的主要变形是沿着轴线方向的伸长或缩短;试验表明:与此同时,杆件的横向尺寸也会缩小或增大,前者称为纵向变形,后者叫作横向变形。材料变形在弹性范围内,纵向变形量 Δl 的计算公式为

$$\Delta l = \pm \frac{F_N l}{EA}$$

式中,正号表示伸长,负号表示缩短。

4.材料在弹性变形范围内,正应力 σ 与纵向线应变 ε 成正比,这样的规律叫作胡克定律,即

$$\sigma = E\varepsilon$$

5.对于同一种材料,在弹性变形内,纵向线应变 ε 与横向线应变 ε' 之间存在下列关系

$$\varepsilon' = -\nu\varepsilon = -\nu\frac{\sigma}{E}$$

6.屈服强度 σ_s 和抗拉强度 σ_b 是反映材料强度的两个重要指标,对于杆件设计具有重要的参考价值,也是拉伸试验中需要测定的重要数据。表示试样塑性变形有两个重要指标即延伸率 δ 和断面收缩率 ψ。

7.为了确保构件安全可靠地工作,必须使得构件的实际工作的最大应力不超过材料的许用应力,对于拉伸和压缩的杆件,应满足如下条件

$$\sigma_{max} \leq [\sigma]$$

在实际问题中计算 σ_{max} 时,对于等截面的杆件,如果其轴向作用几个外力,选择最大的轴力 F_{Nmax} 所在的横截面进行计算;在轴力相同而横截面不同的情况下,按照横截面面积最小的进行计算。

8.在静定结构上附加的约束称为多余约束,这种"多余"只是保证结构的平衡与几何不变性而言的,是提高结构强度和刚度的需要。因为未知力的个数多于所能提供的独立的平衡方程的数目,因此,仅靠静力学平衡方程就无法确定全部的未知力,如何想办法将未知力的个数与独立的平衡方程个数相等,这样就可以求解出未知力的个数,采用的办法是寻找各构件变形之间的关系,或者构件各部分变形之间的关系,这种变形之间的关系叫作变形协调关系,进而根据物理条件(一般采用胡克定律)建立补充方程,从而达到求解的目的。

思 考 题

4.1　说明下列概念的区别:外力与内力,内力与轴力,内力与应力,变形与应变,弹性变形与塑性变形,极限应力与许用应力。

4.2　一杆如图 4.26 所示,用截面法求轴力时,可否将截面恰好选在 C 点处,为什么?

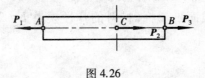

图 4.26

4.3 举例说明在材料力学中力的可传性是否适用,为什么?

4.4 两根杆件所用材料不同、横截面面积不同,在相同的轴向拉力作用下,其内力是否相同?

4.5 轴力和横截面面积相等而截面形状和材料不同的拉杆,它们的应力是否相等?

4.6 在同一应力作用下,钢和铝材料的应变哪个大? 在同一应变情况下,哪种材料的应力大? 已知钢材的弹性模量大于铝材的弹性模量。

习 题

4.1 一杆件横截面面积为 10 cm², 轴向所受外力 $P = 20$ kN,作出轴力图并求杆件的总伸长以及杆下端横截面上的正应力。

4.2 如图所示为一圆截面杆件,轴向所受外力 $P = 40$ kN,试求:杆件的最大正应力和总伸长。

4.3 两种材料组成的圆杆,直径 $d = 40$ mm, 总伸长 $\Delta l = 0.126$ mm。试求载荷 P 的大小以及杆内的最大正应力。

4.4 等截面圆杆由钢杆 ABC 与铜杆 CD 组成,已知直径 $d = 36$ mm,忽略杆件的自重,求 AC 段和 AD 段杆的轴向变形量 Δl_{AC} 和 Δl_{AD}。

4.5 如图所示,直杆在上半部两侧面受到平行于轴向的均匀分布载荷,集度为 $\bar{p} = 10$ kN/m;在自由端 D 处作用有集中力 $F_P = 20$ kN,杆的横截面面积为 $A = 2.0 \times 10^{-4}$ m², $l = 2$ m。试求:①A、B、E 三个横截面上的正应力;②杆内横截面上的最大正应力,指明所在的位置。

习题 4.1 图

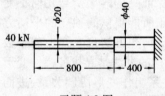

习题 4.2 图

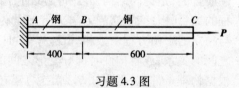

习题 4.3 图

4.6 如图所示,AC、BC 均为圆截面直杆,直径均为 $d = 20$ mm,材料相同,许用应力 $[\sigma] = 157$ MPa,试求该结构的许用载荷。

4.7 如图所示,1、2 杆为木制,3、4 杆为钢制;1、2 的横截面面积 $A_1 = A_2 = 4\,000$ mm², 3、4 杆的横截面面积 $A_3 = A_4 = 800$ mm²;1、2 杆的许用应力 $[\sigma_W] = 20$ MPa,,3、4 杆的许用应力 $[\sigma_S] = 120$ MPa;试求结构的许用载荷 $[F_P]$。

4.8 一长为 30 cm 的钢杆,横截面面积 $A = 10$ cm², 弹性模量 $E = 200$ GPa,试求:①AC、CD、DB 各段的应力和变形;②AB 杆的总变形。

4.9 如图所示为一圆截面阶梯杆,材料的弹性模量 $E = 200$ GPa,试求各段的应力和应变。

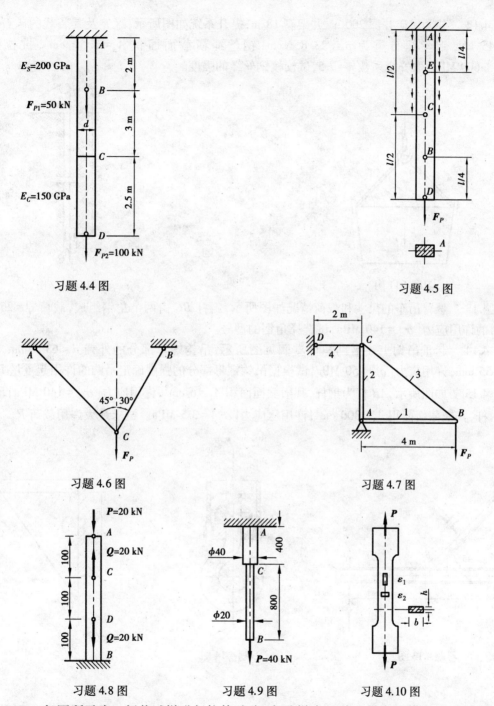

习题 4.4 图

习题 4.5 图

习题 4.6 图

习题 4.7 图

习题 4.8 图

习题 4.9 图

习题 4.10 图

4.10 如图所示为一板状试样进行拉伸试验,在试样表面贴上纵向和横向的电阻丝片来测定试样的应变,已知 $b = 30$ mm,$h = 4$ mm,每增加 3 000 N 的拉力时,测得试样的纵向应变 $\varepsilon_1 = 120 \times 10^{-6}$,横向应变 $\varepsilon_2 = 38 \times 10^{-6}$。试求试样材料的弹性模量 E 和泊松比 ν。

4.11 如图所示,用绳索吊运一重 $P = 20$ kN 的重物,绳索的横截面面积 $A = 12.6$ cm^2,许用应力 $[\sigma] = 10$ MPa,试求:①当 $\alpha = 45°$,绳索强度是否够用? ②如改为 $\alpha = 60°$,再校核绳索的强度。

4.12 某金属矿井深 200 m,井架高 18 m,提升系统如图所示,罐笼及其装载的矿石共重 $Q=45$ kN,钢丝绳自重为 $p=23.8$ N/m;钢丝绳横截面面积 $A=2.51$ cm^2,抗拉强度 $\sigma_b=1\,600$ MPa,取安全系数 $n=7.5$,试校核钢丝绳的强度。

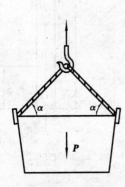

习题 4.11 图

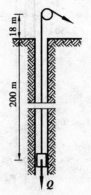

习题 4.12 图

4.13 悬臂吊车的尺寸和载荷情况如图所示,斜杆 BC 由两个角钢组成,载荷 $Q=25$ kN,材料的许用应力 $[\sigma]=140$ MPa,试选择角钢的型号。

4.14 起重吊钩上端借助螺母支搁见图所示,吊钩螺母部分的外径 $d=63.5$ mm,内径 $d_1=55$ mm,许用应力 $[\sigma]=50$ MPa,试根据吊钩螺母部分的强度确定吊购的许用起重量 P。

4.15 如图所示,AB 杆为钢杆,其横截面面积 $A_1=6$ cm^2,许用应力 $[\sigma]=140$ MPa;BC 杆为木杆,其横截面面积 $A_2=300$ cm^2,许用压应力 $[\sigma_c]=3.5$ MPa。试求最大许用载荷 P。

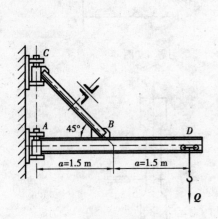

习题 4.13 图

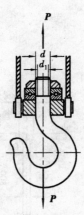

习题 4.14 图

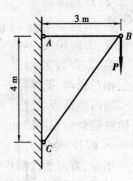

习题 4.15 图

第 **5** 章
剪切与挤压

在机械和工程结构中,很多连接部件主要承受剪切作用,如铆接、焊接、榫接、螺钉联结以及传动轴上的键、销钉等,此外机械加工中的冲、剪工艺也是剪切的实例;对于这些连接件的强度计算与校核问题,成为本章的重点内容。

5.1 剪切与剪切的实用计算

工程实际中经常会遇到剪切问题,如图 5.1、图 5.2、图 5.3 所示等连接件均是剪切变形的构件,这些构件的受力和变形情况可以概括为如图 5.4 所示,剪切受力和变形具有如下特点:

第一,剪切受力(构件所受的外力)的特点是:作用在构件两侧面上的横向外力的合力大小相等、方向相反、这对力的作用线间的距离很近。

第二,剪切变形(因外力作用构件发生的变形)的特点是:杆件在两作用力间的诸横截面发生相对错动,把这样的变形叫作剪切变形。

当两块钢板受到拉力时,螺栓的受力情况如图 5.5(b)所示,可以设想当外力 P 逐渐增大,螺栓可能会沿着两力间的截面 m-m 被剪断,把这个截面 m-m 叫作剪切面,现在用截面法将截面 m-m 截开,分成上下两部分,如图 5.5(c)所示,为了保持平衡,在剪切面内必然有与外力 P 大小相等、方向相反的内力存在,这个内力叫作剪力,用 Q 表示,它是剪切面上分布内力的总和。对于剪切构件,把剪切面上内力的聚集程度,叫作切应力,用 τ 表示,如图 5.5(d)所示。

实际情况是在剪切面上切应力 τ 的分布规律是相当复杂的,为了简化起见,工程计算中假定剪切面 m-m 上的剪切应力 τ 是均匀分布的,剪应力 τ 的合力为剪力 Q,因此,剪应力 τ 的计算公式为

$$\tau = \frac{Q}{A_j} \tag{5.1}$$

其中,Q 是剪切面上的剪力;A_j 是剪切面的面积。于是可以通过式(5.2)建立螺栓的剪切强度条件为

$$\tau = \frac{Q}{A_j} \leqslant [\tau] \tag{5.2}$$

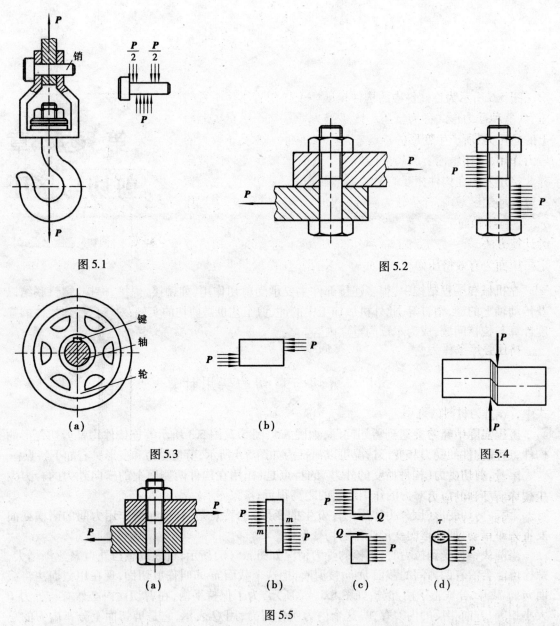

图 5.1

图 5.2

图 5.3

图 5.4

图 5.5

　　式中[τ]是材料的许用应力。剪切强度计算的关键是确定构件的危险剪切面及此剪切面上相应的剪力 Q；一般情况下，[τ]可以通过模拟受剪构件及其加载形式，作剪切破坏试验求得。一般工程规范中规定，铆钉钢的剪切许用应力[τ]可以按下列关系确定[τ] = (0.6~0.8)[σ]。其中[σ]是材料的许用拉应力。

5.2　挤压与挤压的实用计算

图 5.6 所示为连接件中两构件接触面上作用有相互压紧的压力,这种受力形式称为挤压。挤压受力特点是作用在接触面上的是压力;所产生变形的特点是:构件接触面上承受了较大的压力作用,在接触面上的局部区域发生显著的塑性变形或被压碎。挤压发生在构件相互接触的局部面积上,它在构件接触面附近的局部区域内,产生较大的接触正应力,叫作挤压应力记作 σ_{jy},σ_{jy} 在接触面上实际的分布规律非常复杂,工程上采用假定的计算方法,第一假定挤压应力为在挤压面上均匀分布,第二假

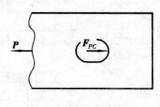

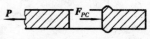

图 5.6

定挤压面为有效挤压面积 A_{jy},A_{jy} 等于实际挤压面积在垂直于挤压力 F_{PC} 的平面上的投影面积 ($A_{jy} = \delta \times d$);由此得到挤压应力计算公式为

$$\sigma_{jy} = \frac{F_{PC}}{A_{jy}} \tag{5.3}$$

挤压强度条件为

$$\sigma_{jy} = \frac{F_{PC}}{A_{jy}} \leq [\sigma_{jy}] \tag{5.4}$$

式中,$[\sigma_{jy}]$ 为材料的许用挤压应力。

挤压强度计算的关键问题是确定构件危险挤压面及此挤压面上相应的挤压力 F_{PC}。

工程规范中一般规定在铆接头的挤压计算中取 $[\sigma_{jy}] = (1.7 \sim 2.0)[\sigma]$。

注意:剪切破坏所受到的应力是在剪切面上的切应力,切应力是分布在剪切面上的;而挤压破坏所受到的应力是挤压面上的正应力,方向与挤压面垂直;由于这两种应力分布规律比较复杂,因此,在两种情况下的强度计算均进行了必要的假设,这样的假设对于解决工程实际问题具有指导意义;如果连接构件所用材料不同,应以连接中抵抗挤压能力较弱的构件来进行挤压强度的计算。

例 5.1　图 5.7 所示是钢板通过铆钉进行连接为一整体,已知钢板和铆钉的材料为 A3 钢,材料的许用应力 $[\sigma] = 160$ MPa,许用挤压应力为 $[\sigma_{jy}] = 325$ MPa,许用剪切应力 $[\tau] = 130$ MPa,$P = 100$ kN,$t = 10$ mm,$b = 150$ mm,$d = 17$ mm,$a = 80$ mm,试对此接头进行强度校核。

解　由于接头处是由钢板和铆钉两个连接件组成,所以本题的重点就是分别对这两个构件进行强度校核。

第一,进行铆钉的强度校核:铆钉的受力图如 5.7 图(b)所示,本题中有四个铆钉,假设每个铆钉受力相等,均为 $P/2$。从铆钉的受力图不难判断出:铆钉有可能发生的是沿着 A 和 B 处的剪切面发生断裂,也有可能在接触面发生挤压塑性变形,因此必须进行两种情况下的强度校核。

①剪切强度计算和校核

通过截面法可以很容易地得到在 A 和 B 处剪切面上的剪切力为

$$Q = P/4 = 25 \text{ kN}$$

91

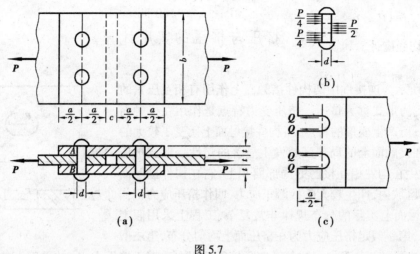

图 5.7

由
$$\tau = \frac{Q}{A_j} \leqslant [\tau]$$

得到
$$\tau = 110 \text{ MPa} < [\tau] = 130 \text{ MPa}$$

②挤压强度计算和校核

通过图 5.7(b)受力图不难看出:铆钉中间 AB 段右侧面为危险面,挤压力为 $F_{PC} = P/2 = 50$ kN。

实际挤压面积在垂直于 F_{PC} 的平面上的投影面积为 $A_{jy} = t \times d = 1.7 \text{ cm}^2$。

由
$$\sigma_{jy} = \frac{F_{PC}}{A_{jy}}$$

得到
$$\sigma_{jy} = \frac{50 \times 10^3}{1.7 \times 10^{-4}} \text{ MPa} = 295 \text{ MPa}$$

由
$$\sigma_{jy} = \frac{F_{PC}}{A_{jy}} \leqslant [\sigma_{jy}]$$

得到
$$\sigma_{jy} = 295 \text{ MPa} < [\sigma_{jy}] = 325 \text{ MPa}$$

通过强度计算和校核,可知在此受力条件下,铆钉的使用是安全的。

第二,进行钢板的强度校核:钢板的受力图如图 5.7(a)、(c)所示,下面分析钢板可能破坏的形式,一是在(P,P)拉力作用下发生拉伸断裂,二是在钢板的剪切面发生断裂,三是在钢板的挤压面发生明显的塑性变形,因此要进行三种情况下的强度计算和校核。

(1)拉伸强度计算和校核

显然,如果发生拉伸失效,钢板断裂应该在其横截面积最小的地方,是在其中心孔处,其横截面积 $A_{\min} = (b-2d) \times t = 11.6 \text{ cm}^2$,假设横截面上的正应力是均匀分布的,通过截面法,容易得到横截面上的轴力(内力)

$$F_N = P$$

于是有
$$\sigma = \frac{F_N}{A} = \frac{P}{A_{\min}} = \frac{100 \times 10^3}{11.6 \times 10^{-4}} \text{ MPa} = 86.5 \text{ MPa}$$

由 $\sigma = \dfrac{F_N}{A} \leqslant [\sigma]$，得到　$\sigma = \dfrac{F_N}{A} = 86.6$ MPa $< [\sigma] = 160$ MPa

（2）剪切强度计算和校核

每个剪切面上的剪力 $Q = \dfrac{P}{4} = 25$ kN，剪切面面积为 $A_j = \dfrac{1}{2}at$

由
$$\tau = \dfrac{Q}{A_j}$$

得到
$$\tau = \dfrac{P}{\dfrac{1}{2}at} = \dfrac{100 \times 10^3}{\dfrac{1}{2} \times 80 \times 10 \times 10^{-6}} \text{ MPa} = 62.5 \text{ MPa}$$

由
$$\tau = \dfrac{Q}{A_j} \leqslant [\tau]$$

得到
$$\tau = 62.5 \text{ MPa} < [\tau] = 130 \text{ MPa}$$

（3）挤压强度计算和校核

挤压力 $F_{PC} = \dfrac{P}{2} = 50$ kN，实际挤压面积在垂直于 F_{PC} 的平面上的投影面积为 $A_{jy} = t \times d = 1.7$ cm^2，由

$$\sigma_{jy} = \dfrac{F_{PC}}{A_{jy}}$$

得到
$$\sigma_{jy} = \dfrac{50 \times 10^3}{1.7 \times 10^{-4}} \text{ MPa} = 295 \text{ MPa}$$

由
$$\sigma_{jy} = \dfrac{F_{PC}}{A_{jy}} \leqslant [\sigma_{jy}]$$

得到
$$\sigma_{jy} = 295 \text{ MPa} < [\sigma_{jy}] = 325 \text{ MPa}$$

通过强度计算和校核，可知在此受力条件下，钢板的使用是安全的。

由此可见，接头强度满足使用条件的要求。

例 5.2　图 5.8 所示为高炉热风围管套环与吊杆通过销轴连接，已知每个吊杆上承担的重量 $P = 190$ kN，销轴直径 $d = 80$ mm，在连接处吊杆端部厚 $\delta_1 = 100$ mm，套环厚 $\delta_2 = 70$ mm，吊杆、套环和销轴均由同一种材料制成，其许用应力 $[\tau] = 80$ MPa，$[\sigma_{jy}] = 180$ MPa，试校核销轴连接的强度。

解　通过对销轴的受力分析如图 5.8（b）所示，在外力的作用下，销轴有可能发生剪切断裂或挤压塑性变形两种情况的失效，因此要对销轴进行剪切和挤压强度校核。

①剪切强度计算和校核

销轴的受力如图 5.8（b）所示，利用截面法沿着 a-a 和 b-b 截面截开，如图 5.8（c）所示，由平衡条件得到，销轴剪切面上的剪力为 $Q = P/2 = 95$ kN，剪切面面积为

$$A_j = \dfrac{\pi d^2}{4} = \dfrac{3.14 \times 80^2 \times 10^{-6}}{4} \text{ m}^2 = 50.24 \times 10^{-4} \text{ m}^2$$

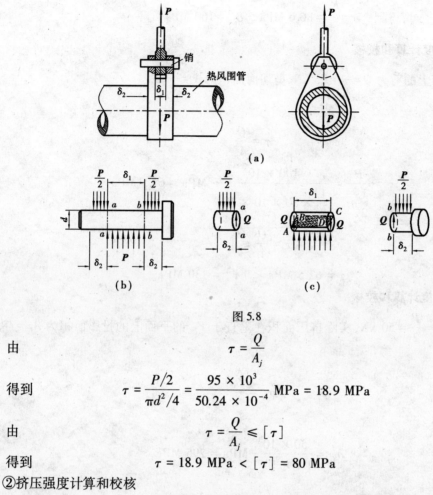

图 5.8

由
$$\tau = \frac{Q}{A_j}$$

得到
$$\tau = \frac{P/2}{\pi d^2/4} = \frac{95 \times 10^3}{50.24 \times 10^{-4}} \text{ MPa} = 18.9 \text{ MPa}$$

由
$$\tau = \frac{Q}{A_j} \leqslant [\tau]$$

得到
$$\tau = 18.9 \text{ MPa} < [\tau] = 80 \text{ MPa}$$

②挤压强度计算和校核

挤压力 $F_{PC} = P = 190$ kN，实际挤压面积在垂直于 F_{PC} 的平面上的投影面积为

$$A_{jy} = \delta_1 \times d = 100 \times 80 \times 10^{-6} \text{ m}^2 = 80 \times 10^{-4} \text{ m}^2$$

由
$$\sigma_{jy} = \frac{F_{PC}}{A_{jy}}$$

得到
$$\sigma_{jy} = \frac{190 \times 10^3}{80 \times 10^{-4}} \text{ MPa} = 23.75 \text{ MPa}$$

由
$$\sigma_{jy} = \frac{F_{PC}}{A_{jy}} \leqslant [\sigma_{jy}]$$

得到
$$\sigma_{jy} = 23.75 \text{ MPa} < [\sigma_{jy}] = 180 \text{ MPa}$$

通过强度计算和校核，可知在此受力条件下，销轴的使用是非常安全的。

以上的例子都是从构件满足使用需要而且要求自身具有较高的强度，这样在实际使用过程中才比较安全。工程实际中有时还需要利用剪切破坏来保证更为重要的部件，如图 5.9(a)所示是车床传动轴上的保险销，当载荷过大时，保险销即被剪断，从而保证了车床的安全。有些加工也是利用剪切破坏，达到所需的形状，图 5.9(b)是冲床冲模时使工件发生剪切破坏得到所需要的形状。由于需要得到剪切破坏，所以这类问题的破坏条件为

$$\tau = \frac{Q}{A_j} \geq \tau_b \tag{5.5}$$

其中，τ_b 为剪切强度极限。对于塑性材料，剪切强度极限 τ_b 与抗拉强度 σ_b 之间有如下关系式

$$\tau_b = (0.6 \sim 0.8)\sigma_b$$

例 5.3　如果钢板的厚度 $\delta = 5.5$ mm，钢板的剪切强度极限 $\tau_b = 300$ MPa，如图 5.9(b)所示。试计算至少需要多大的冲力 P 才能在钢板上冲出直径 $d = 15$ mm 的圆孔。

解　冲孔的过程就是需要钢板发生剪切破坏，由式(5.5)可求出所需的冲力。

分布在钢板圆柱面上的剪力为 $Q = P$，剪切面面积为

$$A_j = \pi \times d \times \delta = 3.14 \times 15 \times 5.5 \times 10^{-6} \text{ m}^2 = 2.59 \times 10^{-4} \text{ m}^2$$

由

$$\tau = \frac{Q}{A_j} \leq \tau_b$$

得到

$$P = Q \leq \tau_b \times A_j = 300 \times 10^6 \times 2.59 \times 10^{-4} \text{ N} = 77.7 \text{ kN}$$

故冲力至少需要 77.7 kN。

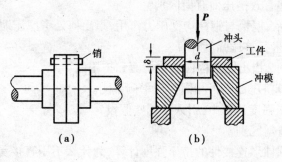

图 5.9

小　结

①实际情况下，由于在剪切面上切应力 τ 的分布规律是相当复杂的，为了简化起见，工程计算中假定剪切面上的剪切应力 τ 是均匀分布的，剪应力 τ 的合力为剪力 $\boldsymbol{Q}$，因此，剪切强度计算与校核按式(5.2)计算。

②挤压应力 σ_{jy} 在接触面上实际的分布规律非常复杂，工程上采用假定的计算方法，第一假定挤压应力在挤压面上均匀分布，第二假定挤压面为有效挤压面积 A_{jy}，A_{jy} 等于实际挤压面积在垂直于挤压力 $\boldsymbol{F}_{PC}$ 平面上的投影面积，由此得到挤压强度条件按式(5.4)计算。挤压强度计算的关键问题是确定构件危险挤压面及此挤压面上相应的挤压力 $\boldsymbol{F}_{PC}$。

③剪切破坏所受到的应力是在剪切面上的切应力，切应力是分布在剪切面上的；而挤压破坏所受到的应力是挤压面上的正应力，方向与挤压面垂直；由于这两种应力分布规律比较复杂，因此，在两种情况下的强度计算均进行了必要的假设，这样的假设对于解决工程实际问题具有指导意义；如果连接构件所用材料不同，应以连接中抵抗挤压能力较弱的构件来进行挤压强度的计算。

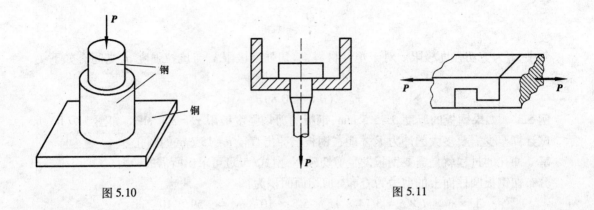

图 5.10　　　　　　　　　　　　　　　　　图 5.11

思 考 题

5.1　实际挤压面和有效挤压面有何区别?

5.2　如图 5.10 所示,铜板与钢柱均受压力作用,指出何处考虑压缩强度? 何处考虑挤压强度? 应该对哪个构件进行挤压强度计算?

5.3　如图 5.11 所示,指出图中构件的剪切面和挤压面。

5.4　挤压面与计算挤压面是否相同? 请举例说明。

5.5　在剪切与挤压强度计算中,引入了哪些假设?

5.6　挤压与压缩有何区别?

5.7　对于销钉等圆柱形连接件的挤压强度计算,为什么不用直接受挤压的半圆柱面来计算挤压应力?

习 题

5.1　一螺栓连接,已知 $P = 200$ kN,$\delta = 2$ cm,螺栓材料的许用应力 $[\tau] = 80$ MPa,试求螺栓的直径。

5.2　冲床最大冲力为 400 kN,冲头材料的许用应力 $[\sigma] = 440$ MPa,被冲剪钢板的剪切强度极限 $\tau_b = 360$ MPa。求在最大冲力作用下所能冲剪圆孔的最小直径 d 和钢板的最大厚度 δ。

5.3　铆接钢板的厚度 $\delta = 10$ mm,铆钉的直径 $d = 17$ mm,铆钉的许用应力 $[\tau] = 140$ MPa,许用挤压应力 $[\sigma_{jy}] = 320$ MPa,$P = 24$ kN,试进行强度校核。

5.4　联轴器用四个螺栓连接,螺栓对称地安排在直径 $D = 480$ mm 的圆周上(可假设各螺栓所受的剪力相等),联轴器传递的力偶矩为 $m = 24$ kN·m,求螺栓的直径 d 需要多大? 材料的许用切应力 $[\tau] = 80$ MPa。

5.5　连接螺栓,已知 $P = 200$ kN,$t = 20$ mm。螺栓材料的 $[\tau] = 80$ MPa,$[\sigma_{jy}] = 200$ MPa(不考虑连接板的强度),求连接螺栓所需的直径。

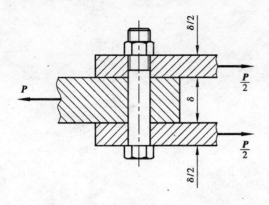

习题 5.1 图

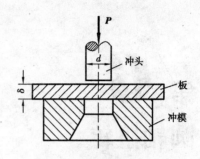

习题 5.2 图

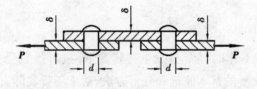

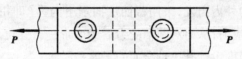

习题 5.3 图

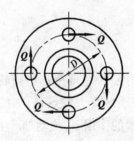

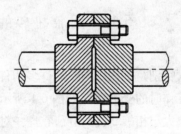

习题 5.4 图

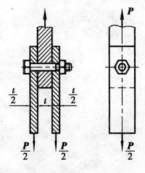

习题 5.5 图

第 **6** 章
圆轴扭转

杆件(特别是圆轴)在工作时经常会发生扭转变形,扭转是其受力与变形的另外一种形式,掌握扭转受力与扭转变形的基本原理和分析方法,对于工程实际有普遍意义。

本章从圆轴受到扭转的外力出发,采用截面法揭示出内力(即扭矩)和由此产生的变形;考虑材料的尺寸因素,计算应力;从而对圆轴受力后的变形进行强度和刚度计算,对圆轴在受到扭转时的力学性能以及强度设计有比较全面的了解。

6.1 圆轴扭转的概念与实例

在工程实际中,特别是机械结构中的许多构件另外一种主要变形是扭转。如桥式起重机的传动轴两端,在工作时的受力情况如图 6.1 所示,该轴的受力特点是:轴的两端同时作用了一对力偶,两个力偶大小相等、转向相反,在这一对力偶的作用下,传动轴产生的变形叫作扭转变形。像这样的变形在工程实际中还有许多,比如攻丝时,在手柄两端施加的也是大小相等、方向相反的力,这两个力在垂直于丝锥轴线的平面内构成一个力偶,下面丝扣的阻力形成转向相反的力偶,丝锥在这对力偶的作用下,也会产生扭转变形,如图 6.2 所示。

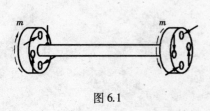

图 6.1

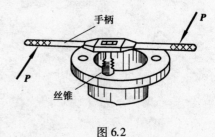

图 6.2

6.2　外力偶矩的计算　扭矩与扭矩图

6.2.1　外力偶矩的计算

圆轴扭转所受的外力作用方式很多,但都可以简化为一对在垂直于轴线平面内的力偶。圆轴扭转时的受力特点是:两端受到两个在垂直于轴线平面内的力偶作用,两力偶大小相等、转向相反。由此圆轴产生的扭转变形特点如图 6.3 所示,圆轴上各横截面围绕轴线发生相对转动,这时任意两横截面之间产生一个相对的角位移,把这种角位移 ϕ_{AB} 叫作扭转角。图 6.3 中的 ϕ_{AB} 就是截面 B 相对于截面 A 的扭转角。

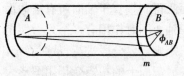

图 6.3

从以上介绍得知,圆轴扭转时,外力为外力偶矩。工程实际中经常不是直接给出作用在圆轴两端的外力偶矩的大小,而是给出圆轴所传递的功率和转速。那么,如何通过给出的圆轴所传递的功率和转速,来计算作用在圆轴两端的外力偶矩的大小? 通过式(6.1)得到外力偶矩的大小。

$$m = 9\,550\,\frac{P_k}{n} \tag{6.1}$$

式中　m——作用在圆轴上的外力偶矩,N·m;

　　　P_k——圆轴传递的功率,kW(1 W = 1 N·m/s);

　　　n——圆轴的转速,r/min。

9 550 为系数,实际上应该为 9 549,为计算方便取值为 9 550。

通过式(6.1)可以看出:圆轴所承受的力偶矩与传递的功率成正比,与轴的转速成反比。所以,在传递相同功率时,低速轴受到的力偶矩比高速轴大。

与杆件承受轴向拉压的分析方法相似,在得知圆轴的外力偶矩后,更为关心的是圆轴在这样的外力偶矩作用下其内力有多大? 横截面上的应力有多大? 会产生什么样的变形? 这样的变形对圆轴会产生什么样的危害? 在实际使用和设计中应遵从什么样的原则成为本章的重点内容。以下先解决圆轴在外力偶矩作用下其内力有多大这一问题。

6.2.2　扭矩与扭矩图

设一圆轴两端承受的外力偶矩大小相等、转向相反,如图 6.4(a)所示,在圆轴上任一横截面 n-n 处,在垂直于轴线方向采用截面法截开为两段,如图 6.4(b)所示,取任意一段作为研究对象,比如取左段为研究对象,由于左段作用的外力偶矩为 m_A,为了保持平衡,在 n-n 横截面上有一个内力偶矩 T 与之平衡,由静力学平衡方程可以求出内力偶矩 $T = m_A$,这样就得到了圆轴扭转时其横截面上的内力是一个在横截面内的力偶,其力偶矩称为扭矩。对于扭矩的正负号作如下规定:以右手四指握住圆轴,四指的方向与扭矩的转向相同,大拇指的指向离开横截面时,得到的扭矩为正;大拇指指向横截面时,得到的扭矩为负,此法则叫作右手螺旋法则,如图 6.5 所示。

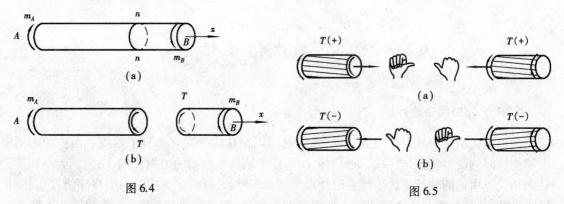

图 6.4   图 6.5

以上讨论了圆轴两端横截面作用外力偶矩,且这两个外力偶矩大小相等、转向相反,用截面法得到垂直于轴向所有横截面上的扭矩都是相等的,都等于外力偶矩。实际工程中,常常在圆轴上同时作用有多个外力偶矩,轴内各段横截面上的扭矩是不相等的,这时求其横截面上的扭矩则需要分段进行,从而确定出最大扭矩所在的位置,找到该轴的危险截面,通常将沿轴线各横截面上的扭矩变化用图形表示出来,把这样的图形叫作扭矩图。通过以下一个例子说明此问题。

例 6.1   图 6.6(a)为一后车轴,已知其行走功率为 $P_k = 10.5$ kW,额定转速 $n = 680$ r/min,载荷首先传动到齿轮 B,然后再平均传递到 A、C 两车轮上,试画出该轴的扭矩图。

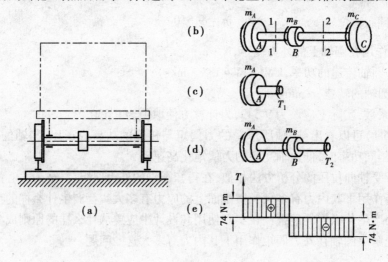

图 6.6

解   ①计算该轴的外力偶矩

已知 $P_{kB} = 10.5$ kW

则 $P_{kA} = P_{kC} = \dfrac{10.5}{2} = 5.25$ kW

由式(6.1)得到外力偶矩分别为

$$m_B = 9\ 550 \frac{P_{kB}}{n} = 9\ 550 \frac{10.5}{680}\ \text{N} \cdot \text{m} = 148\ \text{N} \cdot \text{m}$$

$$m_A = 9\,550\,\frac{P_{kA}}{n} = 9\,550\,\frac{5.25}{680}\,\text{N}\cdot\text{m} = 74\,\text{N}\cdot\text{m} = m_C$$

②分段计算扭矩

在 AB 段截面 1-1 处截开,取左段为研究对象,如图 6.6(c)所示。

通过平衡方程 $\sum M_x = 0$, $T_1 - m_A = 0$,求得该段扭矩 $T_1 = 74\,\text{N}\cdot\text{m}$。

用右手螺旋法则判定该段的扭矩为正号;同理在 BC 段截面 2-2 处截开,取左段为研究对象,如图 6.6(d)所示。

通过平衡方程 $\sum M_x = 0$, $T_2 - m_A + m_B = 0$,求得该段扭矩 $T_2 = -74\,\text{N}\cdot\text{m}$;说明实际转向与假设的转向相反。

③画扭矩图

沿轴线方向为横坐标,表示横截面的位置,纵坐标表示扭矩,得到图 6.6(e)。

6.3　圆轴扭转时横截面上的应力与强度条件

6.3.1　切应力互等定理和剪切虎克定律

在得到了作用在圆轴上的外力偶矩和其内力即扭矩后,若想知道作用在横截面上的应力是如何计算的,只有正确计算出圆轴横截面上的应力,才能进行强度计算和校核,便于圆轴的使用和设计。

圆轴的横截面应力属于超静定问题,需要用超静定解决问题的办法解决。主要思路是:通过几何关系、变形协调关系、物理条件三个方面达到目的。

从一圆轴内部取一个微小单元体,如图 6.7 所示,实验表明:在这个微小单元体上只有切应力而没有正应力的作用,这种情况叫作纯剪切。而且在该微小单元体上存在如下关系:两个互相垂直的截面上在相交处的切应力成对存在,且大小相等、符号相反。这个规律叫作切应力互等定理。实验表明:当切应力不超过剪切比例极限时(即圆轴在弹性变形内),切应力 τ 与切应变 γ 存在下列关系式

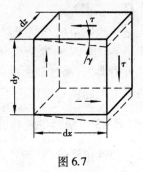

图 6.7

$$\tau = G\gamma \tag{6.2}$$

上述关系式表明:当切应力不超过剪切比例极限时(即圆轴在弹性变形内),切应力与切应变之间成线性正比关系,将这样的规律叫作剪切胡克定律。式中 G 为材料的剪切弹性模量,单位与弹性模量 E 相同。

通过式(6.2)不难看出:要得到切应力 τ 必须知道材料的剪切弹性模量 G,一般可以查手册得到,余下的问题主要是如何计算切应变 γ。

6.3.2 圆轴扭转时的横截面上的切应力

为了得到切应变 γ，作如下处理：考察变形几何关系，从圆轴中取一微段 dx 进行分析，如图 6.8 所示。在横截面上距圆心半径 ρ 处的表面的切应变为 $\gamma(\rho)$，设该处的切应力为 $\tau(\rho)$，$d\phi$ 为横截面上的角位移，这样在微段圆轴的表面可以简化成一个直角三角形。

$$\tan \gamma(\rho) = \frac{\rho \tan d\phi}{dx} \approx \frac{\rho d\phi}{dx} \approx \gamma(\rho)$$

从而得到

$$\gamma(\rho) = \rho \frac{d\phi}{dx} \qquad (6.3)$$

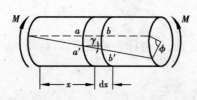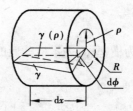

图 6.8

根据剪切胡克定律，得到剪应力为

$$\tau(\rho) = G\rho \frac{d\phi}{dx} \qquad (6.4)$$

从式（6.4）可以看出，对于固定的单元体，$d\phi/dx$ 为一个常数，切应力 $\tau(\rho)$ 与半径 ρ 成正比。因此在横截面上的圆心处切应力为零，在半径周边处切应力最大，切应力的方向垂直于半径。

从式（6.3）、式（6.4）得到了切应变和切应力，但是实际情况下很难确定 $d\phi/dx$，如何进一步将 $d\phi/dx$ 从两个公式中去掉成为重点。基本思路是：一般情况下，可以知道作用在圆轴上的外力偶矩，通过截面法可以求出横截面上的内力即扭矩，如果可以用扭矩替换掉 $d\phi/dx$，显然这个问题就可以解决了。

6.3.3 极惯性矩与抗扭截面模量的计算

圆轴扭转时，平衡外力偶矩是圆轴横截面上的扭矩，扭矩是由横截面上无数的微剪力对截面形心 o 之矩构成的，如图 6.9 所示。设距圆心 ρ 处的切应力为 τ_ρ，在此处取一微面积 dA，则此微面积上的微剪力为 $\tau_\rho dA$，各微剪力对轴线之矩的总和为该截面上的扭矩，即

$$\int_A \rho \tau_\rho dA = T \qquad (6.5)$$

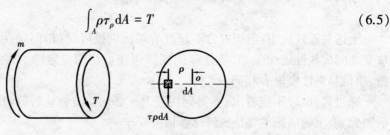

图 6.9

将式(6.4)代入式(6.5),则　$\int_A \rho\tau_\rho \mathrm{d}A = \int_A G\rho^2 \dfrac{\mathrm{d}\phi}{\mathrm{d}x}\mathrm{d}A = T$

因为剪切弹性模量 G 是材料性质,材料确定后则 G 为一个常数;在确定的截面上,扭转变形一定,$\mathrm{d}\phi/\mathrm{d}x$ 也是一个常数,因此上式可以化简为

$$\int_A \rho\tau_\rho \mathrm{d}A = \int_A G\rho^2 \frac{\mathrm{d}\phi}{\mathrm{d}x}\mathrm{d}A = G\frac{\mathrm{d}\phi}{\mathrm{d}x}\int_A \rho^2 \mathrm{d}A = T$$

令 $I_P = \int_A \rho^2\mathrm{d}A$,把 I_P 叫作横截面对形心的极惯性矩,它是一个只决定于横截面的形状和大小的几何量,常用单位是 cm^4,对于任一已知的横向截面,I_P 是常数。于是,将 I_P 代入上式并进行变换得到

$$\frac{\mathrm{d}\phi}{\mathrm{d}x} = \frac{T}{GI_P} \tag{6.6}$$

式(6.6)中 $\mathrm{d}\phi/\mathrm{d}x$ 表示圆轴的单位长度扭转角。在扭矩一定的情况下,GI_P 越大,则单位长度的扭转角 $\mathrm{d}\phi/\mathrm{d}x$ 越小,所以 GI_P 反映了圆轴抵抗扭转变形的能力,称为圆轴的抗扭刚度。

将式(6.6)代入式(6.4)得到

$$\tau(\rho) = G\rho\frac{\mathrm{d}\phi}{\mathrm{d}x} = G\rho\frac{T}{GI_P} = \frac{T}{I_P}\rho$$

即横截面上任一点处的切应力为

$$\tau(\rho) = \frac{T}{I_T}\rho \tag{6.7}$$

式中　T——横截面上的扭矩;

　　　ρ——横截面上任一点到圆心的距离;

　　　I_P——横截面对形心的极惯性矩。

式(6.7)是圆轴内任一点处剪应力的基本公式。T 为圆轴横截面上的扭矩,可用截面法及平衡条件求得;I_P 为圆轴横截面的极惯性矩,由 $I_P = \int_A \rho^2\mathrm{d}A$ 得到,将式中的 $\mathrm{d}A$ 取为厚度为 $\mathrm{d}\rho$ 的圆环为面积元素,如图 6.10 所示,于是 $\mathrm{d}A = \pi(\rho+\mathrm{d}\rho)^2 - \pi\rho^2 \approx 2\pi\rho\mathrm{d}\rho$,代入式中进行积分,得到

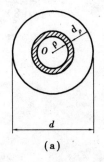

（a）

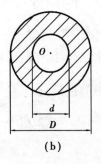

（b）

图 6.10

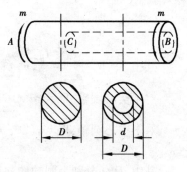

图 6.11

对于实心圆轴,$I_P = \pi d^4/32 \approx 0.1d^4$($d$ 为圆轴的直径)

对于空心圆轴,$I_P = \pi(D^4 - d^4)/32 = \pi D^4(1-\alpha^4)/32 \approx 0.1D^4(1-\alpha^4)$

其中，D、d 分别为圆轴的外径和内径，$\alpha = \dfrac{d}{D}$。

从式(6.7)可以看出，横截面上任一点处的切应力 $\tau(\rho)$ 与横截面上任一点到圆心的距离 ρ 成正比，因此切应力沿横截面的半径呈线性分布，圆心处切应力为零，半径边缘处切应力最大。

例 6.2　图 6.11 为一轴 AB，其传递的功率 $P_k = 7.5$ kW，转速 $n = 360$ r/min，AC 段为实心轴，CB 段为空心轴，已知外径 $D = 3$ cm，内径 $d = 2$ cm。试求 AC 段横截面边缘处的切应力以及 CB 段横截面上外边缘和内边缘处的切应力。

解　①用截面法计算 AC 段和 CB 段的扭矩

根据式(6.1)得到，AC 段和 CB 段上的各横截面扭矩均为

$$T = m = 9\,550\,\frac{P_k}{n} = 9\,550\,\frac{7.5}{360}\ \text{N} \cdot \text{m} = 199\ \text{N} \cdot \text{m}$$

②计算极惯性矩

AC 段为实心轴，所以有 $I_{PAC} = \dfrac{\pi D^4}{32} = \dfrac{3.14 \times 3^4}{32}$ cm^4 = 7.95 cm^4

CB 段为空心轴，故有 $I_{PCB} = \pi(D^4 - d^4)/32 = 3.14(3^4 - 2^4)/32$ cm^4 = 6.38 cm^4

③计算切应力

由 $\tau(\rho) = \dfrac{T}{I_P}\rho$，得到 AC 段横截面边缘处的切应力为

$$\tau_{外}^{AC} = \frac{T}{I_{PAC}} \times \frac{D}{2} = \frac{199}{7.95 \times 10^{-8}} \times 1.5 \times 10^{-2}\ \text{Pa} = 37.5 \times 10^6\ \text{Pa} = 37.5\ \text{MPa}$$

CB 段横截面上外边缘和内边缘处的切应力为

$$\tau_{外}^{CB} = \frac{T}{I_{PCB}} \times \frac{D}{2} = \frac{199}{6.38 \times 10^{-8}} \times 1.5 \times 10^{-2}\ \text{Pa} = 46.8 \times 10^6\ \text{Pa} = 46.8\ \text{MPa}$$

$$\tau_{内}^{CB} = \frac{T}{I_{PCB}} \times \frac{d}{2} = \frac{199}{6.38 \times 10^{-8}} \times 1.0 \times 10^{-2}\ \text{Pa} = 31.2 \times 10^6\ \text{Pa} = 31.2\ \text{MPa}$$

通过计算可以看到，无论是实心轴还是空心轴，最大切应力发生在横截面边缘上各点，其值由下式确定

$$\tau_{\max} = \frac{T}{I_P}\rho_{\max} = \frac{T}{I_P/\rho_{\max}} = \frac{T}{W_t} \tag{6.8}$$

其中，令 $W_t = \dfrac{I_P}{\rho_{\max}} = \dfrac{I_P}{r}$，$W_t$ 称为抗扭截面模量(或叫抗扭截面系数)，cm^3。

对于实心圆轴，$W_t = \pi d^3/16 \approx 0.2d^3$（$d$ 为圆轴的直径）；

对于空心圆轴，$W_t = \pi(D^4 - d^4)/16D = \dfrac{\pi D^3}{16}(1 - \alpha^4) \approx 0.2D^3(1 - \alpha^4)$。

其中，D、d 分别为圆轴的外径和内径，$\alpha = \dfrac{d}{D}$。

6.3.4　圆轴扭转时的强度条件

计算圆轴扭转时的强度，需要根据扭矩图和横截面的尺寸判断可能的危险截面，然后根据

危险截面的切应力分布确定危险点即最大切应力作用点,最终进行强度计算和设计。

由式(6.8)可计算危险截面的最大切应力,得到圆轴扭转时的强度设计准则为

$$\tau_{max} = \frac{T}{W_t} \leqslant [\tau] \tag{6.9}$$

$[\tau]$ 为许用扭转切应力,与许用正应力 $[\sigma]$ 之间存在一定的关系。

对于脆性材料,$[\tau] = (0.8 \sim 1.0)[\sigma]$

对于塑性材料,$[\tau] = (0.5 \sim 0.6)[\sigma]$

例 6.3　图 6.12 为一汽车主传动轴,其传递最大扭矩 $m = 1.5$ kN·m,该轴为空心轴,已知外径 $D = 9$ cm,壁厚为 $\delta = 2.5$ mm,$[\tau] = 70$ MPa。试求:①校核该轴的强度;②如改为实心轴,在具有与空心轴相同的最大切应力的前提下,请确定实心轴的直径;③确定空心轴与实心轴的重量比。

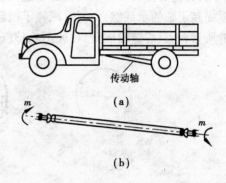

传动轴

(a)

(b)

图 6.12

解　①校核空心轴的强度

通过截面法得到各横截面扭矩均为 $T = m = 1\,500$ N·m

$$\alpha = \frac{d}{D} = \frac{D - 2\delta}{D} = \frac{90 - 2 \times 2.5}{90} = 0.944$$

$$W_t = \pi(D^4 - d^4)/16D = \frac{\pi D^3}{16}(1 - \alpha^4)$$

$$W_t = \frac{\pi D^3}{16}(1 - \alpha^4) = \frac{3.14 \times 9^3}{16}(1 - 0.944^4) \text{ cm}^3$$

由于轴上只有在两端承受外加力偶的作用,所以轴上各横截面的危险程度相同,轴上所有横截面的最大切应力均为

$$\tau_{max} = \frac{T}{I_P}\rho_{max} = \frac{T}{I_P/\rho_{max}} = \frac{T}{W_t} = \frac{1\,500 \times 16}{3.14 \times 9^3 \times 10^{-6} \times (1 - 0.944^4)} \text{ Pa}$$
$$= 509 \times 10^6 \text{ Pa} = 509 \text{ MPa}$$

满足　$\tau_{max} = \frac{T}{W_t} = 50.9$ MPa $< [\tau] = 70$ MPa,说明该传动轴的强度是安全的。

②确定实心轴的直径

如改为实心轴,在具有与空心轴相同的最大切应力的前提下,即实心轴横截面上的最大切应力为 $\tau_{max} = \frac{T}{W_t} = 50.9$ MPa,设实心轴的直径为 d_1,则有

$$W_t = \pi d_1^3/16 = \frac{T}{\tau_{max}}$$

$$d_1 = \sqrt[3]{\frac{16 \times 1\,500}{3.14 \times 50.9 \times 10^6}} \text{ m} = 0.053\,1 \text{ m} = 53.1 \text{ mm}$$

③确定空心轴与实心轴的重量比

由于二者长度相等、材料相同,所以重量比实际上为横截面的面积比,有

$$\eta = \frac{W_{空心}}{W_{实心}} = \frac{A_{空心}}{A_{空心}} = \frac{\dfrac{\pi(D^2 - d^2)}{4}}{\dfrac{\pi d_1^2}{4}} = \frac{D^2 - d^2}{d_1^2} = \frac{90^2 - 85^2}{53.1^2} = 0.31$$

可以看出空心轴比实心轴的重量轻,采用空心轴比实心轴合理。从图6.13(a)看出,圆轴扭转时横截面上的切应力是按照直线规律分布的,中心部分的应力很小,材料没有得到充分的利用,将这部分材料移到离圆心较远的位置,使得充分发挥作用如图6.13(b)所示,从而大幅度提高了轴的承载能力,同时减轻了机器的自重。当采用焊接钢管作抗扭构件时,必须确保焊缝质量,一旦焊缝形成开口,如图6.13(c)所示,抗扭能力大为降低。

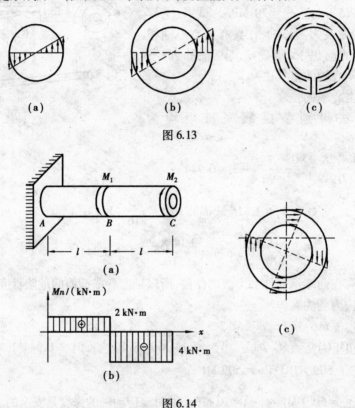

图 6.13

图 6.14

例6.4 图6.14为一空心圆轴,已知外径 $D = 10$ cm,内径 $d = 8$ cm,$l = 50$ cm,所受外力偶矩 $M_1 = 6$ kN · m,$M_2 = 4$ kN · m,材料的剪切弹性模量 $G = 80$ GPa。试求:①绘出该轴的扭矩图;②求轴的最大切应力,并指明位置。

解 ①绘出该轴的扭矩图

AB 段:在该段内任意处截开,取右边为研究对象,由平衡方程 $\sum M_x = 0$,得到该段内的任意截面的扭矩,其值(绝对值)为 $T_{AB} = \left| M_1 - M_2 \right| = 2$ kN · m;同理 *BC* 段也用相同的办法求得;绘出扭矩图如图6.14(b)所示。最大扭矩发生在 *BC* 段的各截面上,其值(绝对值)为 $T_{BC} = \left| M_2 \right| = 4$ kN · m。

②求轴的最大切应力,并指明位置

由于最大扭矩发生在 *BC* 段的各截面上,所以该段每一个截面均为危险截面,最大切应力为

$$\alpha = \frac{d}{D} = \frac{8}{10} = 0.8$$

由

$$W_t = \pi(D^4 - d^4)/16D = \frac{\pi D^3}{16}(1 - \alpha^4)$$

得到

$$W_t = \frac{\pi D^3}{16}(1 - \alpha^4) = \frac{3.14 \times 10^3}{16}(1 - 0.8^4) \text{ cm}^3$$

$$\tau_{max} = \frac{T}{W_t} = \frac{4\,000 \times 16}{3.14 \times 10^3 \times (1 - 0.8^4) \times 10^{-6}} = 34.5 \times 10^6 \text{Pa} = 34.5 \text{ MPa}$$

最大切应力发生在截面的周边上,其方向垂直于半径,如图 6.14(c)所示。

通过此题可以看出,扭矩沿轴长度一般说来是有变化的,不同截面的 τ_{max} 也是不同的,全轴上最大切应力所在的截面即为危险截面。强度条件就是要求危险截面上的最大切应力不超过许用切应力。由式(6.9)可知,对于等截面轴而言,危险面就是扭矩最大的截面;对于变截面轴而言,危险面要由比值 T/W_t 而定。

6.4　圆轴扭转时的变形与刚度条件

6.4.1　圆轴扭转时的变形

圆轴扭转时,两个横截面间发生相对的角位移,称为扭转角,其中 $d\phi/dx$ 表示圆轴的单位长度扭转角。将式(6.6)进行变换,可得到相距 dx 的两个横截面间的相对扭转角为 $d\phi = (T/GI_P)dx$,当轴上扭矩为常数时,距离为 l 的两个横截面的扭转角为

$$\phi = \int d\phi = \int_0^l \frac{T}{GI_P} dx$$

由此得到

$$\phi = \frac{Tl}{GI_P} \tag{6.10}$$

式中　ϕ——距离为 l 的两个横截面的扭转角,rad;

　　　T——横截面上的扭矩;

　　　l——两横截面间的距离;

　　　G——为材料的剪切弹性模量;

　　　I_P——横截面对圆心的极惯性矩。

需要指出的是,由于扭转角 ϕ 的单位是 rad,工程上习惯采用度(°),因此在将式(6.10)得到的结果乘以 $180/\pi$ 后即为(°)。由此可以得到在外力偶矩作用下的圆轴两个横截面间的扭转变形到底有多大,注意在应用式(6.10)时,T/GI_P 比值是一常数,以下通过一个例子说明

问题。

例 6.5 图 6.14 中各种条件不变,求 C 截面对 A、B 截面的相对扭转角 ϕ_{C-A}、ϕ_{C-B}。

解 因为扭矩沿轴线 x 发生了变化,所以应用式(6.10)时要分段进行

$$\phi = \int_l \mathrm{d}\phi = \int_0^l \frac{T}{GI_P}\mathrm{d}x = \int_0^l \frac{T_{AB}}{GI_P}\mathrm{d}x + \int_l^{2l} \frac{T_{BC}}{GI_P}\mathrm{d}x$$

由于 T_{AB}、T_{BC}、G、I_P 在各段均为常数,代入数据整理得到

$$\phi_{C-A} = \frac{0.5 \times (2-4) \times 10^3}{80 \times 10^9 \times \dfrac{3.14}{32} \times 0.1^4(1-0.8^4)} \text{ rad} = -0.216 \times 10^{-2} \text{ rad} = -0.124°$$

$$\phi_{C-B} = \frac{0.5 \times (-4) \times 10^3}{80 \times 10^9 \times \dfrac{3.14}{32} \times 0.1^4(1-0.8^4)} \text{ rad} = -0.431 \times 10^{-2} \text{ rad} = -0.247°$$

负号表示面向 C 截面观察时,该截面相对于 A、B 截面顺时针扭转。

6.4.2 圆轴扭转时的刚度条件

前面介绍了圆轴扭转时,横截面的切应力计算,强度计算和校核,扭转变形计算,对于圆轴在实际工作中,既要满足强度条件,也要满足刚度条件,否则将不能正常地工作。

如果在工作中,圆轴变形过大,就会影响到机器的精密度或者是产生较大的振动。所以通常要求单位长度上的相对扭转角限制在允许的范围内,必须使圆轴满足刚度设计准则,即

$$\varphi = \frac{\phi}{l} = \frac{T}{GI_P} \leqslant [\varphi] \tag{6.11}$$

式中,φ 是单位长度上的相对扭转角,$[\varphi]$ 为单位长度的许用扭转角,两者的单位均为 rad/m,工程实际单位是°/m,上式改为

$$\varphi = \frac{T}{GI_P} \times \frac{180}{\pi} \leqslant [\varphi] \tag{6.12}$$

在应用式(6.11)和式(6.12)时,注意不等式两边单位的一致性。

例 6.6 已知钢制空心轴的外径 $D=10$ cm,内径 $d=5$ cm,要求轴在长度 $l=2$ m 范围内最大相对扭转角不超过 $1.5°$,材料的剪切弹性模量 $G=80$ GPa。求:①该轴所能承受的最大扭矩;②确定此时轴内最大切应力。

解 ①确定该轴所能承受的最大扭矩,根据刚度设计准则有

$\varphi = \dfrac{T}{GI_P} \times \dfrac{180}{\pi} \leqslant [\varphi]$,这里要求 $[\varphi] = 1.5/2 = 0.75°/$m,从而公式变换为

$$T \leqslant [\varphi] \times \frac{GI_P \pi}{180} = 0.75°/\text{m} \times \frac{80 \times 10^9 \times 3.14^2 \times 0.1^4(1-0.5^4)}{180 \times 32} \text{ N} \cdot \text{m}$$

$$= 9.63 \times 10^3 \text{ N} \cdot \text{m}$$

因此该轴能够承受的最大扭矩为 $T_{\max} = 9.63$ kN $\cdot$ m。

②确定此时轴内最大切应力

$$\alpha = \frac{d}{D} = \frac{5}{10} = 0.5; \text{而} \ W_t = \pi(D^4 - d^4)/16D = \frac{\pi D^3}{16}(1-\alpha^4)$$

$$\tau_{max} = \frac{T}{W_t} = \frac{9.63 \times 10^3 \times 16}{3.14 \times 0.1^3 \times (1 - 0.5^4)} = 52.3 \times 10^6 \, Pa = 52.3 \, MPa$$

小　结

①圆轴扭转时,外力为外力偶矩,通过给出的圆轴所传递的功率和转速,可以计算出作用在圆轴两端的外力偶矩的大小。

②圆轴扭转时其横截面上的内力是一个在横截面内的力偶,其力偶矩称为扭矩。同时作用在圆轴上有多个外力偶矩时,作出扭矩图并确认该轴的危险截面。

③计算圆轴扭转时的强度,需要根据扭转图和横截面的尺寸判断可能的危险截面,然后根据危险截面的切应力分布确定危险点即最大切应力作用点,依据式(6.9)进行强度计算和设计,对于等截面轴,危险面就是扭矩最大的截面;对于变截面轴,危险面要由比值 T/W_t 而定。

④要求单位长度上的相对扭转角限制在允许的范围内,即必须使圆轴满足刚度设计准,则

$$\varphi = \frac{\phi}{l} = \frac{T}{GI_P} \leqslant [\varphi]$$

思　考　题

6.1　关于扭转切应力公式 $\tau(\rho) = \frac{T}{I_P}\rho$ 应用范围,有以下几种答案,请判断哪一种是正确的。

①等截面圆轴,弹性范围内加载。

②等截面圆轴。

③等截面圆轴与椭圆轴。

④等截面圆轴与椭圆轴,弹性范围内加载。

正确答案是:_____

6.2　两根长度相等、直径不等的圆轴受到扭转后,轴表面上母线转过相同的角度。设直径大的轴和直径小的轴的横截面上的最大切应力分别为 τ_{max1} 和 τ_{max2},材料的切变弹性模量分别为 G_1 和 G_2。关于 τ_{max1} 和 τ_{max2} 的大小有几种结论,请判断哪一种是正确的。

①$\tau_{max1} > \tau_{max2}$。

②$\tau_{max1} < \tau_{max2}$。

③若 $G_1 > G_2$,则有 $\tau_{max1} > \tau_{max2}$。

④若 $G_1 > G_2$,则有 $\tau_{max1} < \tau_{max2}$。

正确答案是:_____

6.3　长度相等的直径为 d_1 的实心圆轴与内、外直径分别为 d_2、D_2($\alpha = d_2/D_2$)的空心圆轴,二者横截面上的最大切应力相等。关于两者重量之比(W_1/W_2)有如下结论,判断哪一种是正确的。

①$(1-\alpha^4)^{\frac{3}{2}}$。

②$(1-\alpha^4)^{\frac{3}{2}}(1-\alpha^2)$。

③$(1-\alpha^4)(1-\alpha^2)$。

④$(1-\alpha^4)^{\frac{2}{3}}(1-\alpha^2)$。

正确答案是:_____

6.4 如图 6.15 所示的单元体,已知其一个面上的切应力 τ,问其他几个面上的切应力是否可以确定? 怎样确定?

6.5 在切应力作用下单元体将发生怎样的变形? 剪切胡克定律说明什么? 它在什么条件下才成立?

6.6 如图 6.16 所示一个空心圆轴的截面,它的极惯性矩 I_P 和抗扭截面系数 W_t 是否可以按下式计算,为什么?

$$I_P = I_{P\text{外}} - I_{P\text{内}} = \frac{\pi D^4}{32} - \frac{\pi d^4}{32}$$

$$W_t = W_{t\text{外}} - W_{t\text{内}} = \frac{\pi D^3}{16} - \frac{\pi d^3}{16}$$

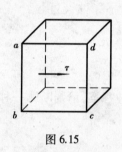

图 6.15

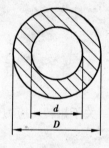

图 6.16

6.7 在剪切实用计算中所采用的许用切应力 $[\tau]$ 与许用扭转切应力 $[\tau]$ 是否相同? 为什么?

6.8 直径 d 和长度 l 都相同,而材料不同的两根轴,在相同的扭矩作用下,它们的最大切应力 $\tau_{\max}$ 是否相同? 扭转角 ϕ 是否相同? 为什么?

习 题

6.1 如图所示,已知 $M_{e1} = 1\,765$ N·m,$M_{e2} = 1\,171$ N·m,材料的切变模量 $G = 80.4$ GPa。求:①轴内最大切应力,并指出其作用位置;②轴内最大相对扭转角 $\phi_{\max}$。

6.2 实心圆轴承受外加扭转力偶,其力偶矩 $M_e = 3\,000$ N·m。试求:①轴横截面上的最大切应力;②轴横截面上半径 $r = 15$ mm 以内部分承受的扭矩所占全部横截面上扭矩的百分比;③去掉 $r = 15$ mm 以内的部分,横截面上的最大切应力增加的百分比。

6.3 同轴线的芯轴 AB 与轴套 CD,在 D 处二者无接触,而在 C 处焊成一体,轴的 A 处承受扭转力偶作用,如习题 6.3 图所示。已知轴直径 $d = 66$ mm,轴套外直径 $D = 80$ mm,厚度

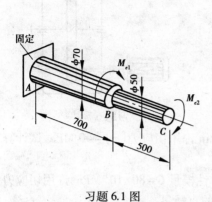

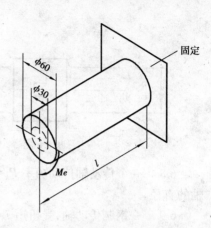

习题 6.1 图

习题 6.2 图

$\delta = 6$ mm,材料的许用切应力$[\tau] = 60$ MPa,求该结构所能承受的最大外力偶矩。

　*6.4　如图所示,开口和闭口薄壁圆管横截面的平均直径均为 D、壁厚均为 δ,横截面上的扭矩均为 M_x。试求:

①证明闭口圆管受扭时横截面上最大切应力 $\tau_{max} \approx \dfrac{2M_x}{\delta\pi D^2}$;

②证明开口圆管受扭时横截面上最大切应力 $\tau_{max} \approx \dfrac{3M_x}{\delta^2\pi D}$。

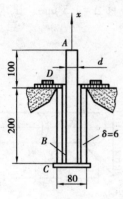

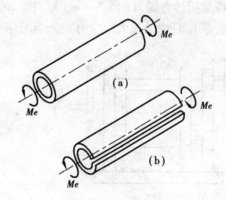

习题 6.3 图

习题 6.4 图

　6.5　由同一种材料制成的实心和空心圆轴,两者长度和质量均相等,设实心轴半径 R_0,空心轴半径的内、外半径分别为 R_1 和 R_2,且 $R_1/R_2 = n$;两者所承受的外加扭转力偶矩分别为 M_{es} 和 M_{eh}。若两者横截面上的最大切应力相等,试证明

$$\frac{M_{es}}{M_{eh}} = \frac{\sqrt{1-n^2}}{1+n^2}$$

　6.6　实心轴通过牙嵌离合器把功率传给实心轴。传递的功率 $P_k = 7.5$ kW,轴的转速 $n = 100$ r/min,试选择实心轴直径 d 和空心轴外径 d_2,已知 $d_1/d_2 = 0.5$(d_1 是空心轴的内径),$[\tau] = 40$ MPa。

　6.7　有一减速器,已知电动机的转速 $n = 960$ r/min,功率 $P_k = 5$ kW;轴的材料为 45# 钢,$[\tau] = 40$ MPa,试计算按扭转强度设计减速器第一轴的直径。

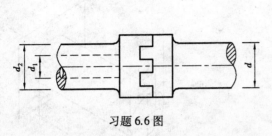

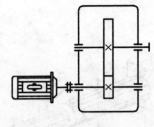

习题 6.6 图

习题 6.7 图

6.8　一个传动轴传动功率 $P_k = 3$ kW，转速 $n = 27$ r/min 许用切应力 $[\tau] = 40$ MPa，试计算轴的直径。

6.9　一钢制传动轴，受扭矩 $T = 4$ kN·m，轴的剪切弹性模量 $G = 80×10^3$ MPa，许用切应力 $[\tau] = 40$ MPa，单位长度的许用转角 $[\varphi] = 1°/$m，试计算轴的直径。

6.10　手摇绞车驱动轴 AB 的直径 $d = 3$ cm，由两人摇动，每人加在手柄上的力 $P = 250$ N，若轴的许用切应力 $[\tau] = 40$ MPa，试校核 AB 轴的扭转强度。

6.11　如图所示，圆轴的直径 $d = 100$ mm，$l = 500$ mm，$M_1 = 7$ kN·m，$M_2 = 5$ kN·m，$G = 82$ GPa。求：①作出轴的扭矩图；②求出轴的最大切应力，并指明位置；③求 C 截面对 A 截面的相对扭转角 $\phi_{C\text{-}A}$。

6.12　用实验方法求钢的切变弹性模量 G 时，装置示意图如图所示，AB 为长 $l = 0.1$ m、直径 $d = 10$ mm 的圆截面钢试件，其 A 端固定，B 端有长 $s = 80$ mm 的杆 BC 与截面联成整体。当在 B 端施加扭转力偶 $M = 15$ N·m 时，测得 BC 杆的顶点 C 的位移 $\Delta = 1.5$ mm。试求：①切变弹性模量 G；②杆内的最大切应力 τ_{max}；③杆表面的切应变 γ。

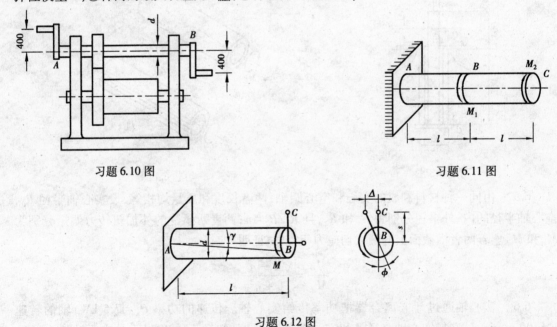

习题 6.10 图

习题 6.11 图

习题 6.12 图

第 **7** 章
梁的平面弯曲内力

本章对梁的受力情况进行分析,进而通过截面法揭示出其内力,目的在于掌握梁的平面弯曲变形时的内力分析方法,为下一步进行梁的弯曲变形以及强度、刚度校核奠定基础。

7.1 平面弯曲的概念与实例

弯曲是工程实际中常见的一种基本变形。如火车轮轴(图 7.1)、行车大梁(图 7.2)等的变形都是弯曲变形的实例。这些构件受力的共同特点是:在通过杆轴线的平面内,受到力偶或垂直于轴线的外力(即横向力)作用。在这样的外力作用下,其变形特点是:杆的轴线由直线变为曲线。这种变形称为弯曲变形。以弯曲变形为主的杆件简称为梁。

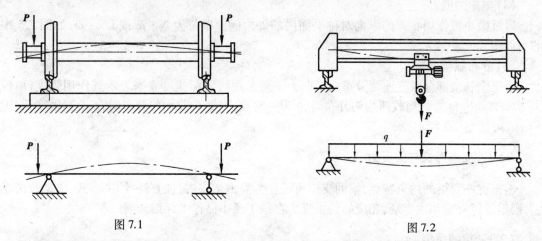

图 7.1   图 7.2

工程中常见直梁的横截面一般都有一个或几个对称轴(图 7.3)。由横截面的对称轴与梁的轴线组成的平面称为纵向对称平面。当作用在梁上的所有外力都位于梁的纵向对称平面内时,梁的轴线将由一条直线变为该纵向对称平面内的一条光滑曲线,这种弯曲变形称为平面弯曲(图 7.4)。本章研究平面弯曲梁横截面上的内力。

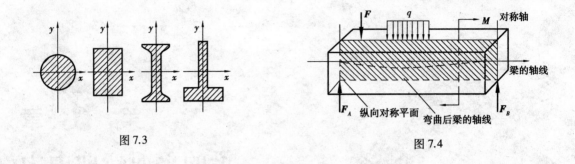

图 7.3   图 7.4

7.2 梁的载荷与支反力

7.2.1 梁的载荷

作用在梁上的载荷可归纳、简化为以下三种。

(1)集中载荷

在微小段垂直于轴线作用在梁上的横向力,单位为 N 或 kN,如图 7.5 中的力 **P**。

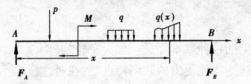

图 7.5

(2)集中力偶

通过微小段作用在梁的纵向对称平面内的外力偶。单位为 N·m 或 kN·m,如图 7.5 中的力偶 **M**。

(3)分布载荷

沿梁全长或部分长度连续分布的横向力。通常用线载荷集度 q 来表示其作用强度,单位为 N/m 或 kN/m 等。当载荷均匀分布时,q 为一常数;当载荷非均匀分布时,q 沿梁轴变化,即 $q = q(x)$,如图 7.5 所示。

7.2.2 支座形式与支反力

根据支座对梁的约束特点,梁的支座可简化为静力学中讲过的三种约束形式:滚动铰链支座、固定铰链支座和固定端,相应的约束反力在第 1 章中已作了详细介绍。

7.2.3 梁的类型

根据梁的支座情况,工程中常见的静定梁有以下三种形式:

(1)简支梁

一端固定铰支,另一端滚动铰支的梁。其计算简图如图 7.6(a)所示。

(2)外伸梁

具有一个或两个外伸部分的简支梁。其计算简图如图 7.6(b)所示。

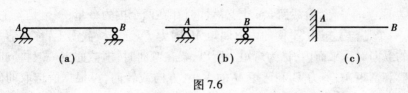

图 7.6

(3)悬臂梁

一端固定,另一端自由的梁。其计算简图如图 7.6(c)所示。

在实际工程中,有时为了提高梁的强度和刚度,要增加支座约束(图 7.7),结果使梁成为静不定结构。对静不定梁的解法将在第 8 章中介绍。

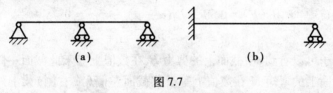

图 7.7

7.3 剪力与弯矩

作用在梁上的外力(载荷与支反力)确定后,为了进行梁的强度和刚度计算,首先要分析梁的各横截面上的内力。与前面各章一样,求梁内力的方法仍然是截面法。

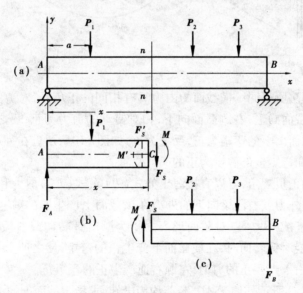

图 7.8

如图 7.8 所示的简支梁 AB,在纵向对称平面内作用有横向力 P_1、P_2 和 P_3,支反力 F_A 和 F_B 已由静力平衡条件求出,即全部外力均已知。现计算横截面 n-n 上的内力。

应用截面法沿 n-n 截面假想地将梁切开,分成左右两段,任取其中一段如左段梁为研究对象(图 7.8(b)),由于整根梁 AB 处于平衡,作为梁的一部分的左段梁也应处于平衡。现将左段梁上所有外力向 n-n 截面形心 C 简化,结果得一垂直于梁轴的主矢 F'_S 和一主矩 M',由此可见,为了维持左段梁的平衡,横截面 $n\text{-}n$ 上必然同时存在两个内力分量:一个是与主矢 $\boldsymbol{F}'_S$ 平衡的内力 $\boldsymbol{F}_S$;另一个是与主矩 $\boldsymbol{M}'$ 平衡的内力偶矩 $\boldsymbol{M}$,内力 $\boldsymbol{F}_S$ 位于横截面上,称为剪力。内力偶矩 $\boldsymbol{M}$ 位于梁的纵向对称平面内,称为弯矩。所以,梁在弯曲时,横截面上一般将同时存在两种内力即剪力 $\boldsymbol{F}_S$ 和弯矩 $\boldsymbol{M}$,剪力 $\boldsymbol{F}_S$ 和弯矩 $\boldsymbol{M}$ 的大小、方向或转向,可根据所选取的研究对象的平衡方程来确定。

由左段梁的平衡方程

$$\sum F_y = 0, F_A - P_1 - F_S = 0 \quad 得$$

$$F_S = F_A - P_1 \tag{7.1}$$

由

$$\sum M_C(\boldsymbol{F}) = 0, M + P_1(x - a) - F_A x = 0 \quad 得$$

$$M = F_A x - P_1(x - a) \tag{7.2}$$

由以上两个式子可以看到,横截面上的剪力 $\boldsymbol{F}_S$ 在数值上等于此截面左侧(或右侧)梁上外力的代数和。横截面上的弯矩 $\boldsymbol{M}$ 在数值上等于此截面左侧(或右侧)梁上外力对该截面形心力矩的代数和。

若取右段梁为研究对象(图7.8(c)),用同样的方法也可求得截面 $n\text{-}n$ 上的剪力 $\boldsymbol{F}_S$ 和弯矩 $\boldsymbol{M}$,二者大小相等,但方向相反,因为它们是作用力与反作用力的关系。

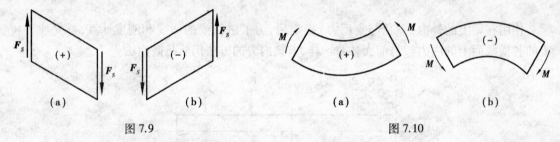

图 7.9　　　　　　　　　　　　图 7.10

为了使上述两种解法所得同一横截面的内力具有相同的正负号,对剪力和弯矩的正负作如下规定:使微段左侧截面向上,右侧截面向下,相对错动的剪力为正,反之为负,如图7.9所示。使微段弯曲变形凹面向上的弯矩为正,反之为负,如图7.10所示。在列平衡方程计算横截面上的内力时,将剪力和弯矩全部假设为正的。

根据剪力和弯矩的正负规定,可以直接写出如式(7.1)、式(7.2)剪力和弯矩的表达式,且截面左段梁向上的横向外力或右段梁向下的外力在该截面上产生正的剪力,反之产生负的剪力。截面左段梁上外力(或外力偶)对截面形心之矩为顺时针转向或右段梁上外力(或外力偶)对截面形心之矩为逆时针转向时,在横截面上产生正的弯矩;反之产生负的弯矩。以上所述可归纳为口诀"左上右下产生正的剪力;左顺右逆产生正的弯矩"。

例 7.1　如图7.11(a)所示外伸梁 AD,载荷均为已知,求指定截面上的剪力 $\boldsymbol{F}_S$ 和弯矩 $\boldsymbol{M}$。

解　① 求支座反力　以整梁为研究对象,由静力学平衡方程可得

$$F_A = \frac{3}{4}qa, F_B = \frac{5}{4}qa$$

② 计算指定截面上的内力,由图可知,该梁为外伸梁,其上外载荷有集中载荷 $\boldsymbol{P}$、集中力偶 $\boldsymbol{M}$、分布载荷集度 q,因此需要分段进行研究。

1-1 截面:取左侧梁段为研究对象,如图7.11(b)所示

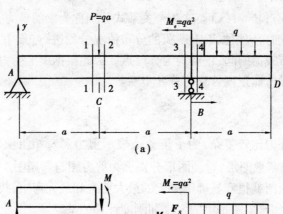

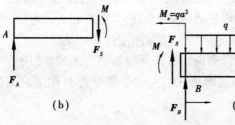

图 7.11

$$F_{S1} = F_A = \frac{3}{4}qa \quad M_1 = F_A \cdot a = \frac{3}{4}qa^2$$

2-2 截面:取左侧梁段为研究对象

$$F_{S2} = F_A - P = \frac{3}{4}qa - qa = -\frac{1}{4}qa, M_2 = F_A \cdot a = \frac{3}{4}qa^2$$

3-3 截面:取左侧梁段为研究对象

$$F_{S3} = F_A - P = \frac{3}{4}qa - qa = -\frac{1}{4}qa, M_3 = F_A \times 2a - pa = \frac{1}{2}qa^2$$

取右侧梁段为研究对象,如图 7.11(c)所示

$$F_{S3} = qa - F_B = qa - \frac{5}{4}qa = -\frac{1}{4}qa$$

$$M_3 = -(qa)\frac{a}{2} + M = -\frac{1}{2}qa^2 + qa^2 = \frac{1}{2}qa^2$$

4-4 截面:取右侧梁段为研究对象

$$F_{S4} = qa, M_4 = -(qa)\frac{a}{2} = -\frac{1}{2}qa^2$$

7.4　剪力、弯矩方程与剪力、弯矩图

7.4.1　剪力、弯矩方程

　　从上节讨论可以看出,在梁的不同截面上,剪力和弯矩一般均不相同,即剪力和弯矩沿梁轴是变化的。若以横坐标 x 表示横截面的位置,则梁内各横截面上的剪力和弯矩都可以表示

为 x 的函数即 $F_S = F_S(x)$，$M = M(x)$。这两个关系式分别称为梁的剪力方程和弯矩方程。在建立剪力方程和弯矩方程时，应根据梁上载荷的分布情况分段进行，集中力（包括支座反力）、集中力偶的作用点和分布载荷的起、止点均为分段点。因此根据梁上受力情况，正确列出剪力方程和弯矩方程是解决梁弯曲强度计算的首要步骤。

7.4.2 剪力、弯矩图

由于梁上受到的外力比较复杂，为了形象地表示剪力和弯矩沿梁轴的变化情况，按 $F_S = F_S(x)$ 和 $M = M(x)$ 绘出函数图形，这种图形分别称为剪力图与弯矩图。

利用剪力图和弯矩图就很容易确定梁上的最大剪力和最大弯矩，找出梁危险截面的位置。所以，正确绘制剪力图和弯矩图是梁的强度和刚度计算的基础。

下面举例说明建立剪力方程和弯矩方程及绘制剪力图和弯矩图的方法。

例 7.2 如图 7.12(a)所示悬臂梁 AB，左端受集中力 P 作用。试建立梁的剪力方程和弯矩方程，并绘制剪力图和弯矩图。

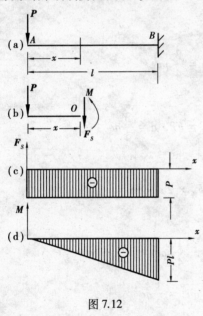

图 7.12

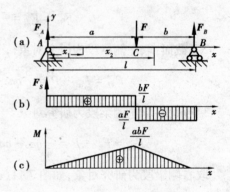

图 7.13

解 ①建立剪力方程和弯矩方程

取 A 点为坐标原点，在距原点 x 处假想地将梁截开，取左段梁为研究对象（图 7.12(b)），可得梁的剪力方程和弯矩方程分别为

$$F_S(x) = -P, \quad (0 < x < l) \tag{a}$$

$$M(x) = -Px, \quad (0 \leqslant x < l) \tag{b}$$

②绘制剪力图和弯矩图

式(a)表示，各横截面的剪力均等于 $-P$，所以剪力图为一水平直线，如图 7.12(c)所示。

式(b)表明，弯矩 M 是 x 的一次函数，故弯矩图为一倾斜直线。根据 $x = 0$ 时，$M = 0$；$x = l$ 时，$M = -Pl$ 即可绘出如图 7.12(d)所示的弯矩图。由图可见，最大弯矩发生在 B^- 截面（与 B 截面无限靠近的左侧截面），其值为 $|M|_{max} = Pl$。

例 7.3 图 7.13(a)所示简支梁 AB，在截面 C 处受集中力 F 作用，试建立梁的剪力方程和弯矩方程,并绘制剪力图和弯矩图。

解 ①求支座反力

由静力学平衡方程可得 $F_A = \dfrac{bF}{l}$,$F_B = \dfrac{aF}{l}$

②建立剪力方程和弯矩方程

由于在 C 截面处作用有集中力 F,故应将梁分为 AC 和 CB 两段,分段建立剪力方程和弯矩方程,并分段绘制剪力和弯矩图。

对 AC 段,以 x_1 表示横截面的位置,可得其剪力方程和弯矩方程分别为

$$F_S(x_1) = F_A = \frac{bF}{l}, \ (0 < x_1 < a) \tag{a}$$

$$M(x_1) = F_A x_1 = \frac{bF}{l} x_1, (0 \leq x \leq a) \tag{b}$$

对 CB 段,以 x_2 表示横截面的位置,可得其剪力方程和弯矩方程分别为

$$F_S(x_2) = -F_B = -\frac{aF}{l}, (a < x_2 < l) \tag{c}$$

$$M(x_2) = F_B(l - x_2) = \frac{aF}{l}(l - x_2), (a \leq x_2 \leq l) \tag{d}$$

③绘制剪力图与弯矩图

根据式(a)、式(c)作剪力图如图 7.13(b)所示;根据式(b)、式(d)作弯矩图如图 7.13(c)所示。

由剪力图与弯矩图可知,当 $a > b$ 时,CB 段内任意截面的剪力的绝对值最大,$|F_S|_{max} = \dfrac{aF}{l}$;当 $a < b$ 时,AC 段内任意截面的剪力的绝对值为最大,$F_{Smax} = \dfrac{aF}{l}$。最大弯矩值发生在集中力 F 作用的 C 截面上,其值为 $M_{max} = \dfrac{abF}{l}$。

从剪力图与弯矩图中可以看出,在集中力 F 作用处,剪力发生突变,而左右截面上的弯矩相同,弯矩图有折角。

例 7.4 图 7.14(a)所示简支梁 AB,在 C 截面处受集中力偶 M_e 作用。试建立梁的剪力方程和弯矩方程,并绘制剪力图和弯矩图。

解 ①求支座反力

由静力学平衡方程可求得 $\qquad\qquad F_A = F_B = \dfrac{M_e}{l}$

②建立剪力方程和弯矩方程

以集中力偶的作用面为界,将梁分为 AC 和 CB 两段,分段建立剪力方程和弯矩方程,并分段绘制剪力图和弯矩图。

对 AC 段,以 x_1 表示横截面的位置,可得其剪力方程和弯矩方程分别为

$$F_S(x_1) = F_A = \frac{M_e}{l}, (0 < x_1 \leq a) \tag{a}$$

$$M(x_1) = F_A x_1 = \frac{M_e}{l} x_1, (0 \leq x_1 < a) \tag{b}$$

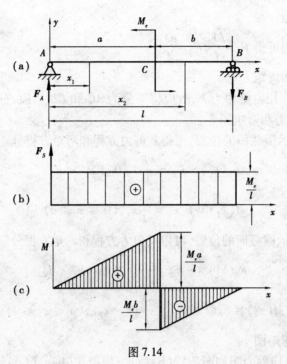

图 7.14

对 CB 段,以 x_2 表示横截面的位置,可得其剪力方程和弯矩方程分别为

$$F_S(x_2) = F_B = \frac{M_e}{l}, (a \leqslant x_2 < l) \tag{c}$$

$$M(x_2) = -F_B(l - x_2) = \frac{M_e}{l}(x_2 - l) = \frac{M_e}{l}x_2 - M_e, (a \leqslant x_2 \leqslant l) \tag{d}$$

③绘制剪力图和弯矩图

根据式(a)、式(c)作剪力图如图 7.14(b)所示;根据式(b)、式(d)作弯矩图如图 7.14(c)所示。

由剪力图与弯矩图可知,各横截面的剪力均相等;

当 $a>b$ 时,C^- 截面的弯矩值最大,$M_{max} = \dfrac{M_e a}{l}$;

当 $a<b$ 时,C^+ 截面(与 C 截面无限靠近的右侧截面)的弯矩值最大,$|M|_{max} = \dfrac{M_e b}{l}$。

从剪力图与弯矩图中可以看出,在集中力偶作用处,其左右截面上的剪力相同,而弯矩则发生突变。

例 7.5　图 7.15(a)所示简支梁 AB,受向下均布载荷 q 作用。试建立梁的剪力方程和弯矩方程,并绘制剪力图和弯矩图。

解　①求支座反力

均布载荷的合力大小为 ql,作用在梁跨度的中点,根据静力学平衡方程可得

$$F_A = F_B = \frac{ql}{2}$$

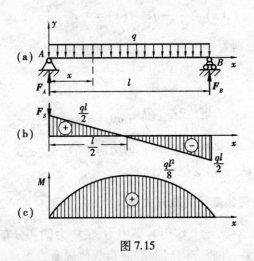

图 7.15

②建立剪力方程和弯矩方程

取如图 7.15(a)所示坐标系,假想在距 A 端 x 处将梁截开,取左段梁为研究对象,可得剪力方程和弯矩方程分别为

$$F_S(x) = F_A - qx = \frac{ql}{2} - qx, (0 < x < l) \tag{a}$$

$$M(x) = F_A x - qx \cdot \frac{x}{2} = \frac{ql}{2}x - \frac{q}{2}x^2, (0 \leqslant x \leqslant l) \tag{b}$$

③绘制剪力图和弯矩图

式(a)表示剪力图为一条斜直线,根据 $x = 0$ 时,$F_S = \frac{ql}{2}$;$x = l$ 时,$F_S = -\frac{ql}{2}$ 即可绘出剪力图如图 7.15(b)所示。

式(b)表示弯矩图为一条开口向下的抛物线。为了求得抛物线极值点的位置,令 $\dfrac{\mathrm{d}M(x)}{\mathrm{d}x} = $ $\dfrac{ql}{2} - qx = 0$,得 $x = \dfrac{l}{2}$,即在 $x = \dfrac{l}{2}$ 的截面弯矩取极值,而且 $x = \dfrac{l}{2}$ 的截面上剪力为零。由三点 $x = 0$、$x = \dfrac{l}{2}$、$x = l$ 的弯矩值 $M(0) = 0$、$M\left(\dfrac{l}{2}\right) = \dfrac{ql^2}{8}$ 和 $M(l) = 0$ 便可绘出弯矩图,如图 7.15(c)所示。由图可以看出,抛物线的开口方向与均布载荷方向相同。

由剪力图与弯矩图可知,最大剪力值发生在两端支座的内侧截面,其值为 $|F_S|_{\max} = \dfrac{ql}{2}$;最大弯矩发生在梁的跨度中点截面上,其值为 $M_{\max} = \dfrac{ql^2}{8}$。

7.5　剪力、弯矩与载荷集度间的微分关系

在例 7.5 中,梁的剪力方程和弯矩方程分别为

$$F_S(x) = \frac{ql}{2} - qx, M(x) = \frac{ql}{2}x - \frac{q}{2}x^2$$

二者对 x 的一阶导数分别为

$$\frac{\mathrm{d}F_S(x)}{\mathrm{d}x} = -q \qquad\qquad （负值表示分布载荷向下）$$

$$\frac{\mathrm{d}M(x)}{\mathrm{d}x} = \frac{ql}{2} - qx = F_S(x)$$

由此可见,弯矩对 x 的一阶导数等于剪力,剪力对 x 的一阶导数等于载荷集度。事实上这种关系是普遍存在的,下面从一般情况加以证明。

7.5.1 剪力、弯矩与载荷集度间的微分关系

图 7.16(a)所示为一简支梁,梁上作用有集中力、集中力偶和分布载荷 $q = q(x)$。以梁的左端为坐标原点,选取坐标系,并将方向向上的分布载荷规定为正。现用距左端为 x 和 $x + \mathrm{d}x$ 的两个横截面从梁中截取一微段来研究(图 7.16(b))。

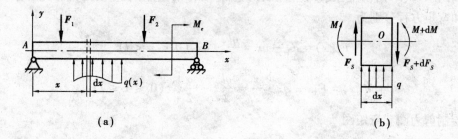

图 7.16

如图 7.16(b)所示,微段左侧截面上的剪力和弯矩分别为 F_S 和 M;右侧截面上的剪力和弯矩分别为 $F_S + \mathrm{d}F_S$ 和 $M + \mathrm{d}M$。此外,在该微段上还作用有分布载荷,且可看成是均匀分布载荷。在这些力的作用下,微段处于平衡状态,由平衡方程

$$\sum y = 0, F_S + q\mathrm{d}x - (F_S + \mathrm{d}F_S) = 0$$

得

$$\frac{\mathrm{d}F_S}{\mathrm{d}x} = q \qquad\qquad (7.3)$$

上式说明,剪力 F_S 对 x 的一阶导数等于该截面处的载荷集度 q。其几何意义是:剪力图上任一点的切线斜率,等于梁上相应点处的载荷集度 q。

再由

$$\sum M_O(\boldsymbol{F}) = 0$$

得

$$-M - F_S\mathrm{d}x - q\mathrm{d}x\frac{\mathrm{d}x}{2} + (M + \mathrm{d}M) = 0$$

略去式中二阶微量 $q\dfrac{(\mathrm{d}x)^2}{2}$,可得

$$\frac{\mathrm{d}M}{\mathrm{d}x} = F_S \qquad\qquad (7.4)$$

上式说明,弯矩 M 对 x 的一阶导数等于该截面处的剪力 F_S。其几何意义是:弯矩图上任

一点的切线斜率,等于梁在相应处的剪力 F_S。

如将式(7.4)再对 x 求导数,并利用式(7.3),可得

$$\frac{\mathrm{d}^2 M}{\mathrm{d}x^2} = \frac{\mathrm{d}F_S}{\mathrm{d}x} = q \tag{7.5}$$

上式说明,弯矩 M 对 x 的二阶导数等于该截面处的载荷集度 q。

以上三式表示了梁上任一横截面上弯矩、剪力与分布载荷集度 q 之间的微分关系。在理解这些微分关系时,应当注意,x 轴的方向取向右为正,q 向上为正。

还需注意的是,上述微分关系不适用于有集中力或集中力偶的截面。

利用上述微分关系,可以直接绘制剪力、剪力图;也可以检查已绘制好的剪力、剪力图。

7.5.2　利用剪力、弯矩与载荷集度间的微分关系绘制剪力、弯矩图

在绘制剪力、弯矩图时,首先应将梁分成若干段,集中力(包括支座反力)、集中力偶的作用点和分布载荷的起、止点均为分段点。分成的梁段有两种情况,一种是无分布载荷的梁段;另一种是有分布载荷的梁段。由剪力、弯矩与载荷集度间的微分关系可以看出,这些梁段的剪力、弯矩图有以下特点:

① 在无分布载荷的梁段上:$q(x)=0$,根据式(7.3)有 $\frac{\mathrm{d}F_S}{\mathrm{d}x}=0$,则 $F_S=$ 常数,即剪力图为一条水平直线。因 $F_S=$ 常数,根据式(7.4)有 $\frac{\mathrm{d}M}{\mathrm{d}x}=F_S$,则 $M=F_S x+c$(c 为积分常数),可见弯矩图为一倾斜直线。如例 7.2、例 7.3、例 7.4 中各段梁的剪力图均为水平直线;弯矩图均为倾斜直线。

② 在有均布载荷的梁段上:$q(x)=k$(常数),根据式(7.3)有 $\frac{\mathrm{d}F_S}{\mathrm{d}x}=k$,则 $F_S=kx+c_1$,可见,剪力图为一倾斜直线。因 $F_S=kx+c_1$,根据式(7.4)有 $\frac{\mathrm{d}M}{\mathrm{d}x}=kx+c_1$,则 $M=\frac{1}{2}kx^2+c_1 x+c_2$,由此可见,弯矩图为一抛物线。抛物线的开口方向与分布载荷的方向相同,且当 $\frac{\mathrm{d}M}{\mathrm{d}x}=F_S=0$ 时,即在剪力为零的截面处,弯矩取极值。如例 7.5 中梁的剪力图为一倾斜直线,弯矩图为开口向下的抛物线。

例 7.6　一外伸梁受均布载荷和集中力偶作用,如图 7.17(a)所示。试绘制此梁的剪力图和弯矩图。

解　① 求支座反力

利用静力学平衡方程可求得

$$F_B = 15\ \text{kN}, F_A = 35\ \text{kN}$$

② 绘制剪力图

根据梁的受力情况,将梁分为 CA、AD、DB 三段。CA 段上作用有均布载荷,故剪力图为一倾斜直线,AD、DB 段没有均布载荷作用,AB 间也没有集中力作用,故剪力图为一条水平直线。为画出各段的剪力图,需求出以下截面的剪力值

$$F_{SC} = 0$$

$$F_{SA^-} = -q \times 1\ \text{m} = -20 \times 1\ \text{kN} = -20\ \text{kN}$$

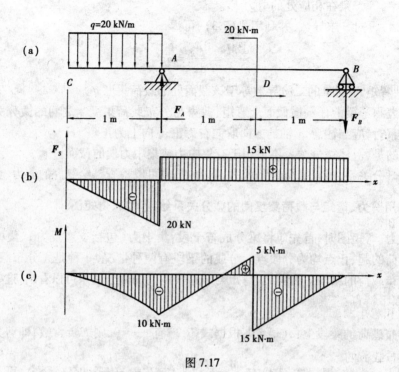

图 7.17

$$F_{SA^+} = -q \times 1\ \text{m} + F_A = (-20 \times 1 + 35)\ \text{kN} = 15\ \text{kN}$$

根据上述数据便可绘出梁的剪力图如图 7.17(b)所示。由图可见,在截面 A 处有支座反力作用。所以截面 A 的左右侧面剪力有突变,突变量的大小等于该处支座反力的大小。整个梁上 A^- 截面上剪力的绝对值最大,其值为 $|F_S|_{\max} = 20\ \text{kN}$。

③绘制弯矩图

仍将全梁分为 CA、AD、DB 三段。CA 段上作用有向下的均布载荷,弯矩图为开口向下的抛物线;AD、DB 上无分布载荷,其弯矩图均为倾斜的直线。为画出各段的弯矩图,需求以下各横截面上的弯矩

$$M_C = M_B = 0$$

$$M_A = -q \times 1\ \text{m} \times \frac{1}{2}\ \text{m} = -20 \times 1 \times \frac{1}{2}\ \text{kN} \cdot \text{m} = -10\ \text{kN} \cdot \text{m}$$

$$M_{D^-} = \left[-q \times 1 \times \left(\frac{1}{2} + 1\right) + F_A \times 1\right]\ \text{m}$$

$$= \left(-20 \times 1 \times \frac{3}{2} + 35 \times 1\right)\ \text{kN} \cdot \text{m} = 5\ \text{kN} \cdot \text{m}$$

$$M_{D^+} = -F_B \times 1\ \text{m} = -15 \times 1\ \text{kN} \cdot \text{m} = -15\ \text{kN} \cdot \text{m}$$

根据以上数据便可画出梁的弯矩图如图 7.17(c)所示。由弯矩图可以看出,在 D 截面处作用有集中力偶,其左右侧面的弯矩有突变,突变量的大小就等于集中力偶矩的大小。在 A 截面处弯矩图有折角。整个梁上最大弯矩发生在 D^+ 截面,其值为 $|M|_{\max} = 15\ \text{kN} \cdot \text{m}$。

小　结

①梁在弯曲时横截面上的内力有两个分量即剪力 F_S 和弯矩 M。确定它们的基本方法是截面法。对剪力和弯矩的正负作如下规定：使微段左侧截面向上、右侧截面向下相对错动的剪力为正；反之为负，如图 7.9 所示。使微段弯曲变形凹面向上的弯矩为正；反之为负，如图7.10所示。在列平衡方程计算横截面上的内力时，将剪力和弯矩全部假设为正的。

利用"左上右下产生正的剪力；左顺右逆产生正的弯矩"的口诀，可以直接写出横截面上剪力和弯矩的表达式，实质上就是平衡方程。

②剪力图和弯矩图是分析梁强度和刚度的基础，必须熟练掌握。绘制剪力图和弯矩图的方法有两种：一种是根据剪力方程和弯矩方程绘制，另一种是利用 M、F_S、q 间的微分关系直接绘制。不管是哪种方法，首先都要计算支反力；然后根据梁的受力情况进行分段，集中力（包括支座反力）、集中力偶的作用点和分布载荷的起、止点均为分段点。

③剪力图和弯矩图的特点可归纳如下：

a.对无分布载荷的梁段，其剪力图为一水平直线；弯矩图为一倾斜的直线。

b.对有均布载荷的梁段，其剪力图为一倾斜直线；弯矩图为一抛物线，抛物线的开口方向与均布载荷方向相同，在剪力为零的截面处，弯矩取极值。

c.在集中力作用的截面处，左右侧面剪力发生突变，突变量的大小等于集中力的大小；而左右侧面上的弯矩相同，弯矩图有折角。

d.在集中力偶作用的截面处，其左右侧面上的剪力相同，而弯矩则发生突变，突变量的大小等于集中力偶矩的大小。

思　考　题

7.1　什么是平面弯曲？

7.2　具有对称截面的直梁发生平面弯曲的条件是什么？

7.3　试画出常见的三种静定梁的支反力。

7.4　在求某截面的剪力与弯矩时，保留左段与保留右段计算的结果是否相同？

7.5　为什么要绘制梁的剪力图与弯矩图？

7.6　怎样利用微分关系绘制 M、F_S 图或检查其正确性？

7.7　如何理解在集中力作用处，剪力图有突变；在集中力偶作用处，弯矩图有突变。

习 题

7.1 试求图示各梁指定截面上的剪力和弯矩,q、a 均为已知。

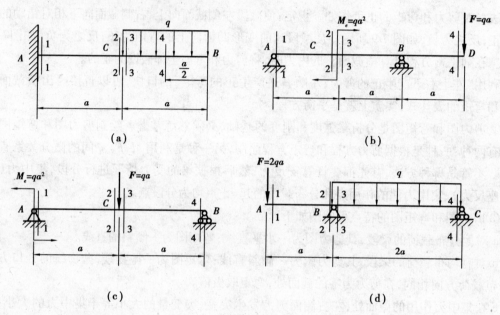

(a)　　　　　　　　　　　　(b)

(c)　　　　　　　　　　　　(d)

习题 7.1 图

7.2 试建立图示各梁的剪力方程和弯矩方程,绘制剪力图和弯矩图,并求出 $|F_S|_{max}$ 和 $|M|_{max}$。q、l、F、M_e、a 均为已知。

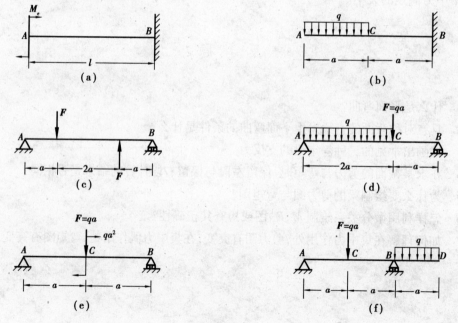

(a)　　　　　　　　　　　　(b)

(c)　　　　　　　　　　　　(d)

(e)　　　　　　　　　　　　(f)

习题 7.2 图

7.3　利用弯矩、剪力与分布载荷集度 q 之间的微分关系和规律,作出图示各梁的剪力图和弯矩图,并求 $|F_S|_{\max}$ 和 $|M|_{\max}$。 q、l、P、M、a 均为已知。

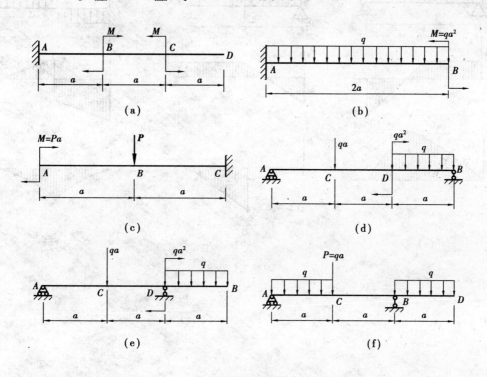

习题 7.3 图

7.4　作出图示各梁的弯矩图,比较它们的 $|M|_{\max}$,回答从中得到什么启示?

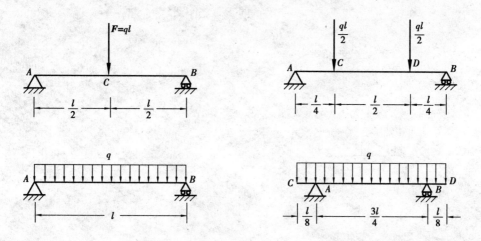

习题 7.4 图

7.5　利用梁上弯矩、剪力与分布载荷集度 q 之间的微分关系,校核剪力图和弯矩图的正确性,并改正剪力图和弯矩图的错误。

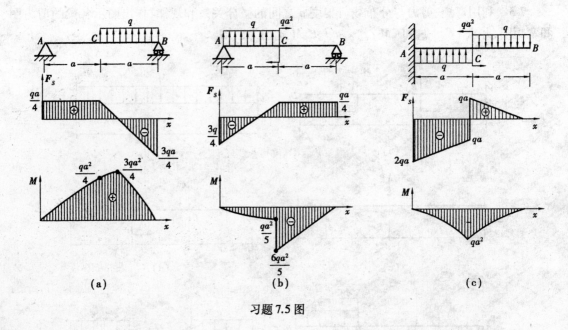

(a)　　　　　　　　(b)　　　　　　　　(c)

习题 7.5 图

第**8**章
梁的平面弯曲应力、变形与强度、刚度计算

梁在弯曲时,横截面一般既有剪力又有弯矩。从前面介绍可知,只有剪应力才能构成剪力;只有正应力才能构成弯矩。因此,梁在弯曲时,横截面上将同时存在剪应力和正应力,分别称为弯曲剪应力和弯曲正应力。本章主要研究平面弯曲时梁的应力、变形及强度、刚度计算。

8.1 平面弯曲正应力

8.1.1 纯弯曲试验与基本假设

取一根如图 8.1(a)所示等截面矩形梁 *AB*,在其表面画上若干横线和纵线(图 8.2(a)),然后在其纵向对称面内施加如图 8.1(a)所示的两个横向外力 **P**。由剪力图和弯矩图可见,在 *AC* 和 *DB* 段内,各截面上既有剪力又有弯矩,这种弯曲称为横力弯曲;在中间 *CD* 段内,各截面上没有剪力只有弯矩,这种弯曲称为纯弯曲。

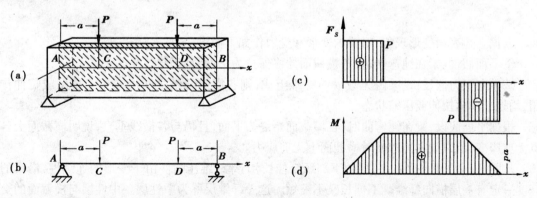

图 8.1

观察纯弯曲梁 *CD* 段的变形(图 8.2(b)),可以看到:
①各纵线仍然为直线,只是纵线间作微小的相对转动,但保持与横线垂直。
②各横线成为弧线,其间距不变。靠凸边的横线伸长,而靠凹边的横线缩短。

③梁的高度不变。在横线伸长区,梁的宽度有所减小;在横线缩短区,梁的宽度有所增大。

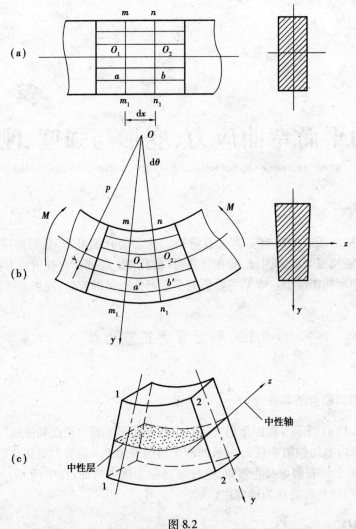

图 8.2

根据上述表面变形现象,对梁内变形和受力作如下假设:

①平面假设:梁在纯弯曲时,各横截面始终保持为平面,且仍与各横线垂直。

②单向受力假设:设梁由无数横向纤维组成,则各横向纤维之间没有相互挤压或拉伸作用,均处于单向拉伸或压缩状态。

根据平面假设,梁在纯弯曲时,各横截面始终为平面,且仍与各横线垂直,说明横截面上各点无剪应变,所以梁在纯弯曲时横截面上无剪应力。

从图 8.2(b)还可以看出,梁的下部纤维伸长,上部纤维压缩。由于变形的连续性,沿梁的高度一定有一层横向纤维既不伸长又不缩短。这一纤维层称为中性层。中性层与横截面的交线称为中性轴。显然,平面弯曲时,中性轴必然垂直于横截面对称轴,如图 8.2(c)所示。

综上所述,梁在纯弯曲时,各横截面仍保持平面,只是绕中性轴作相对转动,而各横向纤维处于单向受力状态。横截面上各点没有剪应力只有平面弯曲正应力。

8.1.2　弯曲正应力一般公式

现研究梁在纯弯曲时横截面上的正应力。按照力学研究问题的方法,综合几何、物理、和静力学三个方面来考虑。

(1) 几何变形关系

用横截面 m-m_1 和 n-n_1 从梁中截取长为 $\mathrm{d}x$ 的微段,如图 8.2(a)所示。梁弯曲后,距中心层 y 处的任一横线 ab 变为弧线 $a'b'$,如图 8.2(b)所示。设中性层的曲率半径为 ρ,截面 m-m_1 和 n-n_1 的相对转角为 $\mathrm{d}\theta$,则横线 ab 的线应变为

$$\varepsilon = \frac{a'b' - ab}{ab} = \frac{(\rho + y)\cdot \mathrm{d}\theta - O_1O_2}{O_1O_2}$$

$$= \frac{(\rho + y)\mathrm{d}\theta - \rho\mathrm{d}\theta}{\rho\mathrm{d}\theta} = \frac{y}{\rho} \tag{8.1a}$$

式(8.1a)中的 ε 代表纵坐标为 y 的任一纤维的线应变,也即横截面上距离中性轴为 y 的各点的线应变。可见,横截面上各点的线应变与点到中性轴的距离成正比。中性轴上各点的线应变为零。

(2) 物理关系

根据单向受力假设,各横向纤维只受到单向拉伸或压缩,当正应力不超过材料的比例极限 σ_P 时,由胡克定律得

$$\sigma = E\varepsilon = \frac{Ey}{\rho} \tag{8.1b}$$

式(8.1b)表明,纯弯曲梁横截面上任一点的正应力与该点到中性轴的距离成正比,距中性轴同一高度上各点的正应力相等。显然,中性轴上各点处的正应力均为零,如图 8.3 所示。

(3) 静力学关系

虽然建立了式(8.1b),但中性轴的位置和中性层的曲率半径 ρ 均为未知,所以还必须靠静力学关系解决这两个问题。

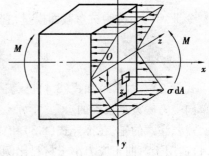

图 8.3

如图 8.3 所示,梁在纯弯曲时,横截面上各点处的法向微内力 $\sigma\mathrm{d}A$ 组成一空间平行力系,由于横截面上没有轴力,只有弯矩 M,所以有

$$\int_A \sigma\mathrm{d}A = F_N = 0 \tag{8.1c}$$

$$\int_A y(\sigma\mathrm{d}A) = M \tag{8.1d}$$

将式(8.1b)代入式(8.1c)得 $\dfrac{E}{\rho}\displaystyle\int_A y\mathrm{d}A = 0$

因为 $\dfrac{E}{\rho} \neq 0$,所以横截面对中性轴的静矩 $S_z = \displaystyle\int_A y\mathrm{d}A = y_C\cdot A = 0$,即说明中性轴 z 必通过横截面上的形心。再将式(8.1b)代入式(8.1d),并令 $I_z = \displaystyle\int_A y^2\mathrm{d}A$ 得

$$\frac{E}{\rho}\int_A y^2 \mathrm{d}A = \frac{EI_z}{\rho} = M$$

由此得

$$\frac{1}{\rho} = \frac{M}{EI_z} \tag{8.2}$$

式中，I_z 称为横截面对 z 轴的惯性矩或截面二次矩，它是仅与截面形状和尺寸有关的几何量，单位为 mm^4 或 m^4。式(8.2)是研究梁弯曲变形的一个基本公式。它说明梁弯曲时梁轴线的曲率 $1/\rho$ 与弯矩 M 成正比，与 EI_z 成反比，乘积 EI_z 称为梁截面的抗弯刚度。

中性轴的位置和中性层的曲率半径确定后，弯曲正应力也随之确定。将式(8.2)代入式(8.1b)得

$$\sigma = \frac{My}{I_z} \tag{8.3}$$

式(8.3)即为纯弯曲梁的正应力计算公式。实际使用时，M、y 都取绝对值，由梁的变形直接判断 σ 的正负。拉应力为正，压应力为负。

由式(8.3)可以看出，在离中性轴最远的梁的上下边缘处正应力最大。其值为

$$\sigma_{\max} = \frac{My_{\max}}{I_z}$$

令 $W_z = \dfrac{I_z}{y_{\max}}$，称为抗弯截面模量，它是截面的几何性质之一。常用单位为 mm^3 或 m^3，则

$$\sigma_{\max} = \frac{M}{W_z} \tag{8.4}$$

式(8.2)、式(8.3)和式(8.4)已为试验所证实。这说明，在上述分析中所采用的平面假设和单向受力假设是正确的。

需要注意的是，在推导式(8.3)和式(8.4)的过程中，使用了胡克定律。所以，式(8.3)和式(8.4)适用于弯曲正应力小于材料比例极限、且材料拉压弹性模量相等的情况。

以上公式虽然是在纯弯曲的情况下推出的，但精确分析表明，对于细长的非薄壁截面梁，只要梁的跨度 l 与横截面高度 h 之比大于 5 时（即 $\frac{l}{h}>5$），应用上述公式计算横力弯曲时的正应力仍然是相当准确的。

8.2　惯性矩与平行移轴公式

上一节导出了梁的弯曲正应力公式。为了计算梁的弯曲正应力，必须先知道横截面对 z 轴的惯性矩 I_z。下面分别介绍简单截面和组合截面的惯性矩及惯性矩的平行移轴公式。

8.2.1　简单截面的惯性矩

常见简单截面有矩形截面和圆截面等，其惯性矩可直接根据定义 $I_z = \int_A y^2 \mathrm{d}A$ 求得。

(1) 矩形截面的惯性矩

如图 8.4 所示,设矩形截面的高度为 h,宽度为 b,C 为截面形心。取宽为 b、高为 $\mathrm{d}y$ 的狭长条为微面积,$\mathrm{d}A = b\mathrm{d}y$,则矩形截面的惯性矩和抗弯截面模量为

$$I_z = \int_A y^2 \mathrm{d}A = \int_{-h/2}^{h/2} y^2 \cdot b\mathrm{d}y = \frac{bh^3}{12} \tag{8.5a}$$

$$W_z = \frac{bh^2}{6} \tag{8.5b}$$

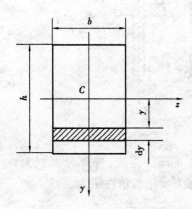

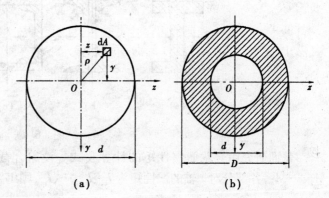

图 8.4　　　　　　　　　　　　　　　　　　图 8.5

(2) 圆形截面与圆环形截面的惯性矩

如图 8.5(a) 所示,设圆形截面的直径为 d,取微面积 $\mathrm{d}A$,从图中看出 $\rho^2 = y^2 + z^2$,则圆形截面对圆心 O 的极惯性矩为

$$I_p = \int_A \rho^2 \mathrm{d}A = \int_A y^2 \mathrm{d}A + \int_A z^2 \mathrm{d}A$$

$$= I_z + I_y = 2I_z = 2I_y = \frac{\pi d^4}{32}$$

截面对 z 轴或 y 轴的惯性矩为

$$I_z = I_y = \frac{\pi d^4}{64} \tag{8.6a}$$

抗弯截面模量为

$$W_z = \frac{\pi d^3}{32} \tag{8.6b}$$

同理,可求得圆环形截面对 z 轴或 y 轴的惯性矩为

$$I_z = I_y = \frac{\pi D^4}{64}(1 - \alpha^4) \tag{8.6c}$$

抗弯截面模量为

$$W_z = \frac{\pi D^3}{32}(1 - \alpha^4) \tag{8.6d}$$

式中,D 为圆环形的外径,α 为内外半径之比,$\alpha = d/D$。

有关型钢截面的惯性矩 I_z 和抗弯截面模量 W_z,可在有关工程手册中查到。本书的附录中

列出了部分型钢表,以备查用。

8.2.2 组合截面的惯性矩

工程中大多数梁的截面形状是比较复杂的。如工字形截面(图8.6(a))、由型钢与钢板焊接而成的组合截面(图8.6(b)、(c))、T形截面(图8.6(d))等。这些截面都是由一些简单截面或型钢等组合而成,称为组合截面。

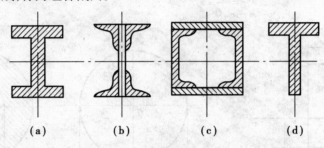

(a)　　　　(b)　　　　(c)　　　　(d)

图8.6

下面研究组合截面惯性矩的计算公式。设组合截面由 n 部分组成,各部分面积为 A_1、A_2、$\cdots$、A_n,各部分对 z 轴的惯性矩为 I_{z1}、I_{z2}、$\cdots$、I_{zn},则组合截面对 z 轴的惯性矩为

$$I_z = \int_A y^2 dA = \int_{A_1} y^2 dA + \int_{A_2} y^2 dA + \cdots + \int_{A_n} y^2 dA = \sum_{i=1}^{n} I_{zi} \tag{8.7}$$

即组合截面对任一轴的惯性矩,等于其组成部分对同一轴惯性矩之和。

8.2.3 平行移轴公式

如图8.7所示截面形心为 C,面积为 A。通过截面形心的轴称为形心轴。y、z 轴分别与形心轴 y_C、z_C 平行,相应两轴距离分别为 a 和 b。已知截面对形心轴 z_C 的惯性矩 I_{z_C},现在来计算截面对 z 轴的惯性矩。

由惯性矩定义知

$$I_z = \int_A y^2 dA$$

由图8.7可知, $y = y_C + a$,将它代入上式得

$$I_x = \int_A y^2 dA = \int_A (y_C + a)^2 dA = \int_A y_C^2 dA + 2a \int_A y_C dA + a^2 \int_A dA$$

上式等号右边的第一项表示截面图形对 z_C 轴的惯性矩,即

$$\int y_C^2 dA = I_{z_C}$$

第二项中的积分 $\int_A y_C dA$ 表示截面对 x_C 轴的静矩。因 x_C 轴通过截面形心 C,所以积分 $\int_A y_C dA = 0$。第三项中的积分为截面图形的面积 $\int_A dA = A$。于是上式可以表示为

$$I_x = I_{x_C} + Aa^2 \tag{8.8}$$

式(8.8)即为惯性矩的平行移轴公式,简称为移轴公式。即截面对任一轴的惯性矩,等于它对平行于该轴的形心轴的惯性矩,加上截面面积与两轴距离平方之乘积。

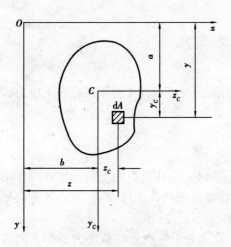

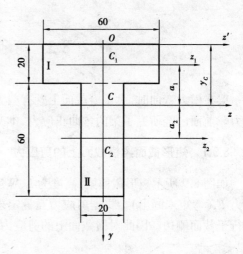

图 8.7 图 8.8

例 8.1 求图 8.8 所示 T 形截面对中性轴 z 的惯性矩。

解 ① 首先确定截面的形心

T 形截面可看成是由 I、II 两个矩形截面组合而成。由于 y 轴为组合截面的对称轴,故截面形心必在 y 轴上。

现取截面的顶边为参考轴 z',则两个矩形截面的面积和形心坐标分别为

$$A_1 = 20 \times 60 \text{ mm}^2 = 1\ 200 \text{ mm}^2$$

$$y_1 = 10 \text{ mm}, A_2 = 20 \times 60 \text{ mm}^2 = 1\ 200 \text{ mm}^2, y_2 = 50 \text{ mm}$$

则截面形心的 y 坐标为

$$y_C = \frac{A_1 y_1 + A_2 y_2}{A_1 + A_2} = \frac{20 \times 60 \times 10 + 20 \times 60 \times 50}{20 \times 60 + 60 \times 20} \text{ mm}$$

$$= 30 \text{ mm}$$

② 求各组成部分对中性轴 z 的惯性矩

$$I'_z = I_{z_1} + a_1^2 A_1$$

$$= \left[\frac{60 \times 20^3}{12} + (30 - 10)^2 \times 1\ 200 \right] \text{ mm}^4$$

$$= 52 \times 10^4 \text{ mm}^4$$

$$I''_z = I_{z_2} + a_2^2 A_2$$

$$= \left[\frac{20 \times 60^3}{12} + (50 - 30)^2 \times 1\ 200 \right] \text{ mm}^4 = 84 \times 10^4 \text{ mm}^4$$

③ 求 T 形截面对中性轴 z 的惯性矩

$$I_z = I'_z + I''_z = (52 \times 10^4 + 84 \times 10^4) \text{ mm}^4 = 136 \times 10^4 \text{ mm}^4$$

8.3　弯曲剪应力简介

梁在横力弯曲时,由于横截面上既有剪力又有弯矩,因此横截面上将同时存在正应力和剪应力。前面已经研究了梁的弯曲正应力,本节对梁的弯曲剪应力作简单介绍。

8.3.1　矩形截面梁横截面上的剪应力

如图 8.9 所示矩形截面梁,高度为 h、宽度为 b,且 $h>b$。在其横截面上沿 y 轴方向作用有剪力 F_S(弯矩未画出)。根据剪应力互等定理可知,在横截面的两侧边缘,剪应力的方向一定平行于截面侧边。因此对横截面上的剪应力分布可作如下假设:

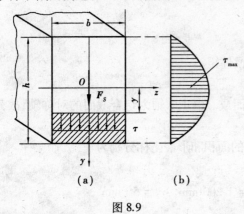

①横截面上各点处的剪应力 τ 的方向均平行于剪力 F_S。

②如果截面窄而高,剪应力 τ 沿截面宽度可以认为是均匀分布的,即距中性轴等距各点的剪应力相等(图 8.9)。

根据这两个假设可导出横截面上距中性轴为 y 处横线上各点的剪应力计算公式(推导从略)。

$$\tau = \frac{F_S S_z^*}{I_z b} \qquad (8.9)$$

(a)　　　　(b)

图 8.9

式中, F_S 为横截面上的剪力, b 为矩形截面宽度, I_z 为整个横截面对中性轴 z 的惯性矩, S_z^* 为横截面上距中性轴为 y 的横线一侧部分截面(图 8.9 中阴影部分)对中性轴 z 的静矩。

由图 8.9 可得

$$S_z^* = b\left(\frac{h}{2} - y\right) \times \left[y + \frac{\frac{h}{2} - y}{2}\right] = \frac{b}{2}\left(\frac{h^2}{4} - y\right), \quad I_z = \frac{bh^3}{12}$$

将上式及 $I_z = \dfrac{bh^3}{12}$ 代入式(8.9)得

$$\tau = \frac{F_S S_z^*}{I_z b} = \frac{F_S \cdot \dfrac{b}{2}\left(\dfrac{h^2}{4} - y^2\right)}{\dfrac{bh^3}{12} \cdot b} = \frac{6F_S}{bh^3}\left(\frac{h^2}{4} - y^2\right) \qquad (8.10)$$

上式表明,矩形截面梁的弯曲剪应力沿截面高度呈二次抛物线规律分布,如图 8.9 所示。在横截面的上、下边缘各点处,剪应力为零;最大剪应力发生在中性轴上各点处,其值为

$$\tau_{max} = \frac{3}{2}\frac{F_S}{bh} = \frac{3}{2}\frac{F_S}{A} \qquad (8.11)$$

由此可见,矩形截面梁横截面上的最大剪应力值为平均剪应力 $\dfrac{F_S}{A}$ 的 1.5 倍。

8.3.2　其他常见典型截面梁的最大剪应力公式

工程中常见的其他截面梁,如矩形截面梁、圆形截面梁、圆环形截面梁,其最大剪应力也都发生在中性轴上各点处,如图 8.10 所示。

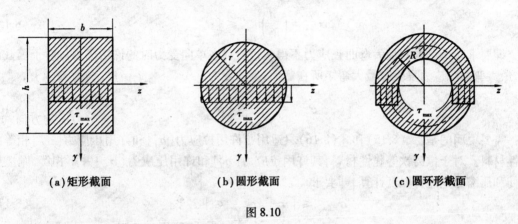

(a)矩形截面　　　　　　(b)圆形截面　　　　　　(c)圆环形截面

图 8.10

(1)工字形截面梁的最大剪应力公式

工字形截面由上下翼缘和中间腹板组成,如图 8.6(a)所示。计算结果表明,腹板上的最大剪应力与最小剪应力差值甚小,腹板上的剪应力可近似看成是均匀分布的。故腹板上的最大剪应力为

$$\tau_{\max} \approx \frac{F_S}{A} \tag{8.12}$$

翼缘上的剪应力分布情况比较复杂。计算表明,腹板所承担的剪力超过了 95%,翼缘上的剪应力远小于腹板上的剪应力,故翼缘上的剪应力一般不予考虑。

(2)圆形截面梁的最大剪应力公式

圆形截面梁的最大剪应力公式为

$$\tau_{\max} = \frac{4}{3}\frac{F_S}{A} \tag{8.13}$$

(3)圆环形截面梁的最大剪应力公式

圆环形截面梁的最大剪应力公式为

$$\tau_{\max} = 2\frac{F_S}{A} \tag{8.14}$$

式(8.13)、式(8.14)中 $\dfrac{F_S}{A}$ 为梁横截面上的平均剪应力。

8.4　梁的强度条件

前面分析表明,一般情况下,梁的横截面上同时存在弯曲正应力和弯曲剪应力。最大弯曲

正应力发生在横截面上离中性轴最远的各点处;最大剪应力通常发生在中性轴上各点处。因此,针对上述情况应该分别建立相应的强度条件。

8.4.1 弯曲正应力强度条件

如上所述,最大弯曲正应力发生在横截面上离中性轴最远的各点处,而这些点处的剪应力或为零或很小,这些点处于单向拉伸或压缩状态,所以梁的弯曲正应力条件为

$$\sigma_{max} = \left(\frac{M}{W_z}\right)_{max} \leqslant [\sigma] \tag{8.15}$$

即要求整个梁内的最大弯曲正应力不得超过材料在单向受力时的许用应力。对于等截面梁,最大弯曲正应力发生在最大弯矩所在截面,上式变为

$$\sigma_{max} = \frac{M_{max}}{W_z} \leqslant [\sigma] \tag{8.16}$$

需要说明的是,式(8.15)和式(8.16)只适用于许用拉应力$[\sigma_t]$和许用压应力$[\sigma_C]$相等的塑性材料。对于像铸铁等脆性材料,其许用拉应力$[\sigma_t]$和许用压应力$[\sigma_C]$并不相等,则应按拉伸和压缩分别进行强度计算,即要求

$$\sigma_{t,max} \leqslant [\sigma_t], \sigma_{C,max} \leqslant [\sigma_C] \tag{8.17}$$

8.4.2 弯曲剪应力强度条件

如上所述,最大剪应力通常发生在中性轴上各点处,而这些点处的弯曲正应力为零,处于纯剪切状态,所以梁的弯曲剪应力强度条件为

$$\tau_{max} \leqslant [\tau] \tag{8.18}$$

即要求整个梁内的最大弯曲剪应力不得超过材料在纯剪切时的许用剪应力。对于等截面梁,最大弯曲剪应力发生在最大剪力所在截面。

计算表明,对于细长的非薄壁截面梁,其弯曲正应力远大于弯曲剪应力,因此,对细长的非薄壁截面梁只需要进行弯曲正应力强度计算;而对于薄壁截面梁、短而粗的梁、集中载荷作用在支座附近的梁等,则必须同时考虑弯曲剪应力强度条件,通常是按弯曲正应力强度和弯曲剪应力强度条件进行校核。

需要指出的是,在某些薄壁梁的某些点处,如工字形截面梁的翼缘与腹板的交界处各点,既有较大的弯曲正应力,又有较大的弯曲剪应力,这些点实际上也很危险,这种在正应力和剪应力联合作用下的强度问题将在第9章中讨论。

例8.2 图8.11是由一根28a工字钢制成的悬臂梁。梁的长度$l=6$ m,在自由端作用有一集中力$\boldsymbol{P}$,材料的许用应力$[\sigma]=160$ MPa,考虑梁的自重对强度的影响,试按弯曲正应力强度条件计算梁的许可载荷$[P]$。

解 ①画梁的弯矩图

梁的自重可看作是作用在梁上的均布载荷q,由型钢表查得

$$q = 43.4 \text{ kg/m} = 425.32 \text{ N/m}$$

梁的弯矩图如图8.11所示,其危险截面在固定端处,其横截面上的弯矩为

$$|M|_{max} = Pl + \frac{ql^2}{2}$$

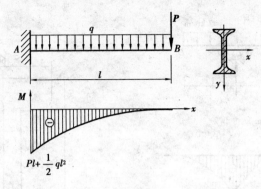

图 8.11

②弯曲正应力强度条件确定 $[P]$

由型钢表查得 $28a$ 工字钢的 $W_z = 508.15$ cm^3

由强度条件

$$\sigma_{\max} = \frac{M_{\max}}{W_z} \leqslant [\sigma]$$

得

$$M_{\max} = Pl + \frac{ql^2}{2} \leqslant W_z[\sigma]$$

$$P \leqslant \frac{1}{l}\left(W_z[\sigma] - \frac{ql^2}{2}\right)$$

$$= \frac{1}{6}\left(508.15 \times 10^{-6} \times 160 \times 10^6 - \frac{425.32 \times 6^2}{2}\right) \text{ N}$$

$$= 12\ 274 \text{ N} = 12.274 \text{ kN}$$

故梁的许可载荷　$[P] = 12.274$ kN

例 8.3　T 形截面铸铁梁的载荷和截面尺寸如图 8.12(a)和图 8.12(d)所示。铸铁梁的许用拉应力 $[\sigma_t] = 30$ MPa,许用压应力 $[\sigma_C] = 160$ MPa。试校核梁的强度。

解　①求支座反力

由静力平衡方程可求得　　　　　$F_A = 0.75$ kN, $F_B = 3.75$ kN

②画弯矩图

画弯矩图如图 8.12(b)所示。

最大正弯矩发生在截面 C 上,其值为 $M_C = 0.75$ kN·m;

最大负弯矩发生在截面 B 上,其值为 $M_B = -1$ kN·m。

由于梁截面对中性轴不对称,同一横截面上的最大拉应力和最大压应力并不相等,因此,梁的危险截面为最大正弯矩和最大负弯矩所在的截面 C 和 B。

③截面对中性轴惯性矩的计算

该截面对中性轴的惯性矩已在例 8.1 中求出

$$I_z = 136 \times 10^4 \text{ mm}^4, y_1 = 30 \text{ mm}, y_2 = (60 + 20 - 30) \text{ mm} = 50 \text{ mm}$$

④强度校核

如图 8.12(c)所示,分别画出危险截面 C 和 B 的正应力分布图,因为 $|M_B| > |M_C|$,所以最大压应力发生在 B 截面的下边缘;至于最大拉应力是发生在 C 截面下边缘还是 B 截面上边

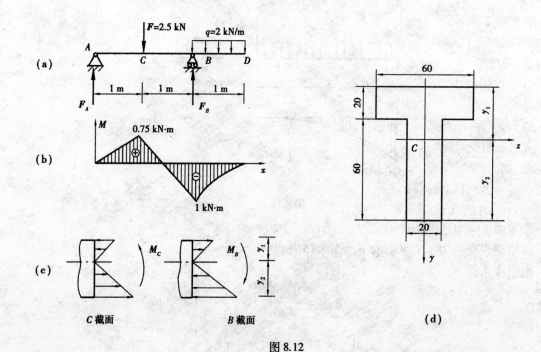

图 8.12

缘,则要通过计算后才能确定。

在 B 截面上

$$\sigma_{c,\max}^{B} = \frac{|M_B| y_2}{I_z}$$

$$= \frac{1 \times 10^3 \times 50 \times 10^{-3}}{136 \times 10^{-8}} \, \text{Pa}$$

$$= 36.8 \times 10^6 \, \text{Pa}$$

$$= 36.8 \, \text{MPa} < [\sigma_c]$$

$$\sigma_{t,\max}^{B} = \frac{|M_B| y_1}{I_z}$$

$$= \frac{1 \times 10^3 \times 30 \times 10^{-3}}{136 \times 10^{-8}} \, \text{Pa}$$

$$= 22.1 \times 10^6 \, \text{Pa}$$

$$= 22.1 \, \text{MPa} < [\sigma_t]$$

在 C 截面上

$$\sigma_{t,\max}^{C} = \frac{M_C y_2}{I_z}$$

$$= \frac{0.75 \times 10^3 \times 50 \times 10^{-3}}{136 \times 10^{-8}} \, \text{Pa}$$

$$= 27.6 \times 10^6 \, \text{Pa}$$

$$= 27.6 \, \text{MPa} < [\sigma_t]$$

可见最大拉应力发生在 C 截面的下边缘处。从以上强度计算可得出,梁的强度是足够的。

例 8.4　行车如图 8.13(a)所示。起重量(包括电葫芦自重) $P = 60$ kN,吊车大梁由 28a 号工字钢制成,跨度 $l = 5$ m,材料的许用正应力 $[\sigma] = 160$ MPa,许用剪应力 $[\tau] = 100$ MPa。试校核此梁的强度。

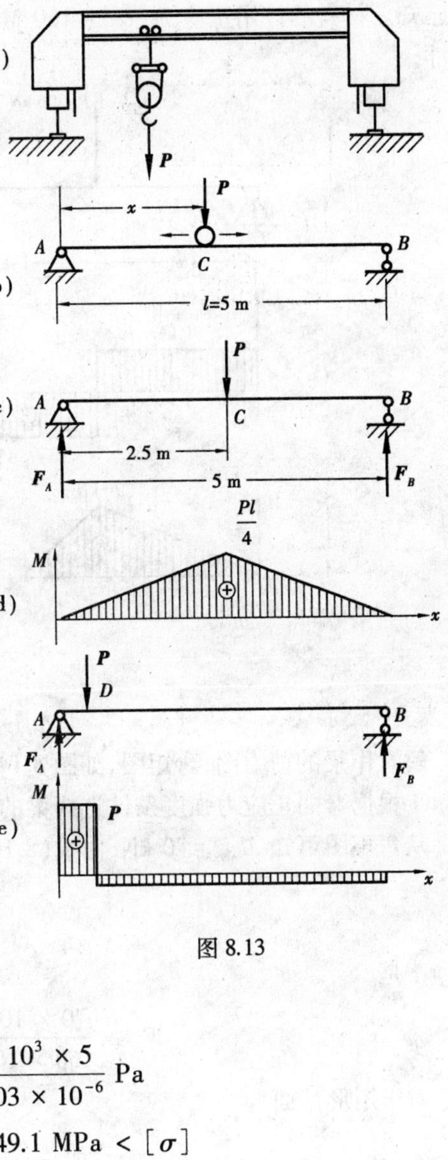

解　①弯曲正应力强度校核

此吊车大梁可简化为受移动集中载荷作用的简支梁,如图 8.13(b)所示。要进行梁的正应力强度校核,首先要确定载荷沿梁移动过程中,使梁产生最大弯矩时的载荷作用位置,即最不利情况。当载荷 P 作用在距支座 A 为 x 的截面上时,该截面上的弯矩 $M(x) = \dfrac{P(l-x)}{l}x$,令此弯矩对 x 的一阶导数为零,则可确定弯矩为极大值时的截面位置,即 $\dfrac{\mathrm{d}M(x)}{\mathrm{d}x} = \dfrac{P}{l}(l-2x) = 0$,解得

$$x = \frac{l}{2}$$

这表明移动载荷 P 作用在简支梁的跨中时,梁将产生最大弯矩,如图 8.13(c)所示,最大弯矩值为 $M_{\max} = \dfrac{Pl}{4}$,由附录型钢规格表查得 28a 号工字钢的

$$W_z = 503 \text{ cm}^3 = 508.15 \times 10^{-6} \text{ m}^3$$

由弯曲正应力强度条件得

$$\sigma_{\max} = \frac{M_{\max}}{W_z} = \frac{Pl}{4W_z} = \frac{60 \times 10^3 \times 5}{4 \times 503 \times 10^{-6}} \text{ Pa}$$

$$= 149.1 \times 10^6 \text{ Pa} = 149.1 \text{ MPa} < [\sigma]$$

②弯曲剪应力强度校核

首先判断载荷移动到什么位置时,使梁产生的剪力最大。由图 8.13(e)可见,当 P 移动到靠近任一支座时,梁的剪力为最大 $F_{S\max} = P$,由型钢规格表查得 28a 号工字钢的 $h = 280$ mm,$t = 13.7$ mm,$d = 8.5$ mm,故最大剪应力为

$$\tau_{\max} = \frac{F_S}{A} = \frac{P}{(h - 2 \times t) \times d}$$

$$= \frac{60 \times 10^3}{(280 - 2 \times 13.7) \times 10^{-3} \times 8.5 \times 10^{-3}} \text{ Pa}$$

$$= 27.94 \times 10^6 \text{ Pa} < [\tau]$$

梁的弯曲正应力强度和弯曲剪应力强度条件均满足,故该梁是安全的。

例 8.5　如图 8.14(a)所示。一矩形截面外伸梁,梁上作用的载荷、约束反力及长度尺寸

图 8.13

均已知。材料的许用正应力$[\sigma] = 160$ MPa,许用剪应力$[\tau] = 100$ MPa。试选择梁的横截面尺寸。

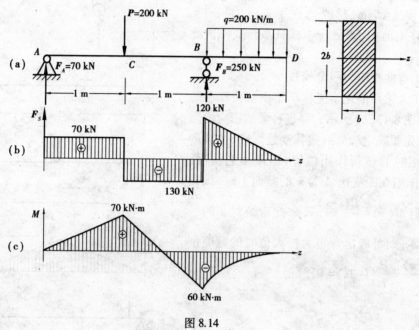

图 8.14

解 作梁的剪力图、弯矩图,如图 8.14(b)、(c)所示。

①根据弯曲正应力强度条件选择梁的横截面尺寸

从弯矩图可知 $M_{max} = 70$ kN,由式(8.16)得

$$\sigma_{max} = \frac{M_{max}}{W_z} \leqslant [\sigma]$$

于是

$$W_z \geqslant \frac{70 \times 10^3}{160 \times 10^6} \text{ m}^3 = 437.5 \times 10^{-6} \text{ m}^3$$

对于矩形截面

$$W_z = \frac{bh^2}{6} = \frac{(h/2)h^2}{6} = \frac{h^3}{12}$$

故选择截面尺寸为

$$h \geqslant \sqrt[3]{12 \times 437.5 \times 10^{-6}} \text{ m} = 0.173\ 8 \text{ m}$$

因此选择尺寸为

$$h = 18 \text{ cm}, b = 9 \text{ cm}$$

②根据弯曲剪应力强度条件选择梁的横截面尺寸

从剪矩图可知 $|F_S|_{max} = 130$ kN,由式(8.11)得 $\tau_{max} = 1.5 \times \dfrac{F_{Smax}}{A} \leqslant [\tau]$

于是 $$1.5 \times \frac{130 \times 10^3}{(h/2)/h} \text{ N/m}^3 \leqslant 100 \times 10^6 \text{ N/m}^3$$

故选择截面尺寸为

$$h \geqslant \sqrt{\frac{1.5 \times 2 \times 130 \times 10^3}{100 \times 10^6}}\ \text{m} = 0.062\,5\ \text{m}$$

$$h = 7\ \text{cm}, b = 3.5\ \text{cm}$$

梁的横截面尺寸应同时满足正应力和剪应力强度条件,最终选定矩形截面尺寸为

$$h = 180\ \text{mm}, b = 90\ \text{mm}$$

8.5　平面弯曲变形的概念

受弯构件除了满足强度要求外,通常还要满足刚度的要求,以防止构件出现过大的变形,保证构件能够正常工作。如图 8.15 所示齿轮传动轴,若弹性变形过大,运转时会造成齿轮间啮合不良,轴与轴承配合不好,从而会引起振动,齿轮、轴承和轴的磨损加快;在车床上用卡盘夹住工件进行切削时,工件由于切削力而引起的弯曲变形,造成吃刀深度不足出现锥度,就会严重影响加工精度,如图 8.16 所示。因此,在设计受弯构件时,必须根据不同的工作要求将构件的变形限制在一定的范围以内;工程中还有另一类问题,要求构件具有较大的变形,以满足工作的要求,例如汽车的叠板弹簧,需要有足够大的变形以缓和车辆受到的冲击和振动;在求解超静定梁的问题时,也需要考虑梁的变形条件。

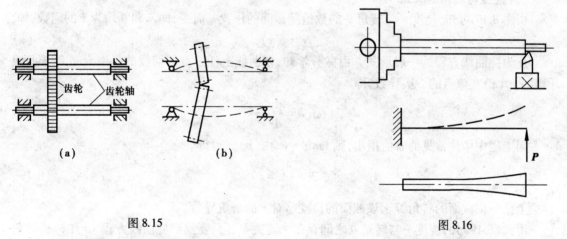

图 8.15　　　　　　　　　　　　　　　　　　图 8.16

为了解决这些问题,必须研究梁的变形规律。本章还要论述应用积分法和叠加法计算平面弯曲时梁的变形;建立弯曲构件的刚度条件;用变形比较法求解超静定梁问题等内容。

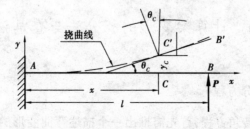

图 8.17

研究梁的变形,首先讨论如何度量和描述弯曲变形。图 8.17 表示一具有纵向对称面的梁

（以轴线 AB 表示）, xy 坐标系在梁的对称面内。在载荷 P 作用下,梁产生弹性弯曲变形,轴线在 xy 平面内变成一条光滑连续的平面曲线 AB',该曲线称弹性挠曲线(简称挠曲线)。与此同时,梁的横截面将产生两种位移,线位移和角位移(即挠度和转角)。工程中用挠度和转角来度量梁的变形。

（1）挠度

梁轴线上任一点 C(即梁横截面的形心),在变形后移至 C' 点,即有线位移 $\overline{CC'}$。由于研究的是小变形问题,点 C 沿变形前梁轴线方向的位移,对梁的长度而言是二阶微量,可以略去,因此线位移 $\overline{CC'}$ 是梁上任一横截面的形心在垂直于梁原轴线方向的线位移,称为该截面的挠度,用符号 y_C 表示,例如图示 C 截面的挠度为 y_C。若挠度与坐标轴 y 的正方向一致为正,反之为负。

（2）转角

梁变形时,横截面还将绕其中性轴转过一定的角度,即有角位移,梁任一横截面绕其中性轴转过的角度称为该截面的转角,用符号 θ 表示,例如图示 C 截面的转角 θ_C。根据平面假设,梁变形后,横截面仍垂直于挠曲线,因此挠曲线 C 点的切线的倾角(切线与 x 轴的夹角),就等于该截面的转角 θ_C。转角的正负号根据选取的坐标系来定,与挠曲线切线的斜率正负号一致。由图 8.17 所选定的坐标系知,逆时针转向时为正,顺时针转向时为负,故 θ_C 为正转角。

（3）挠度与转角的关系

由图 8.17 可知,挠度 y 与转角 θ 的数值随截面的位置 x 而变,即 y 和 θ 均为 x 的函数,即

$$y = f(x) \tag{a}$$

此为挠曲线方程的一般形式。由微分学知,挠曲线上任一点的切线的斜率 $\tan\theta$ 等于曲线函数 $y=f(x)$ 在该点的一次导数,即

$$\tan \theta = \frac{\mathrm{d}y}{\mathrm{d}x} = y' \tag{b}$$

因工程中构件常见的 θ 值很小,则 $\tan \theta \approx \theta$,由(b)式可得

$$\theta = \frac{\mathrm{d}y}{\mathrm{d}x} = y' \tag{8.19}$$

即梁上任一横截面的转角等于该截面的挠度 y 对 x 的一阶导数。

由式(8.19)知,挠度 y 与转角 θ 之间存在一定关系。只要找到挠曲线方程 $y=f(x)$ 或转角方程 $\theta(x)$ 便可求出任一截面的挠度和转角。

8.6 计算梁变形的积分法与叠加法

8.6.1 挠曲线近似微分方程

为了得到挠度方程和转角方程,首先需推出一个描述弯曲变形的基本方程——挠曲线近似微分方程。

推导梁的正应力公式时,曾得到纯弯曲情况下挠曲线的曲率表达式(8.2),即

$$\frac{1}{\rho} = \frac{M}{EI} \tag{a}$$

剪力弯曲时,梁截面上有弯矩也有剪力,式(a)只代表弯矩对弯曲变形的影响。一般梁的横截面高度 h 远小于其跨度 l,剪力对梁的变形影响很小,可忽略不计(精确计算表明:矩形截面悬臂梁,自由端受集中载荷作用,当 $h/l = 1/10$ 时,因剪力而产生的挠度不超过因弯矩而产生的挠度的1%)。故(a)式可推广应用于非纯弯曲的情况,此时,弯矩 M 和曲率半径 ρ 都随截面位置 x 而变,于是上式应改为

$$\frac{1}{\rho(x)} = \frac{M(x)}{EI} \tag{b}$$

另一方面,通过几何关系可以找到挠曲线的曲率 $1/\rho(x)$ 与挠曲线方程 $y = f(x)$ 之间存在着的微分关系。为此,从梁上取出一微段 dx,如图 8.18 所示,梁变形后相距为 dx 的两截面相对转动了 $d\theta$ 角,两横截面间挠曲线的弧长为 ds。它与曲率半径的关系为

$$ds = \rho(x)d\theta \qquad 或 \qquad \frac{1}{\rho(x)} = \frac{d\theta}{ds}$$

由于梁的变形很小即 θ 值很小,$\cos \theta \approx 1$,故 $ds = \dfrac{dx}{\cos \theta} \approx dx$,代入上式得

$$\frac{1}{\rho(x)} = \frac{d\theta}{dx}$$

由式(8.19)得

$$\frac{1}{\rho(x)} = \frac{d^2 y}{dx^2} \tag{c}$$

将式(c)代入式(b)得

$$y'' = \frac{d^2 y}{dx^2} = \frac{M(x)}{EI} \tag{8.20}$$

上式称为梁的挠曲线近似微分方程。之所以称为近似,是因为在推导这一方程的过程中,略去了剪力对变形的影响。并近似地认为 $ds \approx dx$。

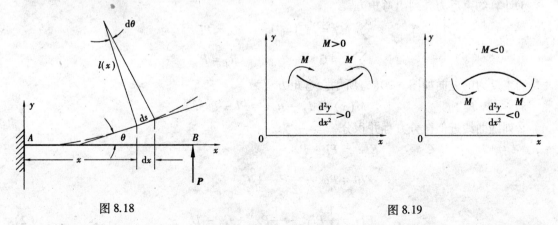

图 8.18 　　　　　　　　　　　　　　　　图 8.19

在应用式(8.20)时,应取 y 轴的方向向上。这样,等式两边的符号才能一致。因为当弯矩 $M(x)$ 为正时,梁的挠曲线向下凸,此时,曲线的二阶导数 y'' 在所选取的坐标系中也是正值,如图 8.19 所示。

8.6.2 计算梁变形的积分法

对于等截面梁，$EI =$ 常数，式(8.20)可改写为

$$EIy'' = M(x) \qquad (8.21)$$

积分一次得

$$EI\theta = EIy' = \int M(x)\,\mathrm{d}x + C \qquad (8.22\mathrm{a})$$

再积分一次得

$$EIy = \iint M(x)\,\mathrm{d}x\mathrm{d}x + Cx + D \qquad (8.22\mathrm{b})$$

两式中的积分常数 C 和 D，可通过梁的边界条件来决定。边界条件包括两种情况，一是梁上某些截面的已知位移条件，例如铰链支座处的截面 $y = 0$，固定端的截面 $\theta = 0$，$y = 0$。二是考虑到整个挠曲线的光滑及连续性，得到各段梁交界处的变形连续条件。边界条件的具体应用可由下述例题看出。

例 8.6 车刀加工工件时，工件在自由端受到切削力 P 的作用，如图 8.20(a)所示。工件的悬臂长度为 l，截面抗弯刚度为 EI。试求工件的最大挠度和转角。

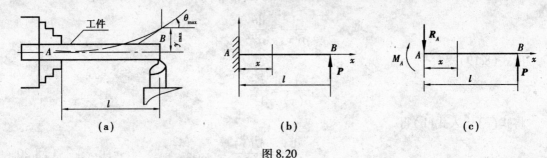

图 8.20

解 工件可简化为悬臂梁，计算简图与受力图分别如图 8.20(b)、(c)所示，选坐标系如图，且 A 为坐标原点。

①计算约束反力并列出弯矩方程

$$\sum M_A = (\boldsymbol{F}) = 0 \qquad M_A = Pl$$

$$\sum y = 0 \qquad\qquad R_A = P$$

约束反力的方向如图 8.20(c)所示。弯矩方程为

$$M(x) = M_A - R_A x = Pl - Px$$

②列挠曲线近似微分方程并积分

$$EIy'' = Pl - Px$$

$$EI\theta = Plx - \frac{1}{2}Px^2 + C \qquad (1)$$

$$EIy = \frac{1}{2}Plx^2 - \frac{1}{6}Px^3 + Cx + D \qquad (2)$$

③确定积分常数

因为 A 截面为固定端，没有转角和挠度，故相应的边界条件是：

当 $x = 0$ 时，$\theta_A = 0$，$y_A = 0$。将这两个边界条件分别代入式（1）、式（2），可得积分常数：$C = 0$，$D = 0$。

④确定转角方程和挠曲线方程

将积分常数值代入式（1）、式（2），得到转角方程与挠曲线方程分别为

$$EI\theta = Plx - \frac{1}{2}Px^2 \tag{3}$$

$$EIy = \frac{1}{2}Plx^2 - \frac{1}{6}Px^3 \tag{4}$$

⑤求最大挠度和最大转角

根据梁的受力情况，画出梁的挠曲线（图 8.20 虚线）。在梁的自由端，即 $x = l$ 的截面上的挠度和转角最大。将 $x = l$ 代入式（3）、式（4）即得

$$\theta_{max} = \theta \mid_{x=l} = \frac{Pl^2}{EI} - \frac{Pl^2}{2EI} = \frac{Pl^2}{2EI} \qquad （正号表示逆时针）$$

$$y_{max} = y \mid_{x=l} = \frac{Pl^3}{2EI} - \frac{Pl^3}{6EI} = \frac{Pl^3}{3EI} \qquad （正号表示挠度向上）$$

上例只对全梁列出一个挠曲线近似微分方程。当梁上的载荷将梁分为数段时，由于各段梁的弯矩方程不同，因而梁的挠曲线近似微分方程也需分段列出。相应地各段梁的转角方程和挠曲线方程必随之而异；积分后每段均将出现两个积分常数。为确定这些积分常数，除利用边界条件外，还需根据挠曲线为一光滑连续曲线这一特性，利用相邻两段梁在交接处的变形必须连续（相等）的条件。

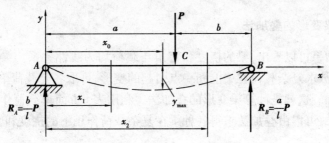

图 8.21

例 8.7　如图 8.21 的所示的简支梁，集中力 P 将全梁分为 AC、CB 两段，这时两段梁的弯矩方程，挠曲线近似微分方程及其积分分别为

AC 段
$$M(x_1) = R_A x_1 = \frac{bP}{l}x_1 \qquad (0 \leqslant x_1 \leqslant a)$$

$$EIy''_1 = M(x_1) = \frac{bP}{l}x_1 \tag{a}$$

$$EIy'_1 = \frac{bP}{2l}x_1^2 + C_1 \tag{b}$$

$$EIy_1 = \frac{bP}{6l}x_1^3 + C_1 x_1 + D_1 \tag{c}$$

$$CB \text{ 段} \quad M(x_2) = R_A x_2 - P(x_2 - a) = \frac{bP}{l}x_2 - P(x_2 - a) \quad (a \leqslant x_2 \leqslant l)$$

$$EIy''_2 = M(x_2) = \frac{bP}{l}x_2 - P(x_2 - a) \tag{d}$$

$$EIy'_2 = \frac{bP}{2l}x_2^2 - \frac{P}{2}(x_2 - a)^2 + C_2 \tag{e}$$

$$EIy_2 = \frac{bP}{6l}x_2^3 - \frac{P}{6}(x_2 - a)^3 + C_2 x_2 + D_2 \tag{f}$$

积分后一共出现 4 个积分常数,需要 4 个已知的变形条件才能确定。而简支梁的边界条件只有两个,即

$$x_1 = 0, y_1 = 0 \qquad x_2 = l, y_2 = 0$$

除此之外,梁变形后其挠曲线必为一光滑连续的曲线,在 AC 和 CB 两段梁的交接处,C 横截面既属于 AC 段又属于 CB 段,其转角、挠度既可由 AC 段的有关方程算出,又可由 CB 段的有关方程算出,且两者必须相等,这就是连续条件,即

$$x_1 = x_2 = a, \theta_1 = \theta_2, y_1 = y_2$$

利用这两个连续条件和两个边界条件即可确定 4 个积分常数。积分常数确定后,两段梁的转角方程和挠曲线方程也就可以求得。以下的演算与前面例题 8.6 类似,在此不再赘述。

积分法是求梁变形的一种基本方法,但在实际应用中,并不需要将所遇到的问题都按上述方法加以计算。为了应用上的方便,在一般设计手册中,已将常见简单载荷作用下梁的挠度和转角计算公式列成表格,以备查用,表 8.1 给出了简单载荷作用下梁的挠度和转角计算公式。

8.6.3 计算梁变形的叠加法

从上一节的结果可以看出,梁的挠度和转角与载荷均为线性关系。梁的载荷与变形之间的线性关系表明,欲求复杂载荷在梁上同一点引起的变形,可取各个载荷单独作用在同一点引起的变形的代数和。这就是计算梁变形的叠加法。利用表 8.1 简单载荷作用下梁的挠度和转角计算公式的结果,可以由叠加法求得各种梁在复杂载荷作用下的挠度和转角,而无须作繁杂的积分运算。

用叠加法确定梁的变形时,应注意以下两点:正确理解梁的变形与位移间的区别和联系。位移是由变形引起的,但没有变形不一定没有位移,例如图 8.23(e);正确理解和应用变形连续的概念,根据弯矩的正负,判断曲线的凸、凹;根据支承处的约束条件,能大致绘出梁的挠曲线形状(确定曲线的大致位置)。

在工程设计计算中,用叠加法计算梁变形是非常灵活方便和有效的。下面举例说明应用叠加法计算梁的变形。

例 8.8 简支梁 AB 受力如图 8.22 所示。试用叠加求 C 截面的挠度,B 截面的转角。梁的抗弯刚度 EI 已知。

解 将梁的受力视为集中力 **P** 和均匀分布载荷 **q** 单独作用,查表 8.1 的序号 7 和 9。当集中力 **P** 单独作用时,C 点的挠度和 B 转角分别为

$$y_{CP} = \frac{P(2l)^3}{48EI} = \frac{Pl^3}{6EI}$$

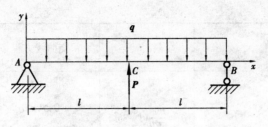

图 8.22

表 8.1　简单载荷作用下梁的挠度和转角计算公式列表

序号	梁的简图	端截面转角	挠曲线方程	最大挠度
1		$\theta_B = -\dfrac{m_0 l}{EI}$	$y = -\dfrac{m_0 x^2}{2EI}$	$y_B = -\dfrac{m_0 l^2}{2EI}$
2		$\theta_B = -\dfrac{Pl^2}{2EI}$	$y = -\dfrac{Px^2}{6EI}(3l-x)$	$y_B = -\dfrac{Pl^3}{3EI}$
3		$\theta_B = -\dfrac{Pc^2}{2EI}$	$0 \leqslant x \leqslant c$ $y = -\dfrac{Px^2}{6EI}(3c-x)$ $c \leqslant x \leqslant l$ $y = -\dfrac{Pc^2}{6EI}(3x-c)$	$y_B = -\dfrac{Pc^2}{6EI}(3l-c)$
4		$\theta_B = -\dfrac{ql^3}{6EI}$	$y = \dfrac{qx^2}{24EI}(x^2 + 6l^2 - 4lx)$	$y_B = -\dfrac{ql^4}{8EI}$
5		$\theta_A = -\dfrac{m_0 l}{6EI}$ $\theta_B = \dfrac{m_0 l}{3EI}$	$y = -\dfrac{m_0 x}{6lEI}(l^2 - x^2)$	在 $x = \dfrac{l}{\sqrt{3}}$ 处 $y = -\dfrac{m_0 l^2}{9\sqrt{3}\,EI}$ 在 $x = \dfrac{1}{2}$ 处 $y_{\frac{1}{2}} = -\dfrac{m_0 l^2}{16EI}$

续表

序号	梁的简图	端截面转角	挠曲线方程	最大挠度
6		$\theta_A = \dfrac{m_0}{6EIl}(l^2-3b^2)$ $\theta_B = \dfrac{m_0}{6EIl}(l^2-3a^2)$ $\theta_C = \dfrac{m_0}{6EIl}(3a^2+3b^2-l^2)$	$0 \leq x \leq a$ $y = \dfrac{m_0 x}{6lEI}(l^2-3b^2-x^2)$ $0 \leq x \leq l$ $y = \dfrac{m_0(l-x)}{6lEI}$ $[l^2-3a^2-(l-x^2)]$	在 $x = \sqrt{\dfrac{l^2-3b^2}{3}}$ 处 $y_1 = \dfrac{m_0(l^2-3b^2)^{\frac{3}{2}}}{9\sqrt{3}lEI}$ 在 $x = \sqrt{\dfrac{l^2-3a^2}{3}}$ 处 $y_2 = \dfrac{m_0(l^2-3a^2)^{\frac{3}{2}}}{9\sqrt{3}lEI}$
7		$\theta_A = -\theta_B = \dfrac{Pl^2}{16EI}$	$0 \leq x \leq \dfrac{l}{2}$ $y = -\dfrac{Px}{48EI}(3l^2-4x^2)$	$y_C = \dfrac{Pl^3}{48EI}$
8		$\theta_A = \dfrac{Pab(l+b)}{6lEI}$ $\theta_B = \dfrac{Pab(l+a)}{6lEI}$	$0 \leq x \leq a$ $y = -\dfrac{Pbx}{6lEI}(l^2-x^2-b^2)$ $a \leq x \leq l$ $y = -\dfrac{Pb}{6lEI}\big[(l^2-b^2)x -$ $x^3 + \dfrac{l}{b}(x-a)^3\big]$	若 $a>b$, 在 $x = \sqrt{\dfrac{l^2-b^2}{3}}$ 处 $y = -\dfrac{\sqrt{3}Pb}{27lEI}(l^2-b^2)^{\frac{3}{2}}$ 在 $x = \dfrac{l}{2}$ 处 $y_{\frac{1}{2}} = -\dfrac{Pb}{48EI}(3l^2-4b^2)$
9		$\theta_A = -\theta_B = \dfrac{ql^3}{24EI}$	$y = -\dfrac{qx}{24EI}(l^3-2lx^2+x^3)$	$y_C = -\dfrac{5ql^4}{384EI}$
10		$\theta_A = -\dfrac{m_0l^2}{6EI}$ $\theta_B = \dfrac{m_0l}{3EI}$ $\theta_C = \dfrac{m_0}{3EI}(l+3a)$	$0 \leq x \leq l$ $y = -\dfrac{m_0 x}{6lEI}(l^2-x^2)$ $l \leq x \leq l+a$ $y = \dfrac{m_0}{6EI}(3x^2-4lx+l^2)$	在 $x = \dfrac{l}{\sqrt{3}}$ 处 $y = -\dfrac{m_0l^2}{9\sqrt{3}EI}$ 在 $x = l+a$ 处 $y_C = \dfrac{m_0 a}{6EI}(2l+3a)$

序号	梁的简图	端截面转角	挠曲线方程	最大挠度
11		$\theta_A = \dfrac{Pal}{6EI}$ $\theta_B = -\dfrac{Pal}{3EI}$ $\theta_C = -\dfrac{Pa}{6EI}(2l+3a)$	$0 \leq x \leq l$ $y = \dfrac{Pax}{6lEI}(x^2-l^2)$ $l \leq x \leq l+a$ $y = -\dfrac{P(x-l)}{6EI}$ $[a(3x-l)-(x-l)^2]$	在 $x=\dfrac{l}{\sqrt{3}}$ 处 $y = \dfrac{Pal^2}{9\sqrt{3}EI}$ 在 $x=l+a$ 处 $y_C = -\dfrac{Pa^2}{3EI}(l+a)$
12		$\theta_A = \dfrac{qa^2 l}{12EI}$ $\theta_B = -\dfrac{qa^2 l}{6EI}$ $\theta_C = -\dfrac{qa^2}{6EI}(l+a)$	$0 \leq x \leq l$ $y = \dfrac{qa^2}{12EI}(lx-\dfrac{x^3}{l})$ $l \leq x \leq l+a$ $y = -\dfrac{qa^2}{12EI}\left[\dfrac{x^3}{l} - \right.$ $\dfrac{(2l+a)(x-l)^3}{al} +$ $\left.\dfrac{(x-l)^4}{2a^2} - lx\right]$	在 $x=\dfrac{l}{\sqrt{3}}$ 处 $y = \dfrac{qa^2 l^2}{18\sqrt{3}EI}$ 在 $x=l+a$ 处 $y_C = -\dfrac{qa^3}{24EI}(3a+4l)$

$$\theta_{BP} = -\frac{P(2l)^2}{16EI} = -\frac{Pl^2}{4EI}$$

当均布载荷 q 单独作用时，C 点的挠度和 B 转角分别为

$$y_{Cq} = -\frac{5q(2l)^4}{384EI} = -\frac{5ql^4}{24EI}$$

$$\theta_{Bq} = \frac{q(2l)^3}{24EI} = \frac{ql^3}{3EI}$$

根据叠加原理，集中力 P 和均匀分布载荷 q 同时作用时，得

$$y_C = y_{CP} + y_{Cq} = \frac{Pl^3}{6EI} - \frac{5ql^4}{24EI} = \frac{l^3}{6EI}\left(P - \frac{5ql}{4}\right)$$

$$\theta_C = \theta_{BP} + \theta_{Bq} = -\frac{Pl^2}{4EI} + \frac{ql^3}{3EI} = \frac{l^2}{EI}\left(\frac{ql}{3} - \frac{P}{4}\right)$$

例 8.9　悬臂梁受力如图 8.23 所示。试求梁的最大挠度 y_{max} 及最大转角 θ_{max}。设梁的抗弯刚度 EI 已知。

解　将梁上间断的分布载荷 q 变为沿梁全长的分布载荷（自 A 至 B）。为与原梁等效，在 AC 段施加一集度相等，方向相反的分布载荷 q，如图 8.23(b)所示。

因为它与原梁的弯矩、刚度及支承条件完全相同。故其变形也与原梁完全相同。而图 8.23(b)所示之外载荷可以分解为图 8.23(c)、(d)、(e)三种载荷。这三种载荷所产生的最大

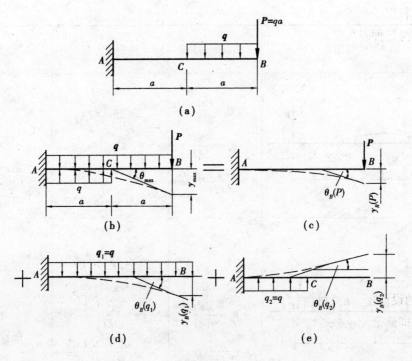

图 8.23

挠度和最大转角都在自由端（图 8.23(e)中 CB 段各截面的转角相同），将三种情况下的结果相叠加便得到原梁的最大挠度和最大转角。

查表 8.1 得图 8.23(c)所示梁在自由端的挠度和转角为

$$y_{BP} = -\frac{qa(2a)^3}{3EI} = -\frac{8qa^4}{3EI} \qquad (a)$$

$$\theta_{BP} = -\frac{qa(2a)^2}{2EI} = -\frac{2qa^3}{EI} \qquad (b)$$

对于图 8.23(d)所示梁在自由端的挠度和转角为

$$y_{Bq1} = -\frac{q_1(2a)^4}{8EI} = -\frac{2qa^4}{EI} \qquad (c)$$

$$\theta_{Bq1} = -\frac{q_1(2a)^3}{6EI} = -\frac{4qa^3}{3EI} \qquad (d)$$

对于图 8.23(e)所示梁，CB 段不受力，因而这段梁没有弯曲变形。但由于 AC 段弯曲的结果以及挠曲线连续光滑的要求，CB 段上各点均有挠度和转角，这称为刚体位移，B 端的转角显然等于 AC 梁弯曲后 C 截面的转角 θ_{Bq2}。B 端的挠度 y_{Bq2} 则包含两部分：一部分是 AC 梁弯曲后 C 截面的挠度 $y_{Cq2} = \frac{qa^4}{8EI}$；另一部分是 CB 直线部分因 y_{Cq2} 引起的 B 端的刚体位移。于是有

$$y_{Bq2} = y_{Cq2} + \theta_{Cq2} \times a = \frac{qa^4}{8EI} + \left(\frac{qa^3}{6EI}\right)a = \frac{7qa^4}{24EI} \qquad (e)$$

$$\theta_{Bq2} = \theta_{Cq2} = \frac{q_2a^3}{6EI} = \frac{qa^3}{6EI} \qquad (f)$$

其中,利用了小变形条件下 $\tan\theta \approx \theta$ 的关系。

最后,将三种载荷所产生的 B 端的挠度和转角分别相叠加,便得到原梁在 B 端的挠度和转角值

$$y_{max} = y_B = y_{BP} + y_{Bq1} + y_{Bq2}$$

$$= -\frac{8qa^4}{3EI} - \frac{2qa^4}{EI} + \frac{7qa^4}{24EI} = -\frac{35qa^4}{8EI} \tag{g}$$

$$\theta_{max} = \theta_B = \theta_{BP} + \theta_{Bq1} + \theta_{Bq2}$$

$$= -\frac{2qa^3}{EI} - \frac{4qa^3}{3EI} + \frac{qa^3}{6EI} = -\frac{19qa^3}{6EI} \tag{h}$$

8.7　梁的刚度条件

在梁的设计中,除了要求有足够的强度外,在很多情形下,还应将其弹性变形限制在一定范围以内,即满足刚度条件

$$y_{max} \leqslant [y] \tag{8.23}$$

$$\theta_{max} \leqslant [\theta] \tag{8.24}$$

其中　$[y]$——梁的许用挠度值;

　　　$[\theta]$——梁的许用转角值,rad。

一般根据梁的实际工作要求规定许用挠度和许用转角值。例如,对于一般轴,$[y] = (0.000\,3 \sim 0.000\,5)l$($l$ 为轴承间距);对于滑动轴承 $[\theta] = (0.001 \sim 0.005)$ rad;大多数构件的设计过程都是先进行强度设计或工艺结构设计,确定截面的形状和尺寸,然后再进行刚度校核。

例 8.10　机床主轴的支承和受力可以简化为如图 8.24 所示的外伸梁。其中 P_1 为由于切削而施加于卡盘上的力,P_2 为齿轮间的相互作用力(主动力)。主轴为空心圆截面,外径 $D = 80$ mm,内径 $d = 40$ mm,$l = 400$ mm,$a = 100$ mm。$P_1 = 2$ kN,$P_2 = 1$ kN。材料的弹性模量 $E = 200$ GPa。规定主轴的许用挠度和许用转角为:卡盘 C 处的挠度不超过两轴承间距的 $1/10^4$,轴承 B 处的转角不超过 $1/10^3$ rad。试校核主轴的刚度。

解　①求空心主轴横截面的惯性矩

$$I_z = \frac{\pi(D^4 - d^4)}{64} = \frac{\pi}{64}(80^4 - 40^4)\ \text{mm}^4 = 1.885 \times 10^6\ \text{mm}^4$$

②用叠加法求梁 C 截面处的挠度 y_C 和支座 B 处的转角 θ_B,由图 8.24(b)查表 8.1 序号 11 得

$$y_{CP1} = -\frac{P_1 a^2}{3EI}(l + a)$$

$$= -\frac{2 \times 10^3 \times 100^2 \times (400 + 100)}{3 \times 200 \times 10^3 \times 1.885 \times 10^6}\ \text{mm}$$

$$= -8.84 \times 10^{-3}\ \text{mm}$$

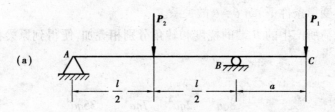

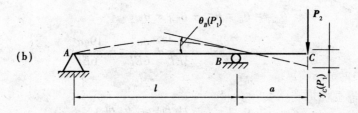

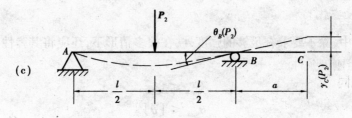

图 8.24

$$\theta_{BP1} = -\frac{P_1 al}{3EI}$$

$$= -\frac{2 \times 10^3 \times 100 \times 400}{3 \times 200 \times 10^3 \times 1.885 \times 10^6} \text{ rad}$$

$$= -0.707 \times 10^{-4} \text{ rad}$$

由图 8.24(c)查表 8.1 序号 7 得

$$\theta_{BP2} = \frac{P_2 l^2}{16EI}$$

$$= \frac{1 \times 10^3 \times 400^2}{16 \times 200 \times 10^3 \times 1.885 \times 10^6} \text{ rad} = 0.265 \times 10^{-4} \text{ rad}$$

$$y_{CP2} = \theta_{BP2} \times a$$

$$= 0.265 \times 10^{-4} \times 100 \text{ mm} = 2.65 \times 10^{-3} \text{ mm}$$

叠加得

$$y_C = y_{CP1} + y_{CP2}$$

$$= (-8.84 \times 10^{-3} + 2.65 \times 10^{-3}) \text{ mm} = -6.19 \times 10^{-3} \text{ mm}$$

$$\theta_B = \theta_{BP1} + \theta_{BP2}$$

$$= (-0.707 \times 10^{-4} + 0.265 \times 10^{-4}) \text{ rad} = -0.442 \times 10^{-4} \text{ rad}$$

于是有

$$\left|\frac{y_C}{l}\right| = \frac{6.19 \times 10^{-3}}{400} = 1.548 \times 10^{-5} < \left[\frac{y}{l}\right] = \frac{1}{10^4}$$

$$|\theta_B| = 0.442 \times 10^{-4} \text{ rad} < [\theta] = \frac{1}{10^3} \text{ rad}$$

据此,这一根主轴具有足够的刚度。

8.8　简 单 超 静 定 梁

前面讨论的梁都是静定梁,静定梁的支反力用静力平衡方程即可求得。有时为了提高梁的强度和刚度,需要增加支座(或约束)。例如,装在车床卡盘上的工件如果比较细长,切削时就可能产生过大的弯曲变形,常在工件的一端用尾架上的顶尖顶住,这就相当于增加了一个活动铰支座,如图 8.25(a)所示。梁增加约束后,未知反力的数目将多于梁的独立平衡方程的数目,仅靠静力平衡方程不能求出全部未知力,这种梁被称为超静定梁或静不定梁。那些超过维持平衡所必需的约束,称为多余约束,其对应的支反力称为多余反力。多余约束反力的个数与超静定的次数相同,有 n 个多余约束反力即为 n 次超静定,相应地就需建立 n 个补充方程。如图 8.25(b)所示的情况,作用在工件上的力系为平面一般力系,只有三个独立的平衡方程,而约束反力有四个 F_{Ax}、F_{Ay}、M_A 和 F_B。未知反力数比平衡方程数多一个,有一个多余约束,工件为一次超静定梁,需建立一个补充方程。

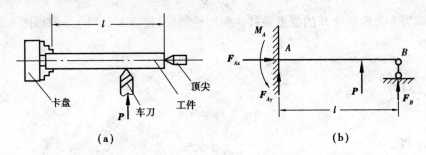

(a)　　　　　　　　　　　　(b)

图 8.25

对超静定梁进行强度或刚度计算,首先须求出梁的约束反力。由于有多余约束反力。因此,确定超静定梁的所有约束反力时,除建立平衡方程外,还需建立变形的补充方程。如何建立补充方程是求解超静定梁的关键,这里仅介绍利用变形谐调条件,进行变形比较来建立补充方程。这种解超静定梁的方法,称为变形比较法。下面通过例题说明这种解法的具体步骤。

例 8.11　图 8.26(a)所示超静定梁。试求约束反力。

解　①画 AB 梁的受力图,确定超静定次数

由图 8.26(a)梁 AB 的受力图可知,有四个约束反力为平面一般力系,只能建立三个独立平衡方程,可见有一个多余约束反力,属一次超静定梁,需建立一个补充方程。

②选择基本静定梁(或称为静定基)

若选择支座 B 为多余约束,将多余约束解除,代之以多余反力 F_B 得到基本静定梁为图

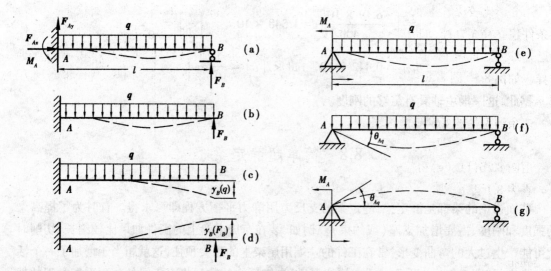

图 8.26

8.26(b)所示的悬臂梁。

③研究多余约束 B 处的变形条件,建立补充方程

图 8.26(b)所示基本静定梁在载荷 q 和多余约束反力 F_B 的共同作用下,其变形情况应与原超静定梁图 8.26(a)完全相同。图 8.26(a)所示超静定梁在载荷 q 作用下多余约束 B 处的挠度为零,图 8.26(b)基本静定梁在 q 和 F_B 共同作用下,B 截面的挠度也应为零,即

$$y_B = 0 \tag{a}$$

式(a)即为多余约束处 B 的变形条件。利用叠加法,将图 8.26(b)分解得图 8.26(c)、图 8.26(d)得

$$y_B = y_{Bq} + y_{BF_B} \tag{b}$$

代入式(a)得

$$y_{Bq} + y_{BF_B} = 0 \tag{c}$$

查表 8.1 得

$$y_{Bq} = -\frac{ql^4}{8EI}, y_{BF_B} = \frac{Rl^3}{3EI}$$

代入式(c)得补充方程

$$-\frac{ql^4}{8EI} + \frac{Rl^3}{3EI} = 0$$

解得

$$F_B = \frac{3}{8}ql$$

④列静力学平衡方程

$$\sum X = 0, \sum Y = 0, \sum m_A(F) = 0$$

解得

$$F_{Ax} = 0, F_{Ay} = \frac{5}{8}ql, m_A = \frac{ql^2}{8}$$

求出超静定梁的各个约束反力之后,若要画剪力图及弯矩图、解决梁的强度及刚度问题,均和处理静定梁完全相同。

用变形比较法解超静定梁的思路是将超静定梁先变成静定梁形式,根据多余约束处的变形条件建立补充方程,求出多余约束反力,然后将已求出的多余约束反力看成作用在静定梁上的已知外力。再用平衡方程解此静定梁。其中,对解除多余约束确定基本静定梁可以有多种选择。如例 8.10 图 8.26(a)中的超静定梁也可解除固定端 A 截面的转动约束,代以多余反力偶 m_A,得到图 8.26(e)所示的静定梁。

多余约束处的变形条件为

$$\theta_A = 0$$

由图 8.26(f)、(g)得 $\qquad\qquad \theta_A = \theta_{Aq} + \theta_{Am_A} = 0$

查表 8.1 得 θ_{Aq},θ_{Am_A},代入上式得补充方程,即

$$-\frac{ql^3}{24EI} + \frac{m_A l}{3EI} = 0$$

解得 $\qquad\qquad m_A = \frac{1}{8}ql^2$

其他约束反力可通过平衡方程求出,其结果与前面求得的结果完全一致。

8.9　提高梁强度和刚度的主要措施

由前面的分析可知,一般情况下,梁的强度是由弯曲正应力控制的。从弯曲正应力强度条件可以看出,梁的弯曲强度与所用材料、横截面的形状和尺寸及横截面上的弯矩有关;梁的刚度与弯矩大小、抗弯刚度、约束支承条件以及梁的跨度有关。所以,提高梁强度和刚度的主要措施,可从以下几个方面考虑。

8.9.1　减小最大弯矩值

(1)合理布置载荷
图 8.27 表示三根相同的简支梁,受相同大小的载荷作用,但载荷的布置方式有所不同,则相对应的弯矩图也不相同。

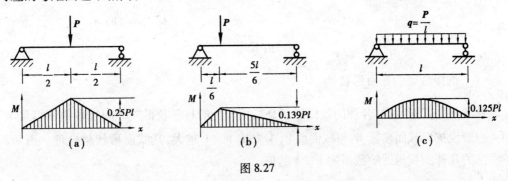

图 8.27

从图 8.27 所示的梁的弯矩图可以看出,图 8.27(a)所示梁的弯矩最大,图 8.27(b)所示梁的最大弯矩比图 8.27(a)所示梁的最大弯矩减小将近一半。显然图 8.27(b)载荷布置较图

8.27(a)合理,所以当载荷 P 可布置在梁上任意位置时,则应使载荷 P 尽量靠近支座。如机械中齿轮轴上的齿轮常布置在紧靠轴承处。

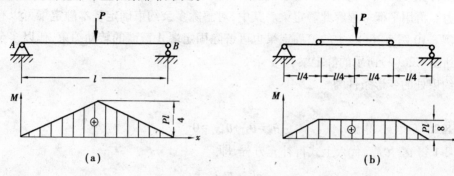

图 8.28

比较图 8.27(a)和图 8.27(c)两种情况,图 8.27(c)所示梁的最大弯矩只有图8.27(a)所示梁的一半。所以,当条件允许时,尽可能将一个集中载荷改变为均布载荷或者分散为较多个较小的集中载荷。工程中设置的辅助梁,如图 8.28(b)所示。

(2)合理安置支座

图 8.29(a)所示的梁,若将其两支座各向内移动 $0.2l$,如图 8.29(b)。两种情况下各自的最大弯矩分别为 $0.125ql^2$ 和 $0.025ql^2$,后者仅为前者的 $1/5$。梁的挠度 y 和转角 θ 与跨度 l 的某次方成正比。所以在可能的条件下,尽量缩小梁的跨度来减小弯曲变形,增加梁的刚度,对比后者支座安置较为合理。又如,在机械的切削加工中,切削较细长的工件时,必须加上机尾顶尖约束,如图 8.25(a)所示,以减小车刀处的挠度,提高工件的加工精度。

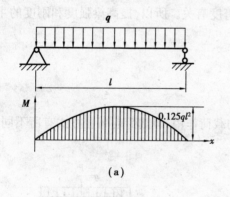
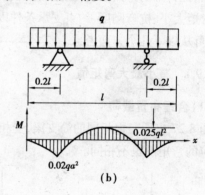

图 8.29

8.9.2　选择合理的截面形状

从弯曲强度方面考虑,合理的截面形状是指用较少的材料获得较大的抗弯截面模量 W_z 的截面。一般说抗弯截面模量 W_z 与截面面积 A 之比 W_z/A 越大,其截面形状越合理。表 8.2 列出了常见的几种面积相近的截面的 W_z/A 的值。

表 8.2　常见的几种面积相近的截面的 W_z/A 的值

截面形状	所需尺寸 /mm	截面面积 /mm²	抗弯截面系数 /mm³	比值 $W_z/A \cdot \dfrac{1}{10}$
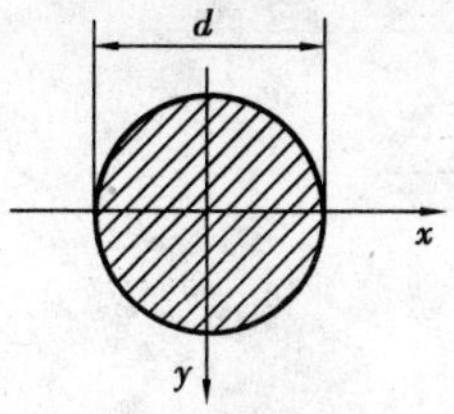 圆形	$d=99$	7 698	95 259	1.24
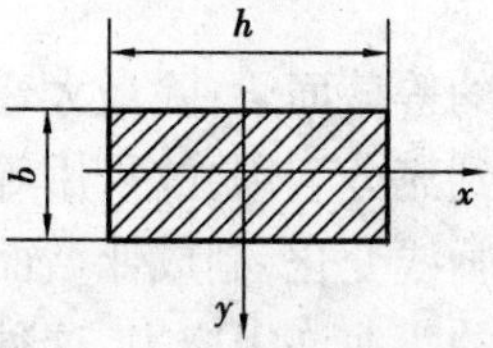 矩形（横）	$h=127$ $b=60$	7 620	76 200	1
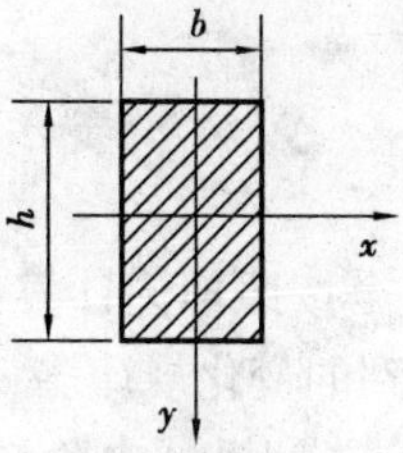 矩形（竖）	$h=127$ $b=60$	7 620	161 290	2.12
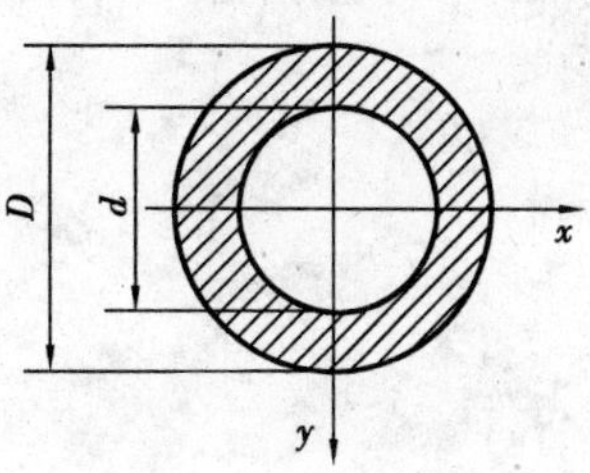 圆环	$D=165$ $d=132$	7 698	260 637	3.386
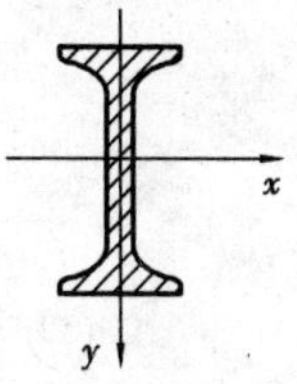 工字形	36a 号 工字钢	7 630	875 000	11.47

　　由表 8.2 可知，实心截面最不经济，以圆形为最差。工程中吊车大梁及钢结构中的抗弯构件，多采用工字形、槽形截面等。既充分利用了材料，又提高了抗弯截面系数 W_z 的值。因此，工字形截面较合理。

　　应该指出，合理的截面形状还要与材料特性相适应，对于抗拉和抗压强度相同的材料，宜采用与中性轴相对称的截面形状，如矩形、工字形等。对于抗拉和抗压强度不相同的材料，如脆性材料铸铁，应该采用与中性轴不对称的截面形状，并使中性轴靠近受拉一侧，如 T 形、非对称的工字形等，如图 8.30 所示。

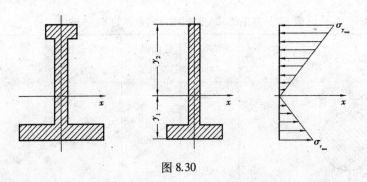

图 8.30

8.9.3 采用等强度梁

一般情况下,梁的弯矩随截面位置而变化。按强度条件设计的等截面梁,除最大弯矩所在截面外,其他截面上的弯矩都比较小,弯曲正应力也小,材料未得到充分利用,故采用等截面梁是不经济的。工程中常根据弯矩的变化规律,相应地使梁截面沿轴线变化,制成变截面梁。最理想的变截面梁是各截面上的最大正应力都相等,且都等于材料的弯曲许用应力,这种梁被称为等强度梁。

$$\sigma_{max} = \frac{M(x)}{W_z(x)} = [\sigma] \qquad (8.25)$$

根据式(8.25)便可确定等强度梁的截面变化规律。但是,完全按照理论计算制作等强度梁是有困难的,经常采用一些简单的变化规律来代替理论计算得到的变化规律。

工程实际中,常用到等强度梁,如厂房建筑中使用的"鱼腹式梁"、机械中阶梯轴,就是用阶梯形状的变截面梁来代替理论计算的等强度梁,如图 8.31 所示。

综合上述措施同时应用效果最显著。

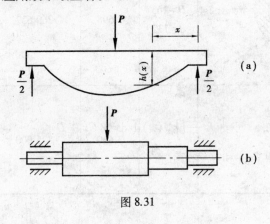

图 8.31

小　结

①一般来说,梁的横截面上同时存在弯曲正应力和弯曲剪应力。但正应力往往是决定梁是否破坏的主要因素;只有在某些特殊情况下才须进行剪应力强度校核。因此,弯曲正应力及其强度计算是本章讨论的重点。

②平面弯曲正应力计算公式及其强度条件

$$\sigma = \frac{My}{I_z} \qquad \sigma_{max} = \left(\frac{M}{W_z}\right)_{max} \leq [\sigma]$$

当材料的许用拉应力$[\sigma_t]$与许用压应力$[\sigma_c]$不相等时,应分别进行计算。

③平面弯曲剪应力公式及其强度条件

a.矩形截面梁横截面上的剪应力公式

$$\tau = \frac{F_S S_z^*}{I_z b} \qquad \tau_{max} = \frac{3}{2}\frac{F_S}{A}$$

b.工字形截面、圆形截面、圆环形截面梁的最大剪应力公式

工字形 $$\tau_{max} \approx \frac{F_S}{A};$$

圆形 $$\tau_{max} = \frac{4}{3}\frac{F_S}{A};$$

圆环形 $$\tau_{max} = 2\frac{F_S}{A}$$

c.平面弯曲剪应力强度条件 $\qquad \tau_{max} \leq [\tau]$

④惯性矩I_z和抗弯截面模量W_z是梁的重要的截面几何性质,掌握它们的特性,有助于合理的选择截面形状。

⑤当梁发生平面弯曲时,其轴线将弯曲成一条连续、光滑的平面曲线。轴线上任一点在垂直于x轴方向的位移称为该点的挠度y,横截面对其原来位置绕中性轴的角位移称为转角θ。挠度和转角是度量梁变形的两个基本量,挠曲线近似微分方程$EIy'' = M(x)$是计算弯曲变形的基本方程。

⑥用积分法求梁的变形

将梁的弯矩方程$M(x)$代入挠曲线近似微分方程,积分一次得到转角方程

$$\theta = \frac{dy}{dx} = \frac{1}{EI}\int M(x)\,dx + C$$

再积分一次得到挠度方程

$$y = \frac{1}{EI}\iint M(x)\,dx\,dx + Cx + D$$

积分常数可利用边界条件和连续光滑条件确定。

⑦用叠加法求梁的变形

当梁上同时作用几个载荷时,如果梁的变形很小,且应力不超过比例极限,则每个载荷所引起的梁的变形将不受其他载荷的影响,梁的总变形等于各个载荷单独作用所引起的变形的代数和。

⑧梁的刚度条件为

$$y_{max} \leq [y]$$
$$\theta_{max} \leq [\theta]$$

式中的许用挠度$[y]$和许用转角$[\theta]$可从有关手册查得。

⑨求解简单静不定梁

以多余支反力代替多余约束得原梁的相当系统,列出相当系统在多余约束处的变形协调条件,从而建立变形补充方程,与静力平衡方程联立,解出全部约束反力。

⑩提高梁强度和刚度的主要措施

合理布置载荷及作用位置,合理布置(增加)梁的约束,合理设计截面形状及尺寸,减小梁的跨度,减小梁的弯矩,加大梁的截面的惯性矩是提高梁强度和刚度的主要措施。

思 考 题

8.1　什么是纯弯曲?

8.2　推导纯弯曲正应力公式时常采用哪些基本假设?

8.3　什么是中性轴? 为什么说中性轴一定通过截面的形心?

8.4　什么情况下有必要进行剪应力的强度校核?

8.5　什么是平行移轴公式? 它有什么用途?

8.6　用什么来度量梁的变形? 什么是梁的挠度和转角?

8.7　积分法求变形时,如何确定积分常数?

8.8　何种情况下可用叠加求变形? 如何用叠加法求变形?

8.9　如何判定静定梁和静不定梁?

8.10　简述静不定梁的解法。

8.11　提高梁强度和刚度的主要措施有哪些?

习 题

8.1　一矩形截面梁如图所示。①计算 m-m 截面上 A、B、C、D 各点处的正应力,并指出是拉应力还是压应力;②计算 m-m 截面上 A、B、C、D 各点处的剪应力;③计算整根梁的最大弯曲正应力和最大剪应力。

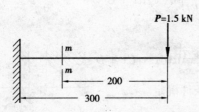
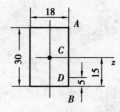

习题 8.1 图

8.2　求题图 8.2 所示,各截面对形心轴 z 的惯性矩 I_z 和抗弯截面系数 W_z。

8.3　外伸梁受均布载荷作用,$q = 12$ kN/m,$[\sigma] = 160$ MPa。试选择此梁的工字钢型号。

8.4　铸铁梁的载荷及横截面尺寸如图所示,已知 $I_z = 7.63 \times 10^{-6}$ m^4,$[\sigma_t] = 30$ MPa,$[\sigma_C] = 60$ MPa,试校核此梁的强度。

8.5　简支梁承受均布载荷。若分别采用截面面积相同的实心圆截面梁和空心圆截面梁,试分别计算它们的弯曲正应力。并计算其比值。已知实心圆截面的直径 $D_1 = 40$ mm,空心圆截面的内外径之比 $\dfrac{d_2}{D_2} = \dfrac{3}{5}$。

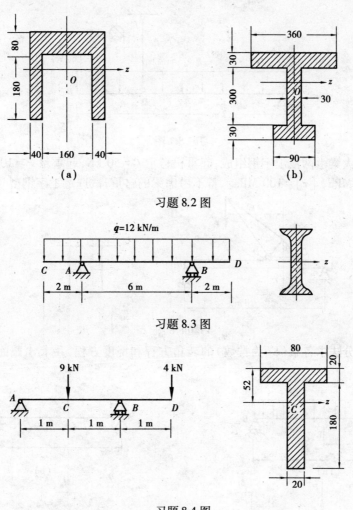

习题 8.2 图

习题 8.3 图

习题 8.4 图

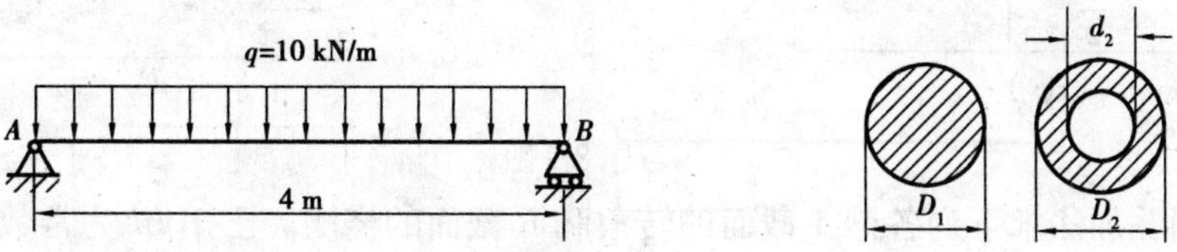

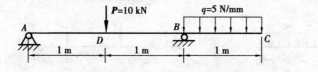

习题 8.5 图

8.6 矩形截面外伸梁受力如图所示,材料的许用正应力$[\sigma]=160$ MPa。试确定截面尺寸 b。

习题 8.6 图

8.7 截面为 No.10 工字钢的梁 AB,在 D 点由圆钢杆 DC 悬挂,已知圆杆直径 $d=20$ mm,梁及杆材料的许用正应力均为$[\sigma]=160$ MPa,试求允许均布载荷$[q]$。

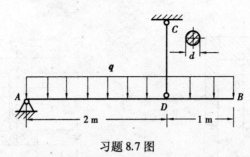

习题 8.7 图

8.8 起重机大梁由两根工字钢组成,起重机自重 $G = 50$ kN,起重量 $P = 10$ kN。工字钢许用应力 $[\sigma] = 160$ MPa,$[\tau] = 100$ MPa。若不考虑梁的自重,试选定工字钢型号。

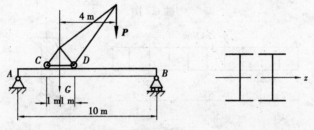

习题 8.8 图

8.9 试用积分法求各梁(EI 为常数)的转角方程和挠度方程,并求 A 截面的转角和 C 截面的挠度。

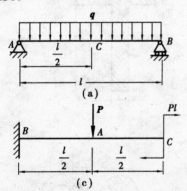

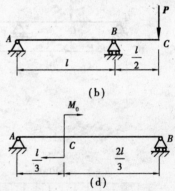

习题 8.9 图

8.10 用叠加法求下列各梁 A 截面的转角和 B 截面的挠度。已知 EI 为常数。

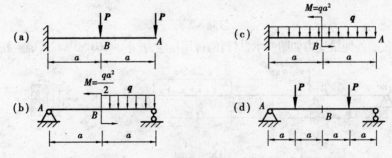

习题 8.10 图

8.11 用叠加法求各梁 A 截面的转角和挠度。已知 EI 为常数。

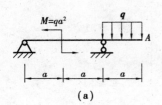

(a)

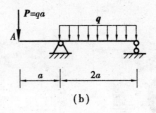

(b)

习题 8.11 图

8.12　悬臂梁如图所示。已知 $q = 10$ kN/m, $l = 3$ m。若许可挠度 $[y] = l/250$, $[\sigma] = 120$ MPa, $E = 200$ GPa, $h = 2b$, 试选定矩形截面的尺寸。

习题 8.12 图

8.13　钢轴如图所示, 已知 $E = 200$ GPa, 左端轮上受力 $P = 20$ kN。若规定支座 B 处截面的许可转角 $[\theta] = 0.5°$, 试选定此轴的直径 D。

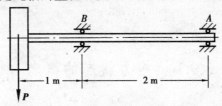

习题 8.13 图

8.14　悬臂梁如图所示。已知 $q = 15$ kN/m, $a = 1$ m, $[\sigma] = 100$ MPa, 单位跨度的许可挠度 $\left[\dfrac{y}{l}\right] = \dfrac{1}{1\,000}$, $(l = 2a)$, 试选定工字钢的型号。

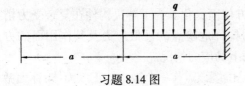

习题 8.14 图

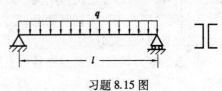

习题 8.15 图

8.15　简支梁如图所示由两根槽钢组成, 已知 $l = 4$ m, $q = 10$ kN/m, $[\sigma] = 100$ MPa。若许可挠度 $[y] = \dfrac{l}{1\,000}$, 试选定槽钢的型号, 并考虑自重影响对其进行校核。

8.16　如图所示各梁, 弯曲刚度 EI 为常数。求各梁的支反力, 并作弯矩图。

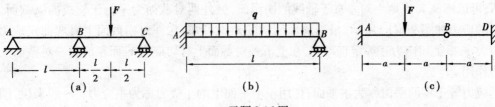

习题 8.16 图

第 **9** 章
应力状态与强度理论

前面讨论了拉伸、压缩剪切、扭转、弯曲等杆件的变形情况,分别进行了强度校核,这些变形受力的共同特点是:危险截面上只承受正应力或切应力。工程上还有一些构件在危险截面上的受力同时有正应力和切应力,这种受力为复杂受力,本章主要是建立复杂应力下的强度判据。

9.1 应力状态的概念

前面讨论了杆件在轴向拉压、扭转、弯曲等几种基本受力与变形条件下,横截面上的应力计算,由此找到危险横截面,进行强度校核,这样的强度校核只是在单一的正应力或切应力的强度条件下进行的。而工程实际中,一般来说单一的受力情况比较少,多数情况下是几种受力与变形的组合,导致在受力构件的同一截面内,既有正应力又有切应力,各点的应力不一定相同,而且在通过同一点的不同截面上,应力随截面的方位而变化。为了解决构件在复杂受力情况下的强度计算问题,需要进行应力分析,确定受力构件危险点的极值应力及其作用面的方位。所谓点的应力状态,就是点在各个不同方位截面上的应力情况。

为了描述构件内某一点的应力状态,采用的办法是围绕该点作一个微小的正六面体,称为微元体。当各边长无限小时,微元体便趋于宏观上的点,各截面上的应力可以认为是均匀分布的,大小等于所研究的点在对应截面上的应力,平行平面上的应力大小相等。当微元体三对截面上的应力已知时,就可以应用截面法和静力学平衡条件,求得通过该点的任意方位截面上的应力。

在选取微元体时,应使其三对面上的应力容易确定。例如,对于图 9.1(a)所示弯曲梁上的点 K,可以围绕 K 点取一对垂直于轴线的横截面,另外两对截面为平行于轴线的纵截面,三对面上的应力如图 9.1(b)所示,根据前面所学的知识可知,在一对横截面上有弯曲正应力 σ 与切应力 τ,根据切应力互等定理可知,在上下一对截面上有切应力 τ,而在前后一对截面上没有应力作用。

切应力等于零的平面称为主平面,作用于主平面上的正应力称为主应力。一般来说,围绕受力构件上的任意一点,都可以找到三对相互垂直的主平面。通常将三个主应力用 σ_1、σ_2、σ_3 表示,并按其代数值的大小排序,即 $\sigma_1 > \sigma_2 > \sigma_3$。

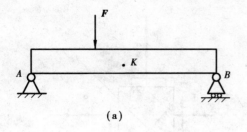
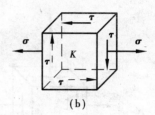

$$（a）\qquad\qquad（b）$$

图 9.1

按照不等于零的主应力数目,可以把点的应力状态分为三类。只有一个主应力不等于零的应力状态,称为单向应力状态;有两个主应力不为零的应力状态,称为二向应力状态或平面应力状态;三个主应力都不为零的应力状态,称为三向应力状态或空间应力状态。单向应力状态也称为简单应力状态,二向应力状态和三向应力状态也称为复杂应力状态。

9.2　平面应力状态的应力分析

平面应力状态是经常遇到的情况,以下分析任意斜截面上的正应力、切应力与已知应力间的关系,并确定极值应力的大小及其作用面的方位。

9.2.1　斜截面的应力

在图 9.2(a)所示微元体的各个面上,设应力分量 σ_x,σ_y,τ_x 和 τ_y 皆为已知。图 9.2(b)为微元体的正投影。σ_x 和 τ_x 是与 x 轴垂直的两平面上的正应力和切应力;σ_y 和 τ_y 是与 y 轴垂直的两平面上的正应力和切应力;与 z 轴垂直的两平面上无应力作用。关于应力的符号规定为:正应力以拉应力为正,压应力为负;切应力对微元体内的任意点的力矩为顺时针转向时为正,反之为负。按照上述符号规则,在图 9.2 中,σ_x、σ_y 和 τ_x 皆为正,而 τ_y 为负。

在微元体上取任一斜截面 ef 将微元体截为两部分,取楔形体 bef 部分为研究对象(图 9.2(c)或(d))。斜截面 ef 的外法线 n 与 x 轴之间的夹角用 α 表示;规定由 x 轴转到外法线 n,逆时针转向时 α 为正,反之为负。按照上述符号规则,图 9.2 中的 α 为正。斜截面 ef 上的正应力和切应力分别以 σ_α 和 τ_α 表示。设斜截面 ef 的面积为 dA,将作用于 bef 部分的力投影在外法线 n 和切线 t(图 9.2(e))上,列出平衡方程

$$\sigma_\alpha \mathrm{d}A + (\tau_x \mathrm{d}A\cos\alpha)\sin\alpha - (\sigma_x \mathrm{d}A\cos\alpha)\cos\alpha + (\tau_y \mathrm{d}A\sin\alpha)\cos\alpha - (\sigma_y \mathrm{d}A\sin\alpha)\sin\alpha = 0$$
$$\tau_\alpha \mathrm{d}A - (\tau_x \mathrm{d}A\cos\alpha)\cos\alpha - (\sigma_x \mathrm{d}A\cos\alpha)\sin\alpha + (\tau_y \mathrm{d}A\sin\alpha)\sin\alpha + (\sigma_y \mathrm{d}A\sin\alpha)\cos\alpha = 0$$

根据切应力互等定理,$\tau_x = \tau_y$,以 τ_x 代替 τ_y,解上列两个平衡方程,并利用三角函数关系式

$$\left.\begin{array}{l}\cos^2\alpha = \dfrac{1 + \cos 2\alpha}{2} \\[2mm] \sin^2\alpha = \dfrac{1 - \cos 2\alpha}{2} \\[2mm] 2\sin\alpha\cos\alpha = \sin 2\alpha \end{array}\right\}$$

将其结果简化可得

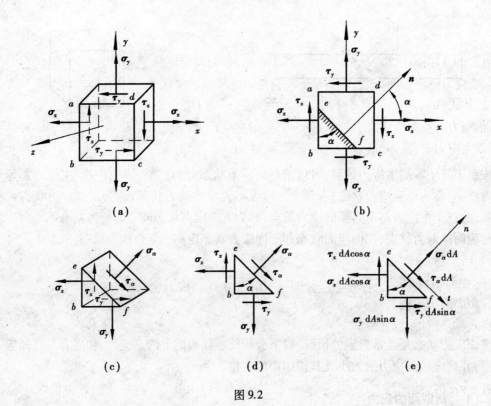

图 9.2

$$\sigma_\alpha = \frac{\sigma_x + \sigma_y}{2} + \frac{\sigma_x - \sigma_y}{2}\cos 2\alpha - \tau_x\sin 2\alpha \tag{9.1}$$

$$\tau_\alpha = \frac{\sigma_x - \sigma_y}{2}\sin 2\alpha + \tau_x\cos 2\alpha \tag{9.2}$$

以上公式表明任意斜截面 ef 上的正应力 σ_α 和切应力 τ_α 都是参数 2α 的函数。利用式 (9.1)、式(9.2),可以求得任意 α 截面上的正应力 σ_α 和切应力 τ_α。

9.2.2　极值应力及主平面

对构件进行强度计算时,需要确定受力构件的危险点的极值应力及其作用面的方位。利用式(9.1)、式(9.2)便可确定极值正应力和极值切应力及其作用面的方位。

(1)主平面、极值正应力

将公式(9.1)对 α 取导数并令导数等于零

即
$$\frac{\mathrm{d}\sigma_\alpha}{\mathrm{d}\alpha} = -2\left[\frac{\sigma_x - \sigma_y}{2}\sin 2\alpha + \tau_x\cos 2\alpha\right] = 0 \tag{a}$$

若 $\alpha = \alpha_0$ 时能满足上式,则在 α_0 所确定的截面上,正应力即为最大值或最小值。以 α_0 代入式(a)得到

$$\frac{\sigma_x - \sigma_y}{2}\sin 2\alpha_0 + \tau_x\cos 2\alpha_0 = 0 \tag{b}$$

由此得出

$$\tan 2\alpha_0 = -\frac{2\tau_x}{\sigma_x - \sigma_y} \tag{9.3}$$

由式(9.3)可以求出相差90°的两个角度 α_0,它们确定了两个互相垂直的平面,其中一个是最大正应力的作用平面,另一个是最小正应力的作用平面,说明两个主应力相互垂直。比较式(9.2)和式(b),可见满足式(b)的 α_0 角恰好使 τ_α 等于零。也就是说,在切应力等于零的平面上,正应力为最大值或最小值。因为切应力为零的平面是主平面,主平面上的正应力是主应力,所以主应力就是最大或最小的正应力。

从式(9.3)求出 $\sin 2\alpha_0$ 和 $\cos 2\alpha_0$,代入式(9.1),求得最大及最小的正应力为

$$\left.\begin{array}{r}\sigma_{\max} \\ \sigma_{\min}\end{array}\right\} = \frac{\sigma_x + \sigma_y}{2} \pm \sqrt{\left(\frac{\sigma_x + \sigma_y}{2}\right)^2 + \tau_x^2} \tag{9.4}$$

在导出以上各公式时,除了假设 σ_x、σ_y 和 τ_x 皆为正值外,并无其他限制。但在使用这些公式时,如约定用 σ_x 表示两个正应力中代数值较大的一个,即 $\sigma_x \geqslant \sigma_y$,则式(9.3)确定的两个角度 α_0 中,绝对值较小的一个确定 $\sigma_{\max}$ 的作用平面。

(2)极值切应力

将式(9.2)对 α 取导数并令导数等于零,即

$$\frac{\mathrm{d}\tau_\alpha}{\mathrm{d}\alpha} = (\sigma_x - \sigma_y)\cos 2\alpha - 2\tau_x\sin 2\alpha = 0 \tag{c}$$

若 $\alpha = \alpha_1$ 时,能满足上式,则在 α_1 所确定的斜截面上,切应力为最大或最小值。将 α_1 代入式(c),得到 $(\sigma_x - \sigma_y)\cos 2\alpha_1 - 2\tau_x\sin 2\alpha_1 = 0$

由此求得

$$\tan 2\alpha_1 = \frac{\sigma_x - \sigma_y}{2\tau_x} \tag{9.5}$$

由式(9.5)可以求出相差90°的两个角度 α_1,在它们确定的两个互相垂直的平面内,切应力为最大或最小值。由式(9.5)求出 $\sin 2\alpha_1$ 和 $\cos 2\alpha_1$,代入式(9.2),求出切应力的最大和最小值是

$$\left.\begin{array}{r}\tau_{\max} \\ \tau_{\min}\end{array}\right\} = \pm\sqrt{\left(\frac{\sigma_x - \sigma_y}{2}\right)^2 + \tau_x^2} \tag{9.6}$$

从式(9.6)可看出:切应力极值总是成对出现,二者大小相等、符号相反,且作用面互相垂直,符合切应力互等定律。比较式(9.3)和式(9.5)可见 $\tan 2\alpha_0 = -\dfrac{1}{\tan 2\alpha_1}$,所以有

$2\alpha_1 = 2\alpha_0 + \dfrac{\pi}{2}$,$\alpha_1 = \alpha_0 + \dfrac{\pi}{4}$,即最大和最小切应力的作用平面与主平面的夹角为45°。

9.2.3　应力圆的绘制及应用

(1)应力圆的概念

已知图9.2所示应力状态的 σ_x、σ_y 和 τ_x、τ_y 后,任意斜截面上的应力 σ_α 和 τ_α 分别为

$$\sigma_\alpha = \frac{\sigma_x + \sigma_y}{2} + \frac{\sigma_x - \sigma_y}{2}\cos 2\alpha - \tau_x\sin 2\alpha \tag{a}$$

$$\tau_\alpha = \frac{\sigma_x - \sigma_y}{2}\sin 2\alpha + \tau_x\cos 2\alpha \tag{b}$$

由于任意斜截面上的应力 σ_α 和 τ_α 都是参数 2α 的函数,若消去 2α,可得到 σ_α 和 τ_α 的关系式。将式(a)、式(b)改写为

$$\sigma_\alpha - \frac{\sigma_x + \sigma_y}{2} = \frac{\sigma_x - \sigma_y}{2}\cos 2\alpha - \tau_x\sin 2\alpha \tag{c}$$

$$\tau_\alpha = \frac{\sigma_x - \sigma_y}{2}\sin 2\alpha + \tau_x\cos 2\alpha \tag{d}$$

将式(c)、式(d)等号两边平方再相加得

$$\left(\sigma_\alpha - \frac{\sigma_x + \sigma_y}{2}\right)^2 + \tau_\alpha^2 = \left(\frac{\sigma_x - \sigma_y}{2}\right)^2 + \tau_x^2 \tag{e}$$

因为 σ_x、σ_y、τ_x 皆为已知量,所以式(e)是一个以 σ_α 和 τ_α 为变量的圆的方程,若以横坐标表示 σ,纵坐标表示 τ,则圆心的横坐标为 $\frac{1}{2}(\sigma_x + \sigma_y)$,纵坐标为零,圆的半径 $\lambda = \sqrt{(\frac{\sigma_x - \sigma_y}{2})^2 + \tau_x^2}$。此圆称为应力圆也称 Mohr 圆。应力圆上任一点的坐标都代表微元体内某一相应平面上的应力。

(2)应力圆的绘制

在平面应力状态下,当已知两相互垂直截面上的应力 σ_x,σ_y,τ_x 和 τ_y 时,可以不必计算出应力圆的圆心坐标及其半径,而直接绘出应力圆。下面以图 9.3(a)所示的微元体为例,说明应力圆的绘制方法。

①在 σ-τ 直角坐标系内,按选定的比例尺量取横坐标 $OB_1 = \sigma_x$,纵坐标 $B_1D_1 = \tau_x$,确定 D_1 点(图 9.3(b))。D_1 点的横坐标和纵坐标分别对应于微元体上垂直于 x 轴的截面上的正应力和切应力。

②量取 $OB_2 = \sigma_y$,$B_2D_2 = \tau_y$,确定 D_2 点,τ_y 为负,故 D_2 点的纵坐标也取负值。D_2 点的横坐标和纵坐标分别对应于微元体上以 y 轴为法线的截面上的正应力和切应力。连接 D_1、D_2 两点,交横坐标于 C 点,以 C 点为圆心,$\overline{CD_1}$ 为半径作圆,即为式(e)所表示的应力圆,如图 9.3(b)所示。

(3)应力圆的应用

应力圆表示 σ_α 及 τ_α 随着 2α 的改变而连续变化的关系,圆周上一点的坐标就代表微元体的某一截面上的应力。下面以图 9.3 所示的微元体为例,说明微元体应力状态与应力圆的对应关系。

1)利用应力圆确定任意斜截面上的应力

在图 9.3(b)的应力圆上,D_1 点的横坐标 $OB_1 = \sigma_x$,纵坐标 $B_1D_1 = \tau_x$,代表以 x 轴为法线的截面上的应力。图 9.3(a)中,由 x 轴转到 α 截面的外法线 n,逆时针转向,α 为正。若要确定 α 截面上的应力,只需在应力圆上,从 D_1 点沿圆周按逆时针方向转 2α 角,得到 E 点(图 9.3(b)),则 E 点的横坐标 $OF = \sigma_\alpha$,纵坐标 $EF = \tau_\alpha$,代表 α 截面上的应力。

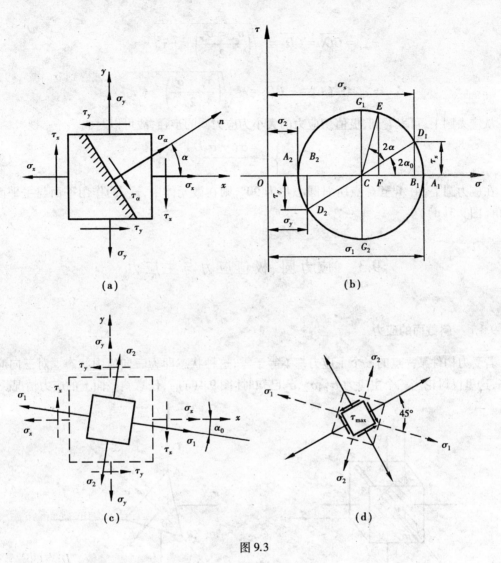

图 9.3

2）利用应力圆确定主应力的数值及主平面的方位

对于图 9.3（a）所示的微元体，从相应的应力圆（图 9.3（b））上，可以看出，A_1 及 A_2 的正应力为极值，而这两点的切应力为零，因此，这两点与主平面相对应，它们的横坐标分别代表两个主平面上的主应力值。

在应力圆上，由 D_1 点（代表法线为 x 轴的平面上的应力）至 A_1 点所对圆心角为顺时针的 $2\alpha_0$，在微元体中由 x 轴也按顺时针量取 α_0（按 α 角的符号规定，此角 α_0 应为负值），这就确定了 σ_1 作用平面法线（图 9.3（c））。

在应力圆上，由 A_1 点至 A_2 点所对圆心角为 180°，则在微元体中，主平面法线间的夹角为 90°，这说明两个主平面互相垂直（图 9.3（c））。

3）利用应力圆确定极值切应力及其作用面的方位

如图 9.3（b）所示作垂直半径 CG_1 和 CG_2，显然，$\overline{CG_1}$ 和 $\overline{CG_2}$ 就分别等于极值切应力，称为主切应力。

$$\tau_{max} = \overline{CG_1} = \overline{CD_1} = \sqrt{\left(\frac{\sigma_x - \sigma_y}{2}\right)^2 + \tau_x^2}$$

$$\tau_{min} = -\overline{CG_2} = -\overline{CD_1} = -\sqrt{\left(\frac{\sigma_x - \sigma_y}{2}\right)^2 + \tau_x^2}$$

从应力圆上,可以看到,极值切应力的大小为应力圆的半径,故可以写成

$$\left.\begin{array}{c}\tau_{max}\\\tau_{min}\end{array}\right\} = \pm\frac{\sigma_1 - \sigma_2}{2} \tag{9.7}$$

在应力圆上,由 A_1 至 G_1 点所对圆心角为 90°,则在微元体中,τ_{max} 的作用平面与主平面成 45°角(图 9.3(d))。

9.3　应力圆、极值应力与主应力

9.3.1　斜截面的应力

若受力构件某一点的三个主应力都不等于零,这种状态即为三向应力状态。对三向应力状态,这里仅讨论当三个主应力 σ_1、σ_2、σ_3 已知时[图 9.4(a)],任意斜截面上的应力情况。

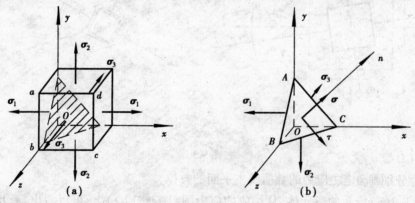

图 9.4

以任意斜截面 ABC 从微元体中取出四面体,如图 9.4(b)所示。设 ABC 的法线 n 的三个方向余弦为 l、m、n。根据平衡条件,可以求出斜截面 ABC 上的正应力 σ 和切应力 τ,即

$$\left.\begin{array}{c}\left(\sigma - \dfrac{\sigma_2 + \sigma_3}{2}\right)^2 + \tau^2 = \left(\dfrac{\sigma_2 - \sigma_3}{2}\right)^2 + l^2(\sigma_1 - \sigma_2)(\sigma_1 - \sigma_3)\\[2mm]\left(\sigma - \dfrac{\sigma_3 + \sigma_1}{2}\right)^2 + \tau^2 = \left(\dfrac{\sigma_3 - \sigma_1}{2}\right)^2 + m^2(\sigma_2 - \sigma_3)(\sigma_2 - \sigma_1)\\[2mm]\left(\sigma - \dfrac{\sigma_1 + \sigma_2}{2}\right)^2 + \tau^2 = \left(\dfrac{\sigma_1 - \sigma_2}{2}\right)^2 + n^2(\sigma_3 - \sigma_1)(\sigma_3 - \sigma_2)\end{array}\right\} \tag{a}$$

由于推导过程较为复杂,需要时可参阅有关资料。

在以 σ 为横坐标,τ 为纵坐标的坐标系中,以上三式是三个圆周的方程式。表明斜截面

ABC 上的应力既在第一式所表示的圆周上，又在第二和第三式所表示的圆周上，所以，以上三式所表示的三个圆周必交于一点，交点的坐标就是斜截面 ABC 上的应力。可见，在 σ_1、σ_2、σ_3 和 l、m、n 已知后，可以作出上述三个圆周中的任意两个，其交点的坐标即为该斜截面上的应力。

由于 $\sigma_1 > \sigma_2 > \sigma_3$，所以式（a）中第一式所确定的圆周的半径，大于和它同心的圆周的半径。这样，在图 9.5 中，由式（a）中第一式所确定的圆周在圆周 $A_2 A_3$ 之外。用同样的方法可以证明，由式（a）中第二式所确定的圆周在圆周 $A_1 A_3$ 之内；第三式所确定的圆周在圆周 $A_1 A_2$ 之外。因而，上述三个圆周的交点，即斜截面 ABC 上的应力所对应的点应在图 9.5 中画阴影线的部分之内。

$$\left(\sigma_n - \frac{\sigma_2 + \sigma_3}{2} \right)^2 + \tau_n^2 = \left(\frac{\sigma_2 - \sigma_3}{2} \right)^2$$

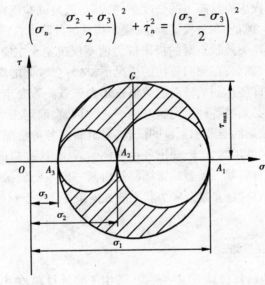

图 9.5

若所取斜截面平行于 σ_2，于是 $m = 0$。由式（a）中第二式所确定的圆周变成圆周 $A_1 A_3$。这表明斜截面的应力与 σ_2 无关，由 σ_1 和 σ_3 所确定的应力圆 $A_1 A_3$ 来表示。同理，平行于 σ_1 或 σ_3 的平面上的应力分别与 σ_1 或 σ_3 无关。

9.3.2　极值应力

在图 9.5 的阴影线的部分内，任何点的横坐标都小于 A_1 点的横坐标并大于 A_3 点的横坐标。任何点的纵坐标都小于 G 点的纵坐标。于是，正应力和切应力的极值分别为

$$\sigma_{\max} = \sigma_1, \quad \sigma_{\min} = \sigma_3, \quad \tau_{\max} = \frac{\sigma_1 - \sigma_3}{2} \tag{9.8}$$

在二向应力状态，当 $\sigma_1 > \sigma_2$，$\sigma_3 = 0$ 时，按式（9.8）$\tau_{\max} = \dfrac{\sigma_1}{2}$ 显然大于式（9.7），求得

$$\tau_{\max} = \frac{\sigma_1 - \sigma_2}{2}$$

式（9.7）仅考虑平行于 σ_3 的各平面。

9.4 强度理论

9.4.1 强度理论的概念

在强度问题中，失效包含两种不同的含义：一种是由于应力过大而产生裂缝并导致断裂，如铸铁拉伸或扭转时的破坏；另一种是由于构件产生过大的塑性变形，导致构件不能正常工作，如低碳钢拉伸、压缩时的塑性屈服破坏。

我们知道，构件在单向应力状态下的强度条件，都是通过试验确定极限应力值，然后直接用试验结果建立起来的。但是，在工程实际中，很多构件的危险点往往处于复杂应力状态。在复杂应力状态下，材料到达失效状态时的极限应力值不仅决定于主应力 σ_1、σ_2、σ_3 的大小，还决定于它们之间的比值。例如，在三向等拉的情况下，材料在较低的应力数值下就会失效；而在三向等压情况下，应力即使达到了较高的数值也不会失效。若完全通过试验来建立复杂应力状态下的强度条件，则必须对各种应力状态逐一进行试验，确定相应的极限应力，这是难以实现的。于是人们经过长期的实践和大量的试验，对材料在各种情况下的破坏现象进行了深入的分析研究，运用判断、推理的方法，提出各种不同的假说，这些假说认为，不论是简单应力状态还是复杂应力状态，材料某一类型的破坏都是由某一个主要因素引起的，这样，便可以利用简单应力状态的试验结果，建立复杂应力状态的强度条件。关于材料破坏原因的各种假说，称为强度理论。

9.4.2 四种常见的强度理论

强度理论既然是推测材料破坏原因的假说，适用于哪种材料，在什么条件下能够成立，都必须经过科学试验和生产实践的检验。本节仅介绍四种常用的强度理论及其适用范围。

(1)最大拉应力理论(第一强度理论)

这一理论认为最大拉应力是引起材料断裂破坏的主要因素。也就是认为不论是复杂应力状态还是简单应力状态，引起材料断裂破坏的主要因素都是最大拉应力 σ_1。在轴向拉伸情况下，材料断裂破坏的极限应力是强度极限 σ_b。按照这一理论，在复杂应力状态下，只要最大拉应力 σ_1 达到强度极限 σ_b，材料就会发生断裂破坏，由此可得其破坏条件为

$$\sigma_1 = \sigma_b$$

引入安全系数后，得到按第一强度理论建立的强度条件为

$$\sigma_1 \leqslant \frac{\sigma_b}{n_b} = [\sigma] \tag{9.9}$$

这个理论没有考虑其他两个主应力的影响，而且对没有拉应力的应力状态，这一理论无法应用。试验证明，这一强度理论只适用于铸铁、石料、玻璃等脆性材料，对塑性材料这一理论不宜选用。

(2)最大伸长线应变理论(第二强度理论)

这一理论认为最大伸长线应变 ε_1 是引起材料断裂破坏的主要因素。也就是认为不论是复杂应力状态还是简单应力状态，引起断裂破坏的主要因素都是最大伸长线应变 ε_1。在轴向

拉伸情况下,由胡克定律,拉断时,伸长线应变的极限值 $\varepsilon^0 = \dfrac{\sigma_b}{E}$,在复杂应力状态下,再由广义

胡克定律,最大伸长线应变值 $\varepsilon_1 = \dfrac{\sigma_1}{E} - v\left(\dfrac{\sigma_2}{E} + \dfrac{\sigma_3}{E}\right)$。

按照这一理论,在复杂应力状态下,当 $\varepsilon_1 = \varepsilon^0$ 时,材料就会发生断裂破坏,由此可得其破坏条件是 $\sigma_1 - v(\sigma_2 + \sigma_3) = \sigma_b$。

引入安全系数后,得到按第二强度理论建立的强度条件为

$$\sigma_1 - v(\sigma_2 + \sigma_3) \leqslant \dfrac{\sigma_b}{n_b} = [\sigma] \tag{9.10}$$

这一理论只与少数脆性材料在某些受力形式下的试验结果相符合,所以很少被采用。

(3)最大切应力理论(第三强度理论)

这一理论认为最大切应力 τ_{max} 是引起材料塑性屈服破坏的主要因素。也就是认为不论是复杂应力状态还是简单应力状态,引起材料塑性屈服破坏的主要因素都是最大切应力 τ_{max}。在轴向拉伸情况下,当横截面上拉应力达到屈服极限 σ_s 时,塑性材料就会发生屈服破坏,此时极限切应力 $\tau^0 = \dfrac{\sigma_s}{2}$,在复杂应力状态下,最大切应力 $\tau_{max} = \dfrac{\sigma_1 - \sigma_3}{2}$。

按照这一理论,在复杂应力状态下,当 $\tau_{max} = \tau^0$ 时,材料就会发生塑性屈服破坏。由此可得其破坏条件是 $\sigma_1 - \sigma_3 = \sigma_s$,引入安全系数后,得到按第三强度理论建立的强度条件为

$$\sigma_1 - \sigma_3 \leqslant \dfrac{\sigma_s}{n_s} = [\sigma] \tag{9.11}$$

这一强度理论与很多塑性材料在大多数受力情况下的试验结果相符合,(除三向拉应力状态外),计算式简单,因此,在机械设计中应用广泛。由于忽略了中间主应力的影响,在二向应力状态下,按这一理论设计的构件尺寸偏于安全。

(4)均方根切应力理论(第四强度理论)

这一理论认为引起材料塑性屈服破坏的主要因素是三个主切应力的均方根平均值,即均方根切应力 τ_{123}。

$$\tau_{123} = \sqrt{\dfrac{1}{3}(\tau_{12}^2 + \tau_{23}^2 + \tau_{31}^2)} \tag{a}$$

三个主切应力分别为

$$\tau_{12} = \dfrac{1}{2}(\sigma_1 - \sigma_2); \tau_{23} = \dfrac{1}{2}(\sigma_2 - \sigma_3); \tau_{31} = \dfrac{1}{2}(\sigma_3 - \sigma_1) \tag{b}$$

无论是简单应力状态还是复杂应力状态,引起材料塑性屈服破坏的主要因素都是均方根切应力 τ_{123}。在轴向拉伸情况下,当拉应力 $\sigma_1(\sigma_2 = \sigma_3 = 0)$ 达到屈服极限 σ_s 而产生塑性屈服破坏时,微元体相应的极限均方根切应力

$$\tau_{123}^0 = \sqrt{\dfrac{1}{12}(\sigma_s^2 + \sigma_s^2)} = \sqrt{\dfrac{1}{6}\sigma_s^2} \tag{c}$$

将式(b)代入式(a),得到复杂应力状态下的均方根切应力

$$\tau_{123} = \sqrt{\dfrac{1}{12}\left[(\sigma_1 - \sigma_2)^2 + (\sigma_2 - \sigma_3) + (\sigma_3 - \sigma_1)^2\right]}$$

按照这一理论,在复杂应力状态下,当 $\tau_{max} = \tau^0$ 时,材料就会发生塑性屈服破坏。由此可得其破坏条件

$$\sqrt{\frac{1}{2}\left[(\sigma_1 - \sigma_2)^2 + (\sigma_2 - \sigma_3)^2 + (\sigma_3 - \sigma_1)^2\right]} \leqslant \sigma_s$$

引入安全系数后,得到按第四强度理论建立的强度条件为

$$\sqrt{\frac{1}{2}\left[(\sigma_1 - \sigma_2)^2 + (\sigma_2 - \sigma_3)^2 + (\sigma_3 - \sigma_1)^2\right]} \leqslant \frac{\sigma_s}{n_s} = [\sigma] \tag{9.12}$$

这一理论考虑了中间主应力 σ_2 的影响,在二向应力状态下,这一理论比第三强度理论更符合实际,设计出的尺寸比按第三强度理论设计的要小一些,既合理又经济,故在工程中得到广泛应用。

9.4.3 四种常见强度理论应用

(1)相当应力

综合上述四个强度理论的强度条件,可写成如下统一的形式 $\sigma_r \leqslant [\sigma]$,式中 σ_r 称为复杂应力状态的相当应力。按照从第一强度理论到第四强度理论的顺序,相当应力分别为

$$\sigma_{r1} = \sigma_1, \quad \sigma_{r2} = \sigma_1 - v(\sigma_2 + \sigma_3), \quad \sigma_{r3} = \sigma_1 - \sigma_3$$

$$\sigma_{r4} = \sqrt{\frac{1}{2}\left[(\sigma_1 - \sigma_2)^2 + (\sigma_2 - \sigma_3)^2 + (\sigma_3 - \sigma_1)^2\right]}$$

需要指出的是:σ_r 为按不同的强度理论所得到的复杂应力状态下,几个主应力的综合值,并不是真正存在的应力值。

(2)选用强度理论的原则

通常情况下,脆性材料的破坏形式是断裂破坏,塑性材料的破坏形式往往是塑性屈服破坏。因此,在工程计算时,选用强度理论的原则是:对于脆性材料,采用第一强度理论;对于塑性材料,采用第三或第四强度理论。若是受力以及结构形式比较简单,可采用第四强度理论进行强度计算,若是受力及结构形式复杂,为安全起见,常采用第三强度理论作为强度准则。但材料的塑性和脆性不是绝对的,像低碳钢这类塑性很好的材料,在低温下,却表现出脆性断裂破坏;像大理石这样的脆性材料,在三向压缩时,却可以表现出很好的塑性,为此,必须按照可能发生的破坏形式选择合适的强度理论。

(3)应用强度理论解决实际问题的步骤

应用强度理论解决实际问题的步骤如下:
①分析受力构件危险点的应力;
②确定主应力 σ_1、σ_2、σ_3;
③选用适当的强度理论,计算相当应力 σ_r;
④应用强度条件 $\sigma_r \leqslant [\sigma]$ 进行强度计算。

小　结

点的应力状态和强度理论是建立复杂应力状态下强度条件的理论依据。本章介绍了点的

应力状态的分析方法和常用的强度理论。

①点的应力状态就是点在各个不同方位截面上的应力情况。对于二向应力状态,在任意方位截面上的应力计算公式为

$$\sigma_\alpha = \frac{\sigma_x + \sigma_y}{2} + \frac{\sigma_x - \sigma_y}{2}\cos 2\alpha - \tau_x \sin 2\alpha$$

$$\tau_\alpha = \frac{\sigma_x - \sigma_y}{2}\sin 2\alpha + \tau_x \cos 2\alpha$$

②微元体上切应力等于零的平面称为主平面,作用在主平面上的正应力称为主应力。围绕受力构件的任意一点,均存在三对相互垂直的主平面,通常将三个主应力用 σ_1、σ_2、σ_3 表示,并按其代数值的大小排序,即 $\sigma_1 > \sigma_2 > \sigma_3$。

③按主应力不等于零的数目,点的应力状态分为单向应力状态、二向应力状态、三向应力状态。

④对于二向应力状态,在主平面上,切应力为零,正应力为最大值或最小值,所以,主应力就是最大或最小的正应力。

最大、最小的正应力计算公式

$$\left.\begin{array}{r}\sigma_{\max}\\\sigma_{\min}\end{array}\right\} = \frac{\sigma_x + \sigma_y}{2} \pm \sqrt{\left(\frac{\sigma_x - \sigma_y}{2}\right)^2 + \tau_x^2}$$

最大、最小的切应力计算公式

$$\left.\begin{array}{r}\tau_{\max}\\\tau_{\min}\end{array}\right\} = \pm \sqrt{\left(\frac{\sigma_x - \sigma_y}{2}\right)^2 + \tau_x^2}$$

最大和最小切应力所在平面与主平面的夹角为 45°。

⑤应力圆上任一点的坐标都代表微元体内某一相应平面上的应力。利用应力圆可以确定任意方位截面上的应力、极值应力及其作用平面的方位。

⑥三向应力状态的极值应力分别为

$$\sigma_{\max} = \sigma_1, \sigma_{\min} = \sigma_3, \tau_{\max} = \frac{\sigma_1 - \sigma_3}{2}$$

⑦强度理论是关于材料破坏原因的假说,是建立复杂应力状态强度条件的理论依据。根据强度理论,可利用简单应力状态的实验结果,建立复杂应力状态的强度条件。

四个常用强度理论的强度条件,可写成如下统一的形式,即

$$\sigma_r \leqslant [\sigma]$$

式中,σ_r 称为复杂应力状态的相当应力。

选用强度理论的总原则是:对于脆性材料,采用第一强度理论;对于塑性材料,采用第三或第四强度理论。但材料的塑性和脆性不是绝对的,为此,必须按照可能发生的破坏形式选择合适的强度理论。

应用强度理论解决实际问题的步骤如下:

a.分析受力构件危险点的应力;

b.确定主应力 $\sigma_1, \sigma_2, \sigma_3$;

c.选用适当的强度理论,计算相当应力 σ_r;

d.应用强度条件 $\sigma_r \leqslant [\sigma]$ 进行强度计算。

习 题

9.1 何谓点的应力状态? 为什么要研究点的应力状态?

9.2 何谓主平面与主应力? 通过受力物体内某一点有几个主平面? 主应力与正应力有何区别与联系?

9.3 在微元体上最大正应力的作用面上有无切应力? 最大切应力的作用面上有无正应力?

9.4 "在某一点处的应力等于 900 MPa"的说法是否正确?

9.5 拉压构件上各点为_____应力状态;圆轴扭转时,其上各点为_____应力状态;其主应力位于_____截面上,大小与该点横截面上的切应力_____;纯弯曲时,梁上各点为_____应力状态;剪切弯曲时,梁上离中性轴最远的点为_____应力状态,中性轴上各点为_____应力状态,任意点为_____应力状态。

9.6 构件受力如图所示,图中 d、L、M、P 均为已知。要求:(1)确定危险点的位置;(2)用微元体表示危险点的应力状态。

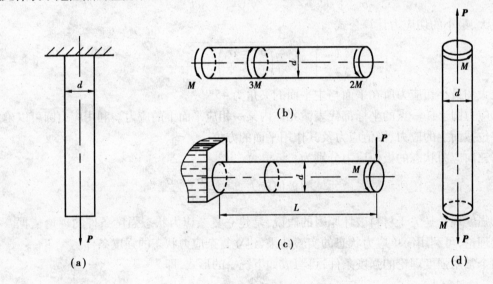

习题 9.6 图

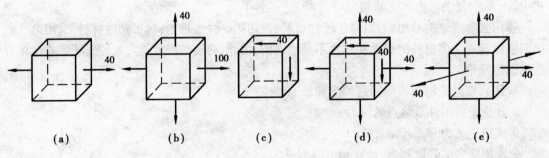

习题 9.7 图

9.7　试确定图所示微元体的主应力 σ_1、σ_2、σ_3，并指出微元体分别处于什么应力状态，应力单位为 MPa。

9.8　试确定图所示各微元体的主应力和最大的切应力，并在微元体上绘出主平面，应力单位为 MPa。

9.9　铸铁破坏时，为什么破坏面与轴线大致成 45°倾角？

9.10　自来水管内的水在冬季结冰时，水管常因承受内压而胀裂，显然，水管内的冰也受到了大小相等、方向相反的压力，但是冰不被破坏，试从应力状态解释这一现象。

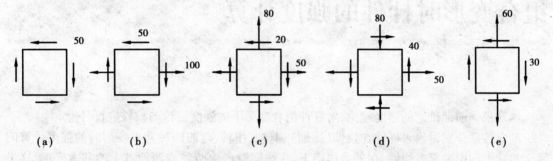

习题 9.8 图

9.11　各应力状态如图所示，试确定指定斜截面上的应力。应力单位为 MPa。

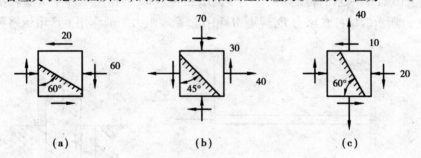

习题 9.11 图

9.12　试确定图所示的各微元体的极值应力，应力单位为 MPa。

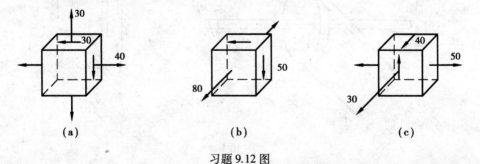

习题 9.12 图

第10章
组合变形时杆件的强度计算

本章根据前面讨论的强度理论,对杆件组合变形下的强度设计与校核进行讨论。

前面各章分别讨论了杆件在拉伸(压缩)、剪切、扭转、弯曲四种基本变形时的强度计算问题。实际工程中的很多构件,在外力作用下,往往同时产生两种或两种以上的基本变形,这类变形称为组合变形。例如,图 10.1(a)所示的 AB 梁,在外力 P_{By}、P_{Bx} 的作用下产生弯曲和拉伸组合变形;图 10.1(b)所示的转轴 AB,在力 F_1、F_2 和转矩 M_0 的作用下产生弯曲和扭转组合变形;图 10.1(c)所示的钻杆在压力 P,转矩 M_0 和孔壁摩擦阻力矩的作用下产生压缩和扭转组合变形。

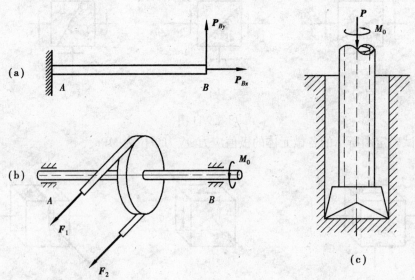

图 10.1

在小变形的前提下,杆件虽然同时存在几种基本变形,但每一种基本变形各自独立,互不影响,即任一载荷所引起的应力或应变不受其他载荷的影响。因此,研究组合变形的强度问题时,通常利用叠加原理计算杆件在横截面上的应力。具体步骤为:首先确定构件所受的外力,并将外力进行分解或简化,使每一组外力只产生一种基本变形,分别计算每一种基本变形各自引起的应力,然后进行应力叠加,求出这些应力的总和,得到杆件在原载荷作用下的应力,最后,进一步分析危险点的应力状态,选择合适的强度理论对其进行强度计算。

本章仅讨论弯曲与拉伸(压缩)、弯曲与扭转两种组合变形的强度问题。其他形式的组合变形,可运用同样的方法进行分析。

10.1 弯拉(压)组合强度计算

前面在研究直杆的轴向拉压变形时,限制所有外力或其合力沿轴线作用;在研究杆件的弯曲变形时,限制所有外力垂直轴线作用。然而,当杆件受到横向力和轴向力的共同作用时(图 10.2(a)),或外力的作用线平行于杆件轴线且不重合时(图 10.2(b)),杆件将产生弯曲与拉伸(压缩)组合变形。

现以图 10.2(b)所示的矩形等截面直杆为例,利用叠加原理来建立弯曲与拉伸(压缩)组合变形的强度条件。

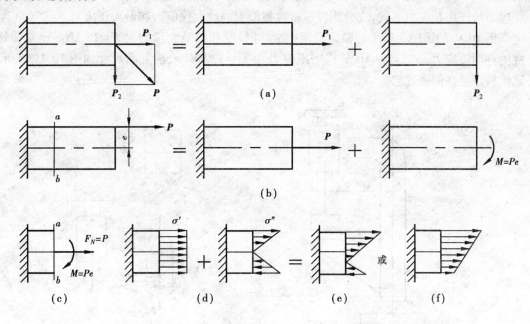

图 10.2

若外力的作用线与杆件的轴线平行而不重合,称为偏心拉力或偏心压力,外力作用线与杆件轴线的距离,称为偏心距 e。图 10.2(b)直杆在自由端作用一外力 P,可见,直杆受到偏心拉伸作用。若将力 P 平移到直杆的轴线上,得到一轴向力 P 和一附加力偶矩 Pe,轴向力 P 使直杆产生轴向拉伸变形,力偶矩 Pe 使直杆产生平面弯曲变形,直杆产生了弯曲与拉伸的组合变形。

用截面法将直杆沿 a-b 截面截开,取左半段为研究对象。左半段在约束力及横截面上的轴力 $F_N = P$ 和弯矩 $M = Pe$ 的共同作用下处于平衡状态,如图 10.2(c)所示,横截面上各点既有分布均匀的拉伸正应力 σ',又有分布不均匀的弯曲正应力 σ'',距离中性轴为 y 的点的弯曲正应力的大小为 $\sigma'' = My/I_z$,如图 10.2(d)所示。若弯曲正应力的最大值 $\sigma''_{max} = M/W_z$ 大于拉伸正应力 σ',叠加后,横截面的应力分布如图 10.2(e)所示,在横截面上边缘的各点有最大的拉

应力,在横截面下边缘的各点有最大的压应力,其值为

$$\sigma_{t\max}^{+} = \frac{M_{\max}}{W_Z} + \frac{F_N}{A}, \sigma_{c\max}^{-} = \frac{M_{\max}}{W_Z} - \frac{F_N}{A}$$

若弯曲正应力的最大值 $\sigma''_{\max} = M/W_Z$ 小于拉伸正应力 σ',叠加后,横截面的应力分布如图 10.2(f)所示,截面上边缘的各点有最大的拉应力,其值为

$$\sigma_{t\max}^{+} = \frac{M_{\max}}{W_Z} + \frac{F_N}{A}$$

式中的 $M_{\max}$ 为危险截面处的弯矩,W_Z 为抗弯截面系数。

显然叠加后,截面上、下边缘的各点是危险点,且处于单向应力状态,所以,弯拉(压)组合的强度条件为

$$\sigma_{\max}^{\pm} \leqslant [\sigma]^{\pm} \tag{10.1}$$

$[\sigma]^{\pm}$ 为材料的许用拉(压)应力。需要指出的是,应用上式进行强度计算时,应区分两种情况:对于塑性材料,可以只校核危险截面上应力绝对值最大的应力;对于脆性材料,由于许用压应力与许用拉应力不同,应分别校核危险截面上的最大拉应力和最大压应力。

例 10.1 图 10.3 所示的钻床机架在工作时,受到的最大压力为 $F = 15$ kN。已知铸铁立柱的许用拉应力 $[\sigma]^{+} = 40$ MPa,许用压应力 $[\sigma]^{-} = 120$ MPa,横截面尺寸如图 10.3(b)所示,试校核该立柱的强度。

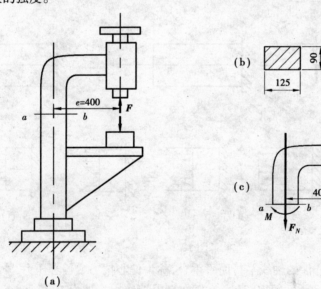

图 10.3

解 ①外力分析

由图可见,立柱受到偏心拉伸作用。若将力 F 平移到立柱的轴线上,得到一轴向力 F 和一附加力偶矩 Fe,轴向力 F 使立柱产生轴向拉伸,力偶矩 Fe 使立柱产生平面弯曲,故立柱的变形为弯曲与拉伸的组合变形。

②内力分析

用截面法将立柱沿任一截面 $a\text{-}b$ 截开,取上端为研究对象(图 10.3(c)),由平衡条件可知,截面上的轴力 F_N 和弯矩 M 分别为

$$F_N = F = 15 \times 10^3 \text{ N}, M = F_e = 15 \times 10^3 \times 400 \text{ N} \cdot \text{mm} = 6 \times 10^6 \text{ N} \cdot \text{mm}$$

③应力分析与强度计算

横截面上各点有分布均匀的拉应力 $\sigma' = F_N/A$，又有分布不均匀的弯曲正应力 σ''，在横截面 a-b，左、右侧边缘点有极值弯曲正应力 $\sigma''_{max} = M_{max}/W_Z$。

最大的压应力是立柱左侧边缘点的总应力，其值为

$$\sigma^-_{max} = \sigma''_{max} - \sigma' = \left(\frac{15 \times 10^3 \times 400}{90 \times 125^2/6} - \frac{15 \times 10^3}{125 \times 90} \right) \text{ MPa}$$

$$= (25.6 - 1.3) \text{ MPa} = 24.3 \text{ MPa} < [\sigma]^-$$

最大的拉应力是立柱右侧边缘点的总应力，其值为

$$\sigma^+_{max} = \sigma''_{max} + \sigma' = \left(\frac{15 \times 10^3 \times 400}{90 \times 125^2/6} + \frac{15 \times 10^3}{90 \times 125} \right) \text{ MPa}$$

$$= (25.6 + 1.3) \text{ MPa} = 26.9 \text{ MPa} < [\sigma]^+$$

计算结果表明，立柱的强度足够。

由计算的数据可见，由于力 F 偏心而引起的弯曲正应力，远大于轴向拉伸正应力。因此，在弯曲与拉伸(压缩)组合变形中，一般的情况下，弯曲正应力是主要的。避免偏心载荷是提高构件承载能力的一个重要措施。

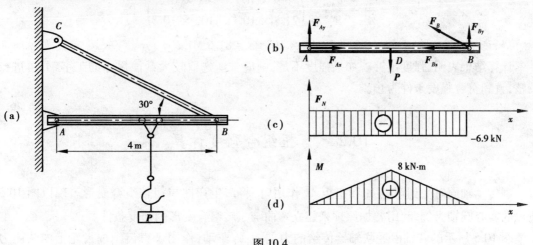

图 10.4

例 10.2 悬臂吊车如图 10.4 所示的最大吊重 $P = 8$ kN，横梁 AB 为工字钢，许用应力 $[\sigma] = 100$ MPa。若不计横梁的自重，试选择工字钢的型号。

解 ①外力分析

当力 P 位于横梁 AB 的中点 D 时，中点截面的弯矩最大，此处是危险截面。取横梁 AB 为研究对象，横梁的受力图如图 10.4(b)所示。为了便于分析，将拉杆 BC 的作用力 F_B 分解为 F_{Bx} 和 F_{By}。由平衡条件得

$$F_{Ay} = F_{By} = 4 \text{ kN}, F_{Ax} = F_{Bx} = F_{By} \text{ctan} 30° = 6.9 \text{ kN}$$

轴向力 F_{Ax} 和 F_{Bx} 使横梁产生轴向压缩变形，横向力 F_{Ay} 和 F_{By} 使横梁产生平面弯曲变形，横梁 AB 产生了弯压组合变形。

②内力分析

横梁 AB 的轴力图和弯矩图如图 10.4(c)、(d)所示。由图可以看出，D 截面是危险截面，

其轴力和弯矩值(指绝对值)分别为

$$F_N = F_{Ax} = 6.9 \text{ kN}, M_{max} = F_{Ay} \times 3 = 4 \times 2 \text{ kN} \cdot \text{m} = 8 \text{ kN} \cdot \text{m}$$

③应力分析

横截面上各点有分布均匀的压应力 $\sigma' = F_N/A$,又有分布不均匀弯曲正应力 σ'',在危险截面上、下边缘点有极值弯曲正应力 $\sigma''_{max} = M_{max}/W_Z$。因为横梁材料为塑性材料,所以只需校核绝对值最大的应力。最大应力发生在危险截面的上边缘,危险点的应力为

$$\sigma_{max} = \frac{F_N}{A} + \frac{M_{max}}{W_Z}$$

④选择工字钢型号

在最大应力计算式中包含 A、W_Z 两个未知数,无法求解。因此,通常先不考虑与轴力 F_N 对应的正应力,仅按弯曲强度条件初步选择工字钢型号。由弯曲强度条件可得

$$W_Z \geqslant \frac{M_{max}}{[\sigma]} = \frac{8 \times 10^3}{100 \times 10^6} \text{ m}^3 = 80 \times 10^{-6} \text{ m}^3 = 80 \text{ cm}^3$$

查型钢表,选取 14 号工字钢,$A = 21.5 \text{ cm}^2$,$W_Z = 102 \text{ cm}^3$,选定工字钢型号后,再按弯压组合变形强度条件进行校核,即

$$\sigma_{max}^- = \frac{F_N}{A} + \frac{M_{max}}{W_Z} = \left(\frac{6.9 \times 10^3}{21.5 \times 10^{-4}} + \frac{8 \times 10^3}{102 \times 10^{-6}} \right) \text{ Pa}$$

$$= (3.2 + 78.4) \times 10^6 \text{ Pa} = 81.6 \text{ MPa} < [\sigma]$$

计算结果表明,强度足够。如果强度不足,则应重新选取较大截面尺寸的工字钢,再进行校核,直到符合强度条件为止。

10.2　弯扭组合强度计算

当传动轴同时受到弯矩 M 和扭矩 M_n 作用时,将产生弯曲与扭转组合变形。现以图 10.5 所示的实心圆轴为例,利用叠加原理来建立弯曲与扭转组合变形的强度条件。

图 10.5 所示的转轴由经联轴器传给的力偶矩 M_0 驱动,作用于直齿圆柱齿轮上的法向力可分解为圆周力 F_t,径向力 F_r,齿轮分度圆直径为 D。圆周力 F_t 向轴线简化后,得到一横向力 F_t 和力偶矩 $F_t D/2$,由平衡条件,$M_0 = F_t D/2$。力偶矩 M_0 和 $F_t D/2$ 引起轴的扭转变形,产生平行于横截面的切应力 τ,横向力 F_t 和 F_r 分别引起轴在水平面和铅垂面内的弯曲变形,产生垂直于横截面的弯曲正应力 σ。轴发生了双向弯曲和扭转的组合变形。为了确定危险截面的位置,分别作出轴在 xy 平面内的受力情况及弯矩图(10.5(b));在 xz 面内的受力情况及弯矩图(10.5(c));轴的扭矩图(10.5(d))。轴在 CD 段内各截面上的扭矩 $M_n = M_0$,但截面 C 上的弯矩 M_{Cz} 和 M_{Cy} 都为最大值,故截面 C 为危险截面。按矢量合成的方法,在此截面上的合成弯矩为 $M_w = \sqrt{M_{Cz}^2 + M_{Cy}^2}$,合成弯矩 M_w 的作用面垂直于 M_w(如图 10.6 所示)。与扭矩 M_n 对应的切应力在横截面的边缘各点达极大值 $\tau_n = M_n/W_n$,与弯矩 M_{Cw} 对应的正应力在危险截面的 C_1 和 C_2(如图 10.6 所示)达极大值 $\sigma_w = M_w/W_z$,显然,C_1、C_2 点是危险点。由于 C_1 点和 C_2 点处于平面应力状态,必须采用适当的强度理论进行强度计算。机械中承受弯扭组合变形的轴多用塑性

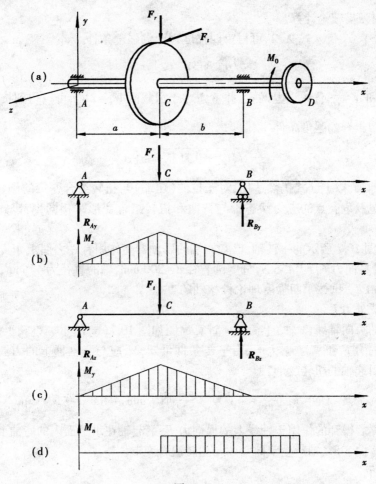

图 10.5

材料制成,因此,常采用第三或第四强度理论进行强度计算。

(1)按第三强度理论计算

由于塑性材料的抗拉和抗压强度相等,则在危险点 C_1 和 C_2 中,只要校核一点的强度就可以了。首先由式 9.4 求得 C_1 的主应力

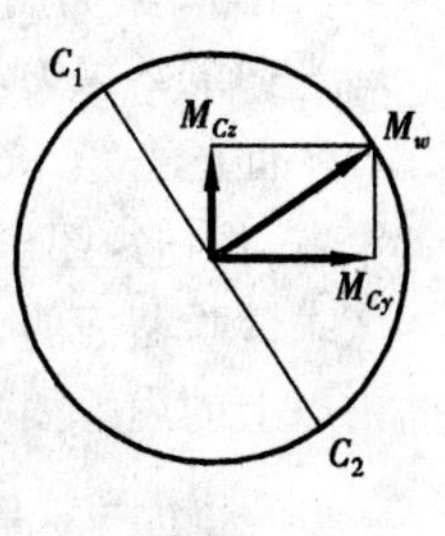

$$\left.\begin{array}{c}\sigma_1\\\sigma_3\end{array}\right\} = \frac{\sigma_w}{2} \pm \sqrt{\left(\frac{\sigma_w}{2}\right)^2 + \tau_n^2}$$

$$\sigma_2 = 0$$

将主应力 σ_1、σ_3 代入式 9.11,可得按第三强度理论建立的强度条件

$$\sqrt{\sigma_w^2 + 4\tau_n^2} \leqslant [\sigma] \qquad (10.2)$$

图 10.6

将 $\tau_n = \dfrac{M_n}{W_n}$ 和 $\sigma_w = \dfrac{M_w}{W_z}$ 代入以上两式,并考虑对于圆截面 $W_n = 2W_z$,可以得到按第三强度理论建立的圆轴弯扭组合的强度条件

$$\frac{1}{W_Z}\sqrt{M_w^2 + M_n^2} \leqslant [\sigma] \qquad (10.3)$$

（2）按第四强度理论计算

将主应力 σ_1、σ_2 代入式 9.12，可得第四强度理论的强度条件

$$\sqrt{\sigma_w^2 + 3\tau_n^2} \leqslant [\sigma] \tag{10.4}$$

将 $\tau_n = \dfrac{M_n}{W_n}$ 和 $\sigma = \dfrac{M_w}{W_z}$ 代入以上两式，并考虑对于圆截面 $W_n = 2W_z$，可以得到按第四强度理论建立的圆轴弯扭组合的强度条件

$$\frac{1}{W_z}\sqrt{M_w^2 + 0.75M_n^2} \leqslant [\sigma] \tag{10.5}$$

对于空心圆轴，以上公式仍然适用；对于拉伸（压缩）与扭转组合变形的圆杆，由于危险截面上的应力情况及危险点的应力状态都与弯曲和扭转组合变形时相同，所以式 10.2、式 10.4 仍然适用。

例 10.3 图 10.7 所示的一转轴，已知右端的联轴器上作用有一力偶矩 M_0，直齿轮的圆周力 $F_t = 4\,000$ N，径向力 $F_r = 1\,456$ N，分度圆直径 $d = 200$ mm，轴的直径为 45 mm，轴材料的许用应力 $[\sigma] = 80$ MPa。试按第四强度理论校核轴的直径。

解 ①简化外力系

将齿轮上的力向轴线（x 轴）上简化。计算简图如图 10.7（b）所示。齿轮上的圆周力 F_t 简化后得到一径向力 F_t 和一力偶矩 M_1，由平衡条件可知，M_1 应与联轴器上的力偶矩 M_0 大小相等、方向相反，引起轴的扭转变形，即

$$M_0 = M_1 = F_t \cdot \frac{d}{2} = 4\,000 \times \frac{200}{2} \text{ N} \cdot \text{mm} = 400\,000 \text{ N} \cdot \text{mm}$$

向 x 轴简化后得到的作用于轴线上的横向力 F_t 引起轴在水平面内的弯曲变形，F_r 引起轴在铅垂面内的弯曲变形，轴产生双向弯曲与扭转组合变形。

②内力分析

首先作 xy 平面内的受力图、弯矩图（图 10.7（c））

xy 平面约束力 $F_{Ay} = 728$ N，$F_{By} = 728$ N

xy 平面的弯矩 $M_{cz} = F_{Ay} \times 100 = 728 \times 100$ N $\cdot$ mm $= 72\,800$ N $\cdot$ mm

其次作 xz 平面内的受力图、弯矩图（图 10.7（d））

xz 平面的约束力 $F_{Az} = 2\,000$ N，$F_{Bz} = 2\,000$ N

xz 平面的弯矩 $M_{cy} = F_{Az} \times 100 = 2\,000 \times 100$ N $\cdot$ mm $= 2 \times 10^5$ N $\cdot$ mm

第三，作扭矩图（图 10.7（e））$M_n = M_0 = 4 \times 10^5$ N $\cdot$ mm

③求危险截面的合成弯矩

由以上的内力图可以判定，轴的危险截面为截面 C。在截面 C 上合成弯矩

$$M_w = \sqrt{M_{cx}^2 + M_{cy}^2} = \sqrt{72\,800^2 + 200\,000^2} \text{ N} \cdot \text{mm} = 212\,838 \text{ N} \cdot \text{mm}$$

④校核轴的直径

按第四强度理论的强度条件

$$\frac{1}{W_z}\sqrt{M_w^2 + 0.75M_n^2} = \frac{\sqrt{212\,838^2 + 0.75 \times 400\,000^2}}{\dfrac{\pi \times 45^3}{32}} \text{ MPa} = 45.44 \text{ MPa} < [\sigma]$$

故轴的直径满足强度条件。

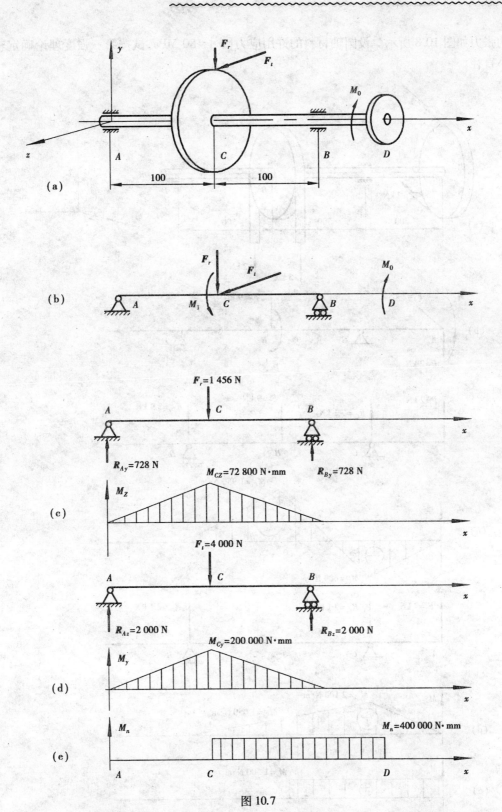

图 10.7

例 10.4　一钢制圆轴,装有两个皮带轮,两轮有相同的直径 $D=1$ m 及重量 $P=2$ kN。皮带的张力如图 10.8 所示。设圆轴材料的许用应力 $[\sigma]=80$ MPa,试按第三强度理论确定轴的最小直径。

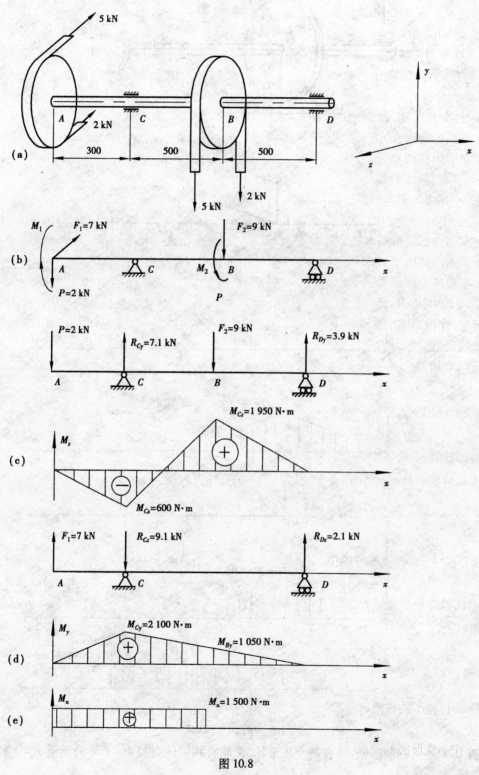

图 10.8

解　①简化外力系

将皮带的张力向轴线简化,以作用在轴线上的集中力及力偶来代替。轴的计算简图如图 10.8(b)所示。在 A 处作用有向下的带轮重力 $P=2$ kN 及水平方向的力 $F_1=7$ kN 和力偶矩 $M_1=(5-2)\times10^3\times0.5=1\,500$ N·m,在 B 处作用有向下力 $F_2=9$ kN 和力偶矩 $M_2=(5-2)\times10^3\times0.5=1\,500$ N·m,横向力 P、F_1 和 F_2 使轴产生弯曲变形,力偶矩 M_1、M_2 使轴产生扭转变形,轴产生了弯扭组合变形。

②内力分析

首先,作轴在 xy 平面内的受力图、弯矩图(图 10.8(c))

xy 平面内约束力 $R_{Cy}=7.1$ kN,$R_{Dy}=3.9$ kN

xy 平面内截面 C 处的弯矩 $M_{Cz}=-P\times0.3=-2\,000\times0.3$ N·m$=-600$ N·m

xy 平面内截面 B 处的弯矩

$M_{Bz}=-P\times0.8+R_{Cy}\times0.5=(-2\,000\times0.8+7\,100\times0.5)$ N·m$=1\,950$ N·m

其次,作 xz 平面内的受力图、弯矩图(图 10.8(d))

xz 平面内的约束力 $R_{Cz}=9.1$ kN,$R_{Dz}=2.1$ kN

xz 平面内截面 C 处的弯矩 $M_{cy}=F_1\times0.3=7\,000\times0.3$ N·m$=2\,100$ N·m

xz 平面内截面 B 处的弯矩

$M_{By}=F_1\times0.8-R_{Cz}\times0.5=(7\,000\times0.8-9\,100\times0.5)$ N·m$=1\,050$ N·m

第三,作扭矩图(图 10.8(e))　　$M_n=1\,500$ N·m

③确定危险截面的合成弯矩

截面 C 处的合成弯矩

$$M_{cw}=\sqrt{M_{cz}^2+M_{cy}^2}=\sqrt{(-600)^2+2\,100^2}\text{ N·m}=2\,184\text{ N·m}$$

截面 B 处的合成弯矩

$$M_{Bw}=\sqrt{M_{Bz}^2+M_{By}^2}=\sqrt{1\,950^2+1\,050^2}\text{ N·m}=2\,215\text{ N·m}$$

所以,轴的危险截面为截面 B。

④校核轴的直径:按第三强度理论的强度条件

$$\frac{1}{W_Z}\sqrt{M_w^2+M_n^2}\leqslant[\sigma]\text{ 代入数据}$$

得

$$\frac{\sqrt{2\,215^2+1\,500^2}}{\frac{\pi}{32}d^3}\leqslant80\times10^6$$

由此轴的最小直径为　$d=0.07$ m$=70$ mm

小　结

本章讨论了构件组合变形时的强度问题。要求掌握弯拉(压)组合和弯扭组合的强度计算方法。

①在小变形的前提下,杆件虽然同时存在几种基本变形,但每一种基本变形各自独立,互不影响。

②利用叠加原理进行组合变形强度计算的一般步骤如下：

第一，外力分析

确定构件所受的外力，并将外力进行分解或简化，使每一组外力只产生一种基本变形。

第二，内力分析

计算构件在各基本变形下的内力，必要时画出内力图，确定危险截面。

第三，确定危险点的应力

根据危险截面上的应力分布情况，确定危险点，分别计算各基本变形在危险点产生的应力，然后进行叠加，求出这些应力总和，得到危险点在原载荷作用下的应力。

③强度计算：

根据危险点的应力状态和构件材料，选择合适的强度理论，进行强度计算。

a.弯拉（压）组合变形的危险点是单向应力状态。其强度条件为 $\sigma_{max}^{\pm} \leqslant [\sigma]^{\pm}$

b.弯扭转组合变形的危险点是双向应力状态。

按第三强度理论建立的弯扭组合的强度条件是 $\sqrt{\sigma_w^2 + 4\tau_n^2} \leqslant [\sigma]$

按第三强度理论建立的圆轴弯扭组合的强度条件是 $\dfrac{1}{W_Z}\sqrt{M_w^2 + M_n^2} \leqslant [\sigma]$

按第四强度理论建立的弯扭组合的强度条件是 $\sqrt{\sigma_w^2 + 3\tau_n^2} \leqslant [\sigma]$

按第四强度理论建立的圆轴弯扭组合的强度条件 $\dfrac{1}{W_Z}\sqrt{M_w^2 + 0.75M_n^2} \leqslant [\sigma]$

习　题

10.1　一钩头螺钉受力如图所示，已知 $P=1.5$ kN，螺纹小径 $d=15.6$ mm，距离 $e=15$ mm，螺钉的许用应力 $[\sigma]=100$ MPa。试校核螺钉的强度。

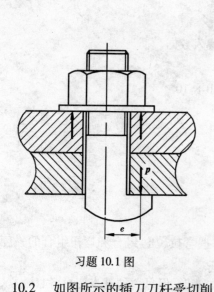

习题 10.1 图

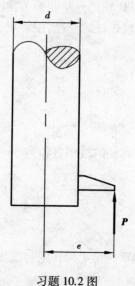

习题 10.2 图

10.2　如图所示的插刀刀杆受切削力 $P=1$ kN 作用，刀杆直径 $d=20$ mm，距离 $e=25$ mm，刀杆材料的许用应力$[\sigma]=80$ MPa。试校核刀杆的强度。

10.3　带有缺口的钢板如图所示,已知拉力$F=80$ kN,钢板的许用应力$[\sigma]=140$ MPa。不考虑应力集中的影响,试校核钢板的强度。

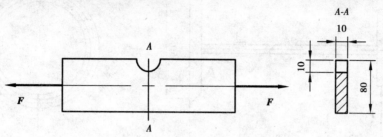

习题 10.3 图

10.4　如图所示的空心钻杆的外径为$D=152$ mm,内径为$d=120$ mm,钻杆的最大推进压力$P=180$ kN,转矩$M_0=17.3$ kN·m,钻杆的许用应力$[\sigma]=100$ MPa,按第三强度理论校核钻杆的强度。

10.5　一曲拐受力如图所示,若曲拐的许用应力$[\sigma]=80$ MPa,试按第四强度理论确定曲拐圆形部分的直径d。

10.6　一转轴如图所示,轴上圆锥齿轮的圆周力$F_1=4.8$ kN、径向力$F_2=0.8$ kN、轴向力$F_3=1.6$ kN,直齿圆柱齿轮的圆周力$F_4=8$ kN、径向力$F_5=2.9$ kN,轴的直径为48 mm,轴的许用应力$[\sigma]=100$ MPa,试按第四强度理论校核轴的强度(轴向力F_3的轴向压缩作用忽略不计)。

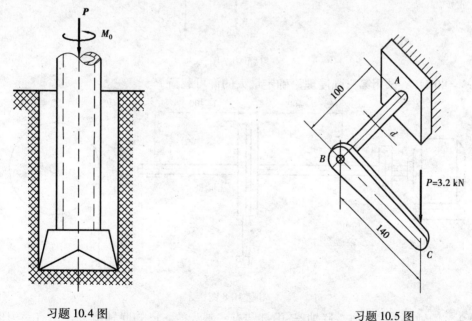

习题 10.4 图　　　　　　　　习题 10.5 图

10.7　一圆轴如图所示,圆轴由左端的联轴器驱动,带轮两边的拉力分别为 3 kN 和6 kN,带轮自重 1 kN,带轮直径为 500 mm。轴的许用应力$[\sigma]=80$ MPa,试用第三强度理论确定轴的直径。

10.8　圆轴由电动机带动,轴上装有一鼓轮,鼓轮直径 250 mm,轴的直径 50 mm,轴许用

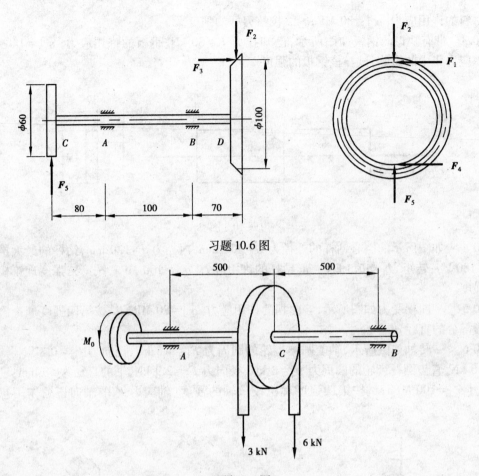

习题 10.6 图

习题 10.7 图

应力$[\sigma]=80$ MPa，试用第三强度理论确定最大的许可载荷 P。

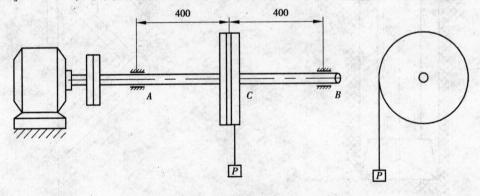

习题 10.8 图

10.9 圆轴的右端装有一联轴器，中部装有一斜齿轮。已知联轴器上作用有一力偶 M_0，斜齿轮的圆周力 $F_t=3\,000$ N、径向力 $F_r=1\,100$ N、轴向力 $F_a=450$ N，齿轮分度圆直径为 200 mm。轴的直径为 50 mm，轴的许用应力$[\sigma]=80$ MPa，试用第三强度理论校核轴的强度。

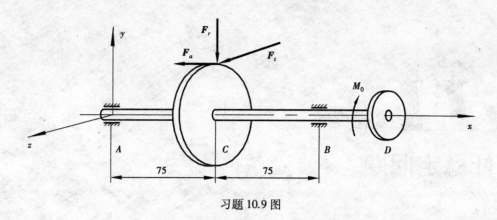

习题 10.9 图

第11章
压杆稳定问题

细长杆件在承受轴向压力时,可能因为平衡的不稳定性而发生失效,这种失效称为稳定性失效,受压杆件的稳定性对于工程设计十分重要,本章介绍压杆稳定性的概念,找出影响压杆稳定性失效的主要因素,对压杆的稳定性进行计算和校核。

11.1   稳定性概念

在工程实际中受到压力的杆件还有一种失效就是稳定性失效。图 11.1 托架结构是一种

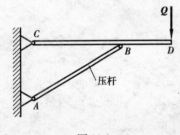

图 11.1

常见的工程结构,在外加载荷 Q 的作用下,AB 杆两端受到轴向的压力,在静力学平衡状态下,当 AB 杆比较短的时,此杆的失效主要考虑强度失效,如果 AB 杆过于细长,当轴向压力较大时,特别是给杆件 AB 施加一横向干扰力的话,其失效不但要考虑强度失效,还要考虑因为杆丧失稳定性而发生破坏,这就说明随着压杆的长度增加,其承载能力大大降低从而发生失效。由于这种失效经常是突然发生的,会给工程结构或机械带来极大的破坏,因此,对于构件特别是细长承受压力的构件进行稳定性计算是必要的;工程上将细长压杆受到外界施加的其他载荷或干扰因素时,失去原有工作状态而发生失效叫作稳定性失效。

为什么细长压杆会发生稳定性失效? 取一根下端固定约束,上端自由的细长理想直杆,在上端施加轴线方向的压力 P 如图 11.2(a)所示,根据轴向压缩原则,用截面法求得此杆横截面的内力 N,由静力学平衡方程得到 $N=P$,此式成立的前提为此杆处于平衡状态,就是说原始直线状态没有任何变化,在这个位置时,杆件是平衡的,杆件保持静力学平衡方程的位置称为平衡位置,这种情况主要应用静力学平衡方程,通过截面法揭示出内力,进而考虑截面尺寸因素,计算出应力,与该构件的许用压应力进行比较,看是否满足给定的强度条件,由此判断其是否失效。实际情况下完全没有外界干扰的情况是很少的,并不是说外加载荷 P 无论多大,杆都能确保在平衡位置,杆件的平衡状态要看外加载荷 P 的大小、杆件的长短和外界干扰情况,于

是在实际情况下,出现了杆件稳定状态和不稳定状态之分。比如在横向方向施加一个干扰力,使得直杆发生微小弯曲后,压杆偏离了原始的平衡位置如图 11.2(b)所示,此时杆件受到两个外力即外加载荷 P 和干扰力,那么这个压杆是否还能保持原始的平衡状态? 当撤销干扰力后,可能出现两种情况,一种是在外加载荷 P 作用下,杆件经过反复振荡后恢复到原来平衡位置如图 11.2(c)所示,这种情况需要外加载荷 $P \leqslant P_{cr}$(P_{cr} 为某一临界力);反之,如果外加载荷 $P > P_{cr}$,撤销干扰力后,杆件无法恢复到原来的平衡位置,只能在一定弯曲变形下保持平衡如图 11.2(d)所示。由此说明压杆存在两种状态即稳定和不稳定状态,把介于稳定平衡状态与不稳定状态,叫作临界状态,使压杆处于临界状态的压缩载荷叫作压杆的临界载荷(或压杆的临界力)用 P_{cr} 表示,P_{cr} 取决于压杆的尺寸、材料及支承情况。上述情况属于工程实际情况,说明细长压杆在外加载荷超过临界载荷后,当出现外界的干扰时,会发生稳定性失效。

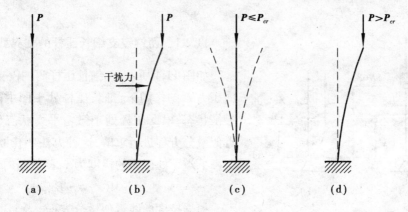

图 11.2

　　换个角度看,当压力 $P \leqslant P_{cr}$ 时,压杆直线形状的平衡属于稳定状态,当压力 $P > P_{cr}$ 时,压杆直线形状属于不稳定状态,原因在于:当撤销干扰力瞬间,压杆处于微小弯曲状态如图 11.3(a)所示,压力 P 对杆内任一横截面都施加了外力矩 $P(\delta - y)$,由此各横截面上产生了与之平衡的弯矩 $M_e = EI/\rho(x)$($\rho(x)$ 为轴线弯曲的曲率半径)如图 11.3(b)所示,由于弯矩 M_e 的存在使得压杆具有恢复到原始直线平衡位置趋势的能力。当 $P \leqslant P_{cr}$ 时,则 $P(\delta - y) < EI/\rho(x)$,为了维持压杆的平衡,各横截面的弯矩自动减小,曲率半径 $\rho(x)$ 增大,直到恢复为直线平衡位置;当 $P > P_{cr}$ 时,则 $P(\delta - y) \geqslant EI/\rho(x)$,压杆只能在一定弯曲变形下平衡。

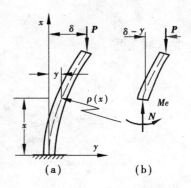

图 11.3

　　注意并不是说当 $P > P_{cr}$ 时,压杆就不平衡了,只是说不能维持原始直线平衡状态,而要保持一定弯曲后才能保持平衡,这种弯曲状态下的平衡,对于杆件的正常工作会产生较大影响,另外当 $P \gg P_{cr}$ 时,这种弯曲程度会加剧,可能导致压杆大幅度弯曲甚至折断。如果出现该情况,整体结构就可能无法正常工作,所以这两种情况均被认为是杆件稳定性失效。

　　由此得到当压力 P 逐渐增大到 P_{cr} 时,压杆从稳定平衡过渡到不稳定平衡,介于稳定平衡状态与不稳定平衡状态叫作临界状态,使得杆件处于临界状态的压缩载荷称为临界载荷(或叫临界力)P_{cr},因此,压杆的临界力 P_{cr} 是表征压杆抵抗失稳能力的物理量,P_{cr} 值越大,表示压杆越不容易失稳,显然判断压杆本身是否处于稳定状态,会不会发生失效,压力 P 达到多大值后压杆就会发生失效,关键的问题在于确定压杆的临界力 P_{cr}。

11.2 细长压杆临界载荷的欧拉公式

通过前面的介绍可以看出,随着压杆长度的增加,压杆抵抗外力的性质发生了根本性的变化,细长压杆不但要考虑其自身的强度失效,还应考虑稳定性失效,而要判断其抵抗稳定性失效的能力,关键在于确定压杆的临界力 P_{cr}。以下讨论几种条件下压杆的临界力 P_{cr} 的具体计算方法。

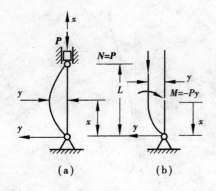

图 11.4

11.2.1 两端铰支细长压杆的临界载荷

如图 11.4 所示,一细长压杆两端铰支约束,在轴向压力 P 的作用下,细长压杆处于图中微小弯曲的平衡状态,根据压杆处于微弯平衡状态下的挠曲线近似微分方程进行求解,这种方法叫作欧拉法,此时距杆下端 x 处截面的挠度为 y,该截面的弯矩为

$$M(x) = -Py \tag{a}$$

根据挠度曲线近似微分方程

$$\frac{\mathrm{d}^2 y}{\mathrm{d}x^2} = \frac{M(x)}{EI} \tag{b}$$

两式联立可写成

$$EI \frac{\mathrm{d}^2 y}{\mathrm{d}x^2} = -Py \tag{c}$$

令 $k^2 = \dfrac{P}{EI}$,式(c)可写成

$$\frac{\mathrm{d}^2 y}{\mathrm{d}x^2} + k^2 y = 0 \tag{d}$$

此方程通解为

$$y = C_1 \sin kx + C_2 \cos kx \tag{e}$$

C_1、C_2 为积分待定系数,由约束条件确定,因为 $y(0) = y(l) = 0$,带入上式建立方程组求解得到 $C_2 = 0, 0 = C_1 \sin kl$,由此解得:$C_1 = 0$ 或 $\sin kl = 0$,由于两个积分系数不能均为 0,否则说明杆件没有任何的弯曲,这与实际情况不符,所以只可能 $\sin kl = 0$,满足此条件的解为

$kl = n\pi, n = 0, 1, 2, 3, \cdots$,根据 $k^2 = \dfrac{P}{EI}$,得到 $k = \sqrt{\dfrac{P}{EI}} = \dfrac{n\pi}{l}$

由 $P = \dfrac{(n\pi)^2 EI}{l^2}$,取 $n = 1$,则临界力 P_{cr} 为

$$P_{cr} = \frac{\pi^2 EI}{l^2} \tag{11.1}$$

式中　E——压杆材料的弹性模量；

　　　I——压杆横截面对中性轴的惯性矩；

　　　l——压杆的长度。

(11.1)式称为两端铰支压杆临界力的欧拉公式。

从上式可以看出,临界力 P_{cr} 与杆的抗弯刚度 EI 成正比,EI 是杆自身的性质,当杆所用材料和尺寸形状确定后,临界力 P_{cr} 主要受压杆的长度 l 的影响,压杆越长,则压杆的临界力 P_{cr} 就越小,说明压杆稳定性降低。

11.2.2　其他细长压杆的临界载荷

不同刚性支承条件下的压杆,由于端部的约束条件不同,所以压杆的挠度曲线近似微分方程和挠曲线的边界条件也不同,但是分析方法是相同的,得到欧拉公式的一般形式为

$$P_{cr} = \frac{\pi^2 EI}{(\mu l)^2} \tag{11.2}$$

式中,μ 为不同约束条件下压杆的长度系数。μl 为不同压杆弯曲后挠曲线上正弦半波的长度,称为有效长度。具体 μ 的取值要根据压杆的两端约束情况而定,见表 11.1。

从表中可以看出,要想使长为 l 的一端固定一端自由的压杆失稳,相当于使长度为 $2l$ 的两端铰支的压杆失稳;同样对于一端固定一端铰支的压杆,因挠曲线的拐点在 $0.7l$ 处,故其相当长度为 $0.7l$;对两端固定的压杆,则与长度为 $0.5l$ 的两端铰支的压杆相当。

表 11.1　压杆的长度系数表

压杆两端约束情况	两端铰支 （其中一端轴向可动）	一端固定 一端自由	一端固定 一端铰支 （轴向可动）	两端固定 （其中一端可动）
挠曲线形状	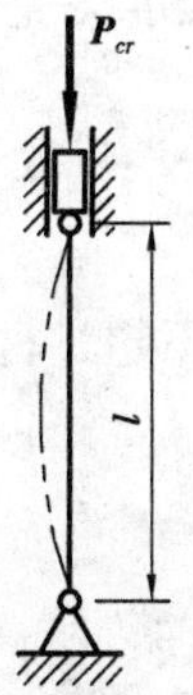	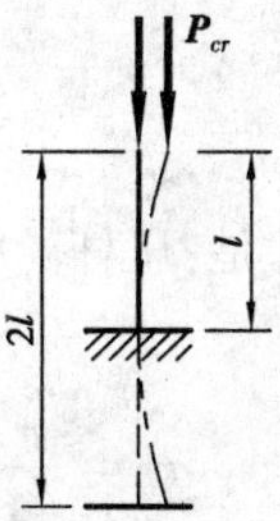	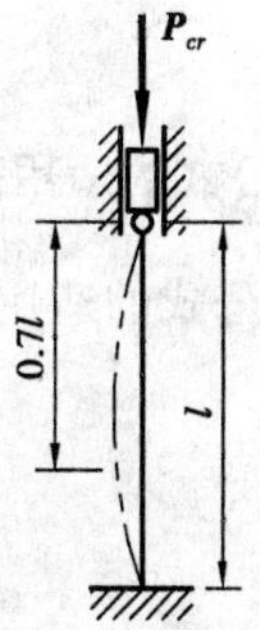	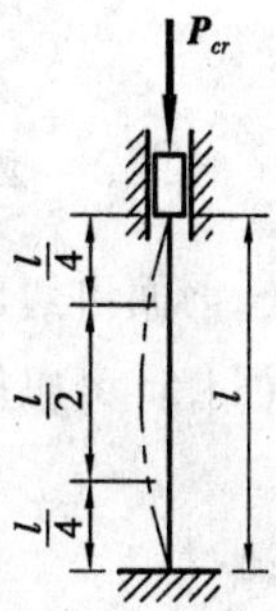
长度系数 μ	1.0	2.0	0.7	0.5

11.3　欧拉公式的适用范围　中小柔度杆临界应力的经验公式

通过式(11.2)可以计算出压杆的 P_{cr},注意应用该公式要在一定条件下进行,不是所有的情况下都能应用。因为欧拉公式是以压杆挠曲线微分方程为依据推导出来的,此微分方程只有在材料服从胡克定律的条件下成立。该公式是在弹性范围内才能应用即材料使用不超过比例极限 σ_P,同时要考虑到压杆的尺寸因素,为此介绍压杆的临界应力和柔度的概念。

11.3.1　临界应力与柔度

根据应力的基本含义,压杆的临界应力 σ_{cr} 就是用压杆的临界力 P_{cr} 除以压杆的横截面面积 A,即

$$\sigma_{cr} = \frac{P_{cr}}{A} = \frac{\pi^2 EI}{(\mu l)^2 A} \tag{11.3}$$

令 $i^2 = \dfrac{I}{A}$(i 叫作压杆横截面的惯性半径),于是式(11.3)可以写成

$$\sigma_{cr} = \frac{P_{cr}}{A} = \frac{\pi^2 E i^2}{(\mu l)^2} \tag{11.4}$$

又令 $\lambda = \dfrac{\mu l}{i}$,式(11.4)可以写成

$$\sigma_{cr} = \frac{P_{cr}}{A} = \frac{\pi^2 E}{(\lambda)^2} \tag{11.5}$$

式中,λ 为压杆的柔度,为无量纲量,由于 $\lambda = \dfrac{\mu l}{i} = \dfrac{\mu l}{\sqrt{I/A}}$,所以 λ 包括了截面形状和尺寸(I 和 A)等综合因素对临界力的影响。

从式(11.5)可以看出:柔度 λ 越大,则临界应力越小,压杆越容易丧失稳定;反之,柔度 λ 越小,则临界应力越大,压杆越不容易丧失稳定。因此,柔度 λ 是压杆稳定计算中的一个重要参数。

11.3.2　欧拉公式的适用范围

前面讲过欧拉公式的适用条件是:压杆的临界应力不超过材料的比例极限 σ_P,由此根据式(11.5)可以得到

$$\sigma_{cr} = \frac{\pi^2 E}{(\lambda)^2} \leqslant \sigma_P \tag{11.6}$$

上式变换后有:$\lambda \geqslant \pi \sqrt{\dfrac{E}{\sigma_P}}$,令 $\lambda_P = \pi \sqrt{\dfrac{E}{\sigma_P}}$,$\lambda_P$ 即为临界应力 σ_{cr} 达到比例极限 σ_P 时的柔度。

只有当压杆的实际柔度 $\lambda \geqslant \lambda_P$ 时,欧拉公式才能应用。对于这类的压杆称之为大柔度杆

或细长杆。反之当压杆的实际柔度 $\lambda<\lambda_P$ 时,对于这类的压杆称之为中小柔度杆。这类压杆其临界应力 σ_{cr} 就不能用欧拉公式进行计算了,因为这种情况已经超过了欧拉公式的适用范围,对于这种情况的临界应力又如何计算? 以下对这个问题进行讨论。

11.3.3　中小柔度杆的临界应力

工程实际中常用的压杆由于其柔度 λ 经常小于 λ_P,这种中柔度压杆的临界应力 σ_{cr} 已经不能用欧拉公式进行计算了,需要用下面的经验公式去计算,即

$$\sigma_{cr} = a - b\lambda \tag{11.7}$$

式中,a、b 是与材料性质有关的常数,单位均为 MPa,常用材料的 a、b 值见表 11.2。

式(11.7)的适用范围为 $\sigma_{cr}=a-b\lambda<\sigma_S$($\sigma_S$ 为材料的屈服点),上式得到 $\lambda>(a-\sigma_S)/b$,令 $\lambda_S=(a-\sigma_S)/b$,则(11.7)式的适用范围为:$\lambda_S<\lambda<\lambda_P$,满足这样条件的压杆叫作中柔度杆或中长杆。

对于满足 $\lambda<\lambda_S$ 条件的压杆叫作小柔度杆或短杆,这种情况下压杆的临界应力 σ_{cr} 既不能用式(11.5)计算,也不能用式(11.7)去计算,这种情况下的临界应力就令 $\sigma_{cr}=\sigma_S$。

以下通过几个例子说明问题:

表 11.2　常用金属材料 a 和 b 的数值

材　料	a/MPa	b/MPa	λ_P	λ_S
Q235 钢	310	1.14	100	60
35 钢	469	2.62	100	60
45 钢	589	3.82	100	60
铸铁	338	1.483	80	
松木	40	0.203	59	

例 11.1　图 11.5 所示的两圆截面压杆均为同一种材料制成,已知直径 $d=20$ mm,$\lambda_P=100$,$\lambda_S=62$,$a=304$ MPa,$b=1.12$ MPa,$\sigma_S=240$ MPa;试判断哪一根压杆容易失稳;试求其临界力。

解　①分析该题,两圆压杆结构、材料完全相同,所不同的是长度不同,显然,如果计算出临界力大小,就可以判断哪根压杆更容易失稳;计算临界力的关键在于计算出临界应力,而计算临界应力又必须根据实际柔度 λ 的大小判断出其属于哪类压杆后,才能确定计算公式。

②根据图 11.5 的约束情况,压杆(a)属于一端固定,另一端铰支(轴向可动)

$\mu_a=0.7,l=25d,I=\dfrac{\pi d^4}{64},A=\dfrac{\pi d^2}{4}$,因此

$$\lambda_a = \frac{\mu l}{i} = \frac{\mu l}{\sqrt{I/A}} = \frac{0.7 \times 25d}{d/4} = 70$$

压杆(b)属于两端铰支,且一端轴向可动

$\mu_b=1.0,l=20d,I=\dfrac{\pi d^4}{64},A=\dfrac{\pi d^2}{4}$,同理可计算出

$$\lambda_b = \frac{\mu l}{i} = \frac{\mu l}{\sqrt{I/A}} = \frac{1.0 \times 20d}{d/4} = 80$$

根据计算结果，λ_a、λ_b 均在 λ_S 和 λ_P 之间，故此两压杆均为中柔度杆，计算临界应力需用 (11.7) 经验公式: $\sigma_{cr}=a-b\lambda$，由此得到

压杆(a)的临界应力 $\sigma_{cra}=a-b\lambda_a=(304-1.12\times70)\ \text{MPa}=225.6\ \text{MPa}$

压杆(b)的临界应力 $\sigma_{crb}=a-b\lambda_b=(304-1.12\times80)\ \text{MPa}=214.4\ \text{MPa}$

压杆(a)的临界力

$$P_{cra}=\sigma_{cra}A_a=225.6\times\frac{\pi d^2}{4}=225.6\times10^9\times\frac{3.14}{4}\times20^2\times10^{-6}\ \text{N}=71.0\ \text{kN}$$

压杆(b)的临界力

$$P_{crb}=\sigma_{crb}A_b=214.4\times\frac{\pi d^2}{4}=214.4\times10^6\times\frac{3.14}{4}\times20^2\times10^{-6}\ \text{N}=67.3\ \text{kN}$$

根据柔度和临界力的大小判断，压杆(b)容易失稳。

例 11.2 图 11.6 所示的两圆截面压杆均为同一种材料制成，压杆长度如图所示，已知直径 $d=160\ \text{mm}$，$\lambda_P=101$，$\lambda_S=62$，$a=304\ \text{MPa}$，$b=1.12\ \text{MPa}$，$\sigma_S=240\ \text{MPa}$，$E=206\ \text{GPa}$；试求出两压杆的临界载荷；另外，以上两根压杆，在其他条件不变的情况下，当杆长减小一半时，其临界载荷为多少？增加幅度达到多少？

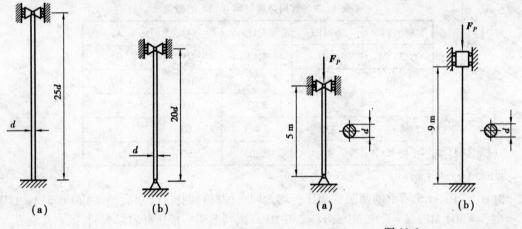

图 11.5　　　　　　　　　　　　图 11.6

解　①判断压杆失稳问题关键在于压杆的临界应力、临界力的正确计算，而要正确计算临界应力，关键在于确定压杆属于那类情况，以便正确应用计算公式。

②根据图 11.6 的约束情况

压杆(a)属于两端铰支(一端轴向可动)

$$\mu_a=1.0,\ l=5\ 000\ \text{mm},\ I=\frac{\pi d^4}{64},\ A=\frac{\pi d^2}{4}$$

压杆(a)　$\lambda_a=\dfrac{\mu l}{i}=\dfrac{\mu l}{\sqrt{I/A}}=\dfrac{1.0\times5\ 000}{d/4}=\dfrac{1.0\times5\ 000}{40}=125$

压杆(b)属于两端固定，且一端轴向可动

$$\mu_b=0.5,\ l=9\ 000\ \text{mm},\ I=\frac{\pi d^4}{64},\ A=\frac{\pi d^2}{4}$$

压杆(b)　$\lambda_b = \dfrac{\mu l}{i} = \dfrac{\mu l}{\sqrt{I/A}} = \dfrac{0.5 \times 9\ 000}{d/4} = \dfrac{0.5 \times 9\ 000}{40} = 112.5$

由此看出,两压杆的实际柔度均大于 $\lambda_P = 101$,因此,这两个压杆均属于细长杆,可以直接用式(11.2)的欧拉公式求解。

压杆(a)的临界载荷为

$$P_{cra} = \frac{\pi^2 EI}{(\mu l)^2} = \frac{3.14^2 \times 206 \times 10^9 \times \dfrac{3.14 \times 160^4 \times 10^{-12}}{64}}{(1.0 \times 5)^2} \text{ N} = 2.61 \times 10^6 \text{ N}$$

压杆(b)的临界载荷为

$$P_{crb} = \frac{\pi^2 EI}{(\mu l)^2} = \frac{3.14^2 \times 206 \times 10^9 \times \dfrac{3.14 \times 160^4 \times 10^{-12}}{64}}{(0.5 \times 9)^2} \text{ N} = 3.22 \times 10^6 \text{ N}$$

③在其他条件不变的情况下,当杆长减小一半时,求其临界载荷

压杆(a)属于两端铰支(一端轴向可动)

$$\mu_a = 1.0, l = 2\ 500 \text{ mm}, I = \frac{\pi d^4}{64}, A = \frac{\pi d^2}{4}$$

压杆(a)　$\lambda_a = \dfrac{\mu l}{i} = \dfrac{\mu l}{\sqrt{I/A}} = \dfrac{1.0 \times 2\ 500}{d/4} = \dfrac{1.0 \times 2\ 500}{40} = 62.5$;满足

$\lambda_S < \lambda < \lambda_P$,压杆(a)为中长杆,其临界应力为 $\sigma_{cr} = a - b\lambda$,得到

$$\sigma_{cra} = a - b\lambda = 304 - 1.12 \times 62.5 \text{ MPa} = 234 \text{ MPa},于是$$

$$P_{cra} = \sigma_{cra} A = 234 \times 10^6 \times \frac{\pi d^2}{4} = 234 \times 10^6 \times \frac{3.14 \times (160 \times 10^{-3})^2}{4} \text{ N} = 4.7 \times 10^6 \text{ N}$$

显然压杆(a)长减少一半时,其临界载荷增加幅度为80%;

压杆(b)属于两端固定,且一端轴向可动

$$\mu_b = 0.5, l = 4\ 500 \text{ mm}, I = \frac{\pi d^4}{64}, A = \frac{\pi d^2}{4}$$

压杆(b)　$\lambda_b = \dfrac{\mu l}{i} = \dfrac{\mu l}{\sqrt{I/A}} = \dfrac{0.5 \times 4\ 500}{d/4} = \dfrac{0.5 \times 4\ 500}{40} = 56.25$,满足 $\lambda < \lambda_S$ 条件即压杆(b)为

短杆,这种情况下压杆的临界应力 $\sigma_{cr} = \sigma_S$,所以其临界载荷

$$P_{cra} = \sigma_{cra} A = 240 \times 10^6 \times \frac{\pi d^2}{4} = 240 \times 10^6 \times \frac{3.14 \times (160 \times 10^{-3})^2}{4} \text{ N} = 4.82 \times 10^6 \text{ N}$$

显然压杆(b)长减少一半时,其临界载荷增加幅度为50%。

由此可以看出,两个压杆长度减小的临界载荷均大幅度增加,说明随着压杆长度的增加,稳定性失效的危险程度也会大幅度增加。

例 11.3　Q235 钢制成的矩形截面的压杆,两端约束以及所承受的压缩载荷如图 11.7 所示(其中图(a)为正视图,图(b)为俯视图),A、B 两处为销钉连接,已知 $\lambda_P = 100$,$\lambda_S = 60$,$a = 310$ MPa,$b = 1.14$ MPa,$\sigma_S = 240$ MPa,$E = 206$ GPa;压杆尺寸为:$l = 2.3$ m,$b = 40$ mm,$h = 60$ mm,试求该压杆的临界载荷。

解　①分析:在正视图内,由于两端 A、B 两处相当于铰链约束,$\mu_a = 1.0$,截面将绕 z 轴转

动;而在俯视图内,由于两端 A、B 两处相当于固定端约束,$\mu_b = 0.5$,截面将绕 y 轴转动。

②在正视图内 $I_z = \dfrac{bh^3}{12}$,$A = bh$,$i_z = \sqrt{\dfrac{I_z}{A}} = \dfrac{h}{2\sqrt{3}}$

于是 $\lambda_z = \dfrac{\mu_a l}{i_z} = \dfrac{1.0 \times 2\,300}{\dfrac{60}{2\sqrt{3}}} = 132.8 > \lambda_P = 100$

为细长压杆可以直接应用欧拉公式计算

$$P_{cr} = \sigma_{cr} A = \dfrac{\pi^2 E}{(\lambda_z)^2} \times bh = \dfrac{3.14^2 \times 206 \times 10^9 \times 40 \times 60 \times 10^{-6}}{132.8^2} \,\text{N} = 276 \text{ kN}$$

在俯视图内 $I_y = \dfrac{hb^3}{12}$,$A = bh$,$i_y = \sqrt{\dfrac{I_y}{A}} = \dfrac{b}{2\sqrt{3}}$

于是 $\lambda_y = \dfrac{\mu_b l}{i_y} = \dfrac{0.5 \times 2\,300}{\dfrac{40}{2\sqrt{3}}} = 99.6$

由于 $\lambda_z > \lambda_y$,所以该压杆失稳先在正视图内,这样俯视图中的临界载荷在此就不用计算了。

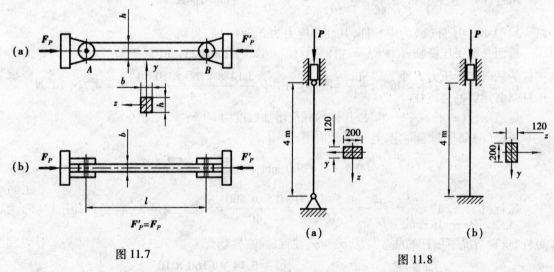

图 11.7   图 11.8

例 11.4 图 11.8 为矩形松木柱,其支承情况是:在最大刚度平面内弯曲时为两端铰支(图(a));在最小刚度平面内弯曲时为两端固定(图(b));已知 $E = 10$ GPa;压杆长为 $l = 4.0$ m,$\lambda_P = 59$,试求该压杆的临界载荷。

解 ①计算在最大刚度平面内弯曲时为两端铰支见图(a)中的压杆临界载荷

由于 $I_z = \dfrac{bh^3}{12}$,$A = bh$,$i_z = \sqrt{\dfrac{I_z}{A}} = \dfrac{h}{2\sqrt{3}}$

于是 $\lambda_z = \dfrac{\mu_a l}{i_z} = \dfrac{1.0 \times 4\,000}{\dfrac{200}{2\sqrt{3}}} = 69.28 > \lambda_P = 59$

为细长压杆,可以直接应用欧拉公式计算

$$P_{cra} = \sigma_{cra}A = \frac{\pi^2 E}{(\lambda_Z)^2} \times bh = \frac{3.14^2 \times 10 \times 10^9 \times 120 \times 200 \times 10^{-6}}{69.28^2} \text{ N} = 493 \text{ kN}$$

②计算在最小刚度平面内,两端固定见图(b)中的压杆临界载荷

由于　$I_y = \dfrac{hb^3}{12}, A = bh, i_y = \sqrt{\dfrac{I_y}{A}} = \dfrac{b}{2\sqrt{3}}$

于是　$\lambda_y = \dfrac{\mu_b l}{i_y} = \dfrac{0.5 \times 4\,000}{\dfrac{120}{2\sqrt{3}}} = 57.7 < \lambda_P = 59$,故此压杆为中柔度杆计算临界应力需用经验公

式 $\sigma_{cr} = a - b\lambda$,则

压杆(b)的临界应力　$\sigma_{crb} = a - b\lambda_y = (40 - 0.203 \times 57.7) \text{ MPa} = 28.3 \text{ MPa}$

故临界力为　$P_{crb} = \sigma_{crb}A = 28.3 \times 10^6 \times (0.12 \times 0.2) = 679.2 \text{ kN}$

通过上述介绍,可以看出:进行压杆稳定性计算,首先计算出实际柔度大小,判断压杆类型,如属于大柔度杆,用欧拉公式计算临界应力;如属于中柔度杆,用经验公式计算临界应力;如属于小柔度杆,取 $\sigma_{cr} = \sigma_s$;然后如果需要计算临界力 P_{cr},则用 $P_{cr} = \sigma_{cr}A$ 计算。

11.4　压杆的稳定条件

前面介绍了压杆临界力 P_{cr} 的计算,对于工程实际中的压杆,要使压杆不丧失稳定,就要求压杆的轴向实际压力 P 小于压杆的临界力 P_{cr},为了安全起见,还要考虑一定的安全系数,以便压杆具有足够的稳定性。因此压杆的稳定性条件是

$$P \leqslant \frac{P_{cr}}{[n_{st}]} \tag{11.8}$$

或

$$n_{st} = \frac{P_{cr}}{P} \geqslant [n_{st}] \tag{11.9}$$

式中　P——压杆的工作压力;

P_{cr}——压杆的临界力,细长杆按照欧拉公式计算;中长杆则按照经验公式计算出临界应力 σ_{cr} 后,再乘以横截面积 A 得到;

n_{st}——压杆的工作稳定安全系数;

$[n_{st}]$——规定的稳定安全系数。一般情况下,$[n_{st}]$ 取值见下表 11.3。

表 11.3　常用材料的稳定安全系数

材料	钢材	木材	铸铁
$[n_{st}]$	1.8~3.0	2.5~3.5	4.5~5.5

例 11.5　图 11.9 为千斤顶受力图,丝杠长度 $l = 37.5$ cm,内径 $d = 4.0$ cm,最大起重量 $P = 80$ kN,$a = 598$ MPa,$b = 3.82$ MPa,$\lambda_P = 100$,$\lambda_S = 60$,$[n_{st}] = 4$,试校核丝杠的稳定性。

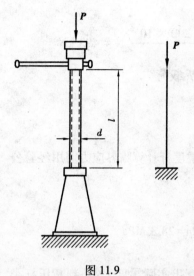

图 11.9

解 ①由于题中给出了 $[n_{st}]=4$，应该根据 (11.9) 式进行校核，关键是计算临界力 P_{cr}。而要解出 P_{cr} 需要求出压杆的临界应力 σ_{cr}，这就需要计算压杆的实际柔度 λ，由 λ 的大小判断压杆的类型，决定用哪个公式进行计算。

②计算柔度 λ　丝杠可简化为下端固定、上端轴向可动的压杆，长度系数 $\mu=2$，丝杠的惯性半径 $i=\sqrt{\dfrac{I}{A}}=\sqrt{\dfrac{\dfrac{\pi d^4}{64}}{\dfrac{\pi d^2}{4}}}=$

$\dfrac{d}{4}=1$ cm，丝杠的柔度 $\lambda=\dfrac{\mu l}{i}=\dfrac{2\times37.5}{1}=75$

所以有 $\lambda_S<\lambda<\lambda_P$，由此丝杠可以看成中长杆，用经验公式计算临界应力

得到 $\sigma_{cr}=a-b\lambda=(589-3.82\times75)$ MPa$=302.5$ MPa

临界载荷 $P_{cr}=\sigma_{cr}A=302.5\times10^6\times\dfrac{3.14\times4^2\times10^{-4}}{4}$ N$=380$ kN

计算丝杠的工作稳定安全系数 $n_{st}=\dfrac{P_{cr}}{P}=\dfrac{380}{80}=4.75>[n_{st}]=4$

结果表明丝杠是稳定的。

例 11.6　图 11.10 所示结构中，梁 AB 为 No14 普通热轧工字钢，CD 为圆截面直杆，其直径为 $d=20$ mm，二者材料均为 Q235 钢，A、C、D 三处均为球铰约束，已知 $F_P=25$ kN，$l_1=1.25$ m，$l_2=0.55$ m，$\sigma_S=235$ MPa，强度安全系数 $n_s=1.45$，稳定安全系数 $[n_{st}]=1.8$。试校核此结构是否安全？

解 ①分析题意：结构中存在两个构件：大梁 AB 和直杆 CD，在外力 F_P 的作用下，大梁 AB 受到拉伸与弯曲的组合作用，属于强度问题；直杆 CD 承受压力作用，在此主要属于稳定性问题。

②大梁 AB 的强度校核

大梁 AB 在截面 C 处弯矩最大，该处横截面为危险截面，其上的弯矩和轴力分别为

$$M_{max}=F_P\sin 30°l_1=25\times0.5\times1.25\text{ kN}\cdot\text{m}=15.63\text{ kN}\cdot\text{m}$$

$$F_{Nx}=F_P\cos 30°=25\times0.866\text{ kN}=21.65\text{ kN}$$

查型钢表可得到大梁的截面面积 $A=21.5\times10^2$ mm^2，截面系数 $W_z=102\times10^3$ mm^3 由此得到

$$\sigma_{max}=\frac{M_{max}}{W_z}+\frac{F_{Nx}}{A}=\left(\frac{15.63\text{ kN}}{102\times10^3\times10^{-9}}+\frac{21.65}{21.5\times10^2\times10^{-6}}\right)\text{ MPa}$$

$$=(153.14+10.07)\text{ MPa}=163.2\text{ MPa}$$

Q235 钢的许用应力 $[\sigma]=\dfrac{\sigma_S}{n_s}=\dfrac{235}{1.45}$ MPa$=162$ MPa，$\sigma_{max}>[\sigma]$

最大应力已经超过许用应力，只是刚超过许用应力，所以工程上还可以认为是安全的。

③压杆 CD 的稳定性校核

由平衡方程求得压杆 CD 的轴向压力 $P_{NCD} = 2F_P \sin 30° = 25$ kN

惯性半径　$i = \sqrt{\dfrac{I}{A}} = \dfrac{d}{4} = 5$ mm，两端为铰支约束 $\mu = 1$

所以压杆柔度　$\lambda = \dfrac{\mu l_2}{i} = \dfrac{1 \times 0.55 \text{ m}}{5 \times 10^{-3} \text{ m}} = 110 > \lambda_P = 101$

说明此压杆为细长杆，可以用欧拉公式计算临界力 $\sigma_{cr} = \dfrac{P_{cr}}{A} = \dfrac{\pi^2 E}{(\lambda)^2}$

$$P_{cr} = \sigma_{cr} A = \dfrac{\pi^2 E}{\lambda^2} \times \dfrac{\pi d^2}{4} = \dfrac{3.14^3 \times 206 \times 10^9 \times 20^2 \times 10^{-6}}{110^2 \times 4} \text{ N} = 52.7 \text{ kN}$$

于是压杆的工作稳定安全系数　$n_{st} = \dfrac{P_{cr}}{P_{NCD}} = \dfrac{52.7}{25} = 2.11 > [n_{st}] = 1.8$

说明压杆的稳定性是安全的。由此说明，整体结构还处于安全状态。

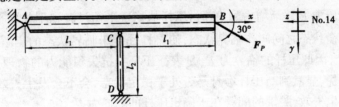

图 11.10

例 11.7　图 11.11 所示结构中，AB 杆的直径 $d = 40$ mm，长度 $l = 80$ cm，材料为 Q235 钢，两端可视为铰支。求①按照 AB 杆的稳定条件，求托架的临界力 Q_{cr}；②如已知实际载荷 $Q = 70$ kN，稳定安全系数 $[n_{st}] = 2$，问此托架是否安全？

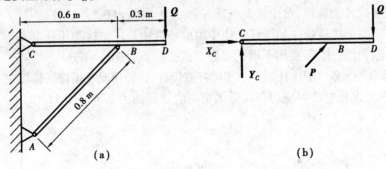

(a)　　　　　　　　(b)

图 11.11

解　①由受力图可以看出，AB 杆承受的是压力，惯性半径 $i = \sqrt{\dfrac{I}{A}} = \dfrac{d}{4} = 10$ mm 两端为铰

支约束 $\mu = 1$，所以压杆柔度 $\lambda = \dfrac{\mu l}{i} = \dfrac{1 \times 0.8 \text{ m}}{10 \times 10^{-3} \text{ m}} = 80$，而 Q235 钢的 $\lambda_P = 101$，$\lambda_S = 60$，所以有 $\lambda_S < \lambda < \lambda_P$，此杆可以看成中长杆

用经验公式计算临界应力得到　$\sigma_{cr} = a - b\lambda = (310 - 1.14 \times 80) \text{ MPa} = 218.8 \text{ MPa}$

临界载荷　$P_{cr} = \sigma_{cr} A = 218.8 \times 10^6 \times \dfrac{3.14 \times 4^2 \times 10^{-4}}{4} \text{ N} = 274.8 \text{ kN}$

由受力图,列静力学平衡方程得到 $\quad Q \times 0.9 = P \times \dfrac{\sqrt{0.8^2 - 0.6^2}}{0.8} \times 0.6$

$$Q_{cr} = P_{cr} \times \frac{\sqrt{0.8^2 - 0.6^2}}{0.8} \times 0.6 \times \frac{10}{9} \text{ kN} = 229 \times \sqrt{0.28} \text{ kN} = 229 \times 0.529\ 2 \text{ kN} = 121.2 \text{ kN}$$

②对托架进行稳定性校核

由于此托架的临界力为 $\quad Q_{cr} = 121.2$ kN,而实际载荷 $Q = 70$ kN,所以

托架的工作稳定安全系数 $\quad n_{st} = \dfrac{Q_{cr}}{Q} = \dfrac{121.2}{70} = 1.731 < [\,n_{st}\,] = 2$

因此在此情况下,托架处于不安全状态。

小 结

①当压杆所受压力 P 逐渐增大到 P_{cr} 时,压杆从稳定平衡过渡到不稳定平衡,介于稳定平衡状态与不稳定平衡状态之间叫作临界状态,使得杆件处于临界状态的压缩载荷称为临界载荷(或叫临界力)P_{cr},因此压杆的临界力 P_{cr} 是表征压杆抵抗失稳能力的物理量,P_{cr} 值越大,表示压杆越不容易失稳,显然判断压杆本身是否处于稳定状态,会不会发生失效,压力 P 达到多大值后压杆就会发生失效,关键的问题在于确定压杆的临界力 P_{cr}。

②欧拉公式的适用条件是:压杆的临界应力不超过材料的比例极限 σ_P

$$\sigma_{cr} = \frac{P_{cr}}{A} = \frac{\pi^2 E}{(\lambda)^2}, \lambda = \frac{\mu l}{i}$$

λ 包括了截面形状和尺寸(I 和 A)等综合因素对临界力的影响。只有当压杆的实际柔度 $\lambda \geq \lambda_P$ 时,欧拉公式才能应用,对于这类的压杆称之为大柔度杆或细长杆。

③$\lambda_S < \lambda < \lambda_P$,满足这样条件的压杆叫作中柔度杆或中长杆。这类压杆其临界应力 σ_{cr} 就不能用欧拉公式进行计算了,需要用下面的经验公式去计算,即 $\sigma_{cr} = a - b\lambda$。

④对于满足 $\lambda < \lambda_S$ 条件的压杆叫作小柔度杆或短杆,这种情况下压杆的临界应力 $\sigma_{cr} = \sigma_S$。

⑤上述三种情况压杆临界应力与实际柔度二者之间的关系遵从图 11.12。

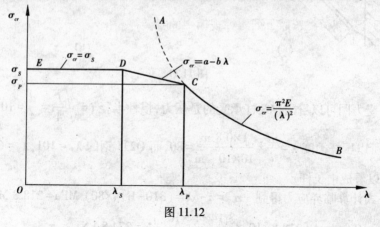

图 11.12

⑥压杆的稳定性条件是：$P \leqslant \dfrac{P_{cr}}{[n_{st}]}$ 或者 $n_{st} = \dfrac{P_{cr}}{P} \geqslant [n_{st}]$。

思考题

11.1　如图 11.13 所示，两端铰支圆截面细长压杆，在某一截面上开有一小孔，关于这一小孔对杆承载能力的影响，有以下四种论述，请判断哪一种是正确的。

（a）对强度和稳定承载能力都有较大削弱。

（b）对强度和稳定承载能力都不会削弱。

（c）对强度无削弱，对稳定承载能力有较大削弱。

（d）对强度有较大削弱，对稳定承载能力削弱极微。

正确答案是_____

11.2　关于钢制细长压杆承受轴向压力达到临界载荷之后，还能不能继续承载有如下四种答案，试判断哪一种是正确的。

（a）不能，因为载荷达到临界值时屈服位移将无限制增加。

（b）能，因为压杆一直到折断时为止都有承载能力。

（c）能，只要横截面上的最大正应力不超过比例极限。

（d）不能，因为超过临界载荷后，变形不再是弹性的。

正确答案是_____

图 11.13

11.3　提高钢制大柔度压杆承载能力有如下办法，试判断哪一种是最正确的。

（a）减小杆长，减小长度系数，使压杆沿横截面两形心主轴方向的柔度相等。

（b）增加横截面面积，减小杆长。

（c）增加惯性矩，减小杆长。

（d）采用高强度钢。

正确答案是_____

11.4　根据压杆稳定设计准则，压杆的许用载荷 $[P_P] = \dfrac{\sigma_{cr} A}{[n]_{st}}$。当横截面面积 A 增加一倍时，试分析压杆的许用载荷将按照下列四种规律中的哪一种变化？

（a）增加 1 倍。

（b）增加 2 倍。

（c）增加 1/2 倍。

（d）压杆的许用载荷随着横截面面积 A 的增加呈现非线性变化。

正确答案是_____

11.5　压杆的弯曲变形与失稳有何区别与联系？

11.6　为什么直杆受轴向压力作用有失稳问题，而受轴向拉力作用就无失稳问题？

11.7　根据支座对变形的限制情况，分别画出如图 11.14 所示各压杆在临界力作用下微弯的曲线形状，并通过与两端球铰的压杆微弯曲线形状的比较，写出相应压杆的长度系数 μ 值。

11.8　对于两端铰支，由 Q235 钢制的圆截面杆，问杆长 l 应比直径 d 大多少倍时，才能运用欧拉公式？

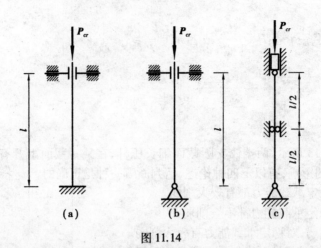

图 11.14

11.9 压杆的临界力与临界应力有何区别与联系？是否临界应力愈大的压杆,其稳定性也愈好？

习 题

11.1 图中的细长压杆均为圆杆,直径 d 均相同,材料为 Q235 钢,$E = 210$ GPa,其中图(a)为两端铰支;图(b)为一端固定,一端铰支;图(c)为两端固定。试判断哪一种情形下的临界力最大,哪一种其次,哪一种最小？若圆杆直径 $d = 16$ cm,试求最大的临界力 P_{cr}。

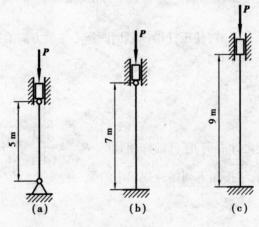

习题 11.1 图

11.2 图中压杆的材料为 Q235 钢,$E = 210$ GPa,在正视图(a)的平面内,两端为铰支,在俯视图(b)的平面内,两端认为固定,试求此杆的临界力。

11.3 图中 AD 为铸铁圆杆,直径 $d_1 = 6$ cm,弹性模量 $E = 91$ GPa,许用压应力 $[\sigma_c] = 120$ MPa,规定稳定安全系数 $[n_{st}] = 5.5$。横梁 EB 为 18 号工字钢,BC、BD 为直径 $d = 1$ cm 的直杆,材料为 Q235 钢,许用应力 $[\sigma] = 160$ MPa,各杆间的连续均为铰接。求该结构的许用载荷 $[q] = ?$

11.4 图中所示液压千斤顶,顶杆最大承载力 $F_P = 150$ kN,顶杆直径 $d = 5.2$ cm,长度

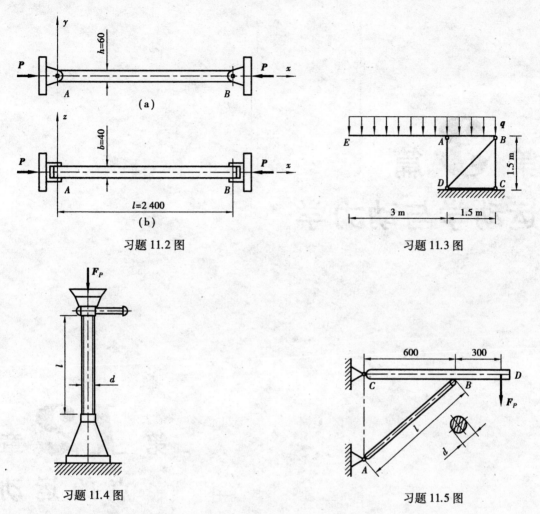

习题 11.2 图

习题 11.3 图

习题 11.4 图

习题 11.5 图

$l=0.5$ m,材料为 Q235 钢,$[\sigma]=235$ MPa,顶杆的下端为固定端约束,上端可视为自由端,试求顶杆的工作安全系数。

11.5　图中所示托架中杆 AB 的直径 $d=4.0$ cm,长度 $l=800$ mm,两端可视为球铰链约束,材料为 Q235 钢。试求:(1)托架的临界载荷。(2)若已知工作载荷 $F_P=170$ kN,并要求杆 AB 的稳定安全因数 $[n_{st}]=2.0$,校核托架是否安全。

11.6　图中所示结构中,AB、AC 两杆皆为圆截面直杆直径 $d=8.0$ cm,BC 长 $l=4$ m,材料为 Q235 钢,$[n_{st}]=2.0$。试求 F_P 沿铅垂方向 $\theta=30°$ 时结构的许用载荷。

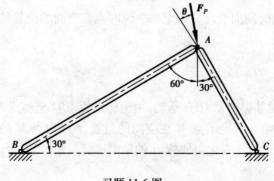

习题 11.6 图

209

第 **3** 篇
运动学与动力学

第 **12** 章
点 的 运 动

12.1 描述点的运动的方法

点在空间的位置随时间而变化。确定每一瞬时点在空间的位置的方法主要有:矢量法、直角坐标法和自然坐标法。

12.1.1 矢量法

设有一动点 M 相对某参考系 $Oxyz$ 运动,由坐标系原点 O 至动点 M 引出一矢量 $r=\overrightarrow{OM}$(图 12.1),则矢量 r 的端点唯一确定了点 M 在空间的位置,r 称为点 M 的矢径。点 M 运动时,其矢径 r 的大小和方向随时间 t 变化,是时间 t 的单值连续矢量函数,可以写成

$$r = r(t) \qquad (12.1)$$

式(12.1)描述了点 M 在空间的位置随时间的变化
规律,称为点的矢量形式的运动方程。当点 M 运动时,
其矢径 r 的端点在空间描出一连续曲线,称为点 M 的
运动轨迹。

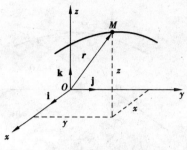

图 12.1

12.1.2　直角坐标法

每一瞬时动点在空间的位置还可用它的三个坐标
x、y、z 唯一确定(图 12.1)。当点 M 运动时,三个坐标都
随时间 t 而变化,它们都是时间 t 的单值连续函数,可以写成

$$\left. \begin{array}{l} x = x(t) \\ y = y(t) \\ z = z(t) \end{array} \right\} \qquad (12.2)$$

这组方程用直角坐标描述了动点在空间的位置随时间的变化规律,称为点的直角坐标形
式的运动方程。如果将方程组(12.2)中的时间 t 消去,则得到点 M 运动的轨迹方程。

若动点 M 在平面内运动,可将坐标系 Oxy 选在运动平面上,这样点 M 的运动方程为

$$\left. \begin{array}{l} x = x(t) \\ y = y(t) \end{array} \right\} \qquad (12.3)$$

若动点 M 作直线运动,将 Ox 轴选在直线轨迹上,则点 M 的运动方程为

$$x = x(t) \qquad (12.4)$$

12.1.3　自然坐标法

当动点的运动轨迹已知时,最自然的方法是以轨迹曲线本身作为坐标轴来确定每一瞬时

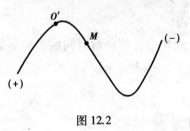

图 12.2

动点在空间的位置。为此,在轨迹上任取一固定点 O' 为
坐标原点,并沿轨迹定出正向和负向,如图 12.2 所示。由
原点 O' 沿轨迹到动点 M 的弧长冠以适当的正负号称为 M
点的弧坐标 $s = \pm \widehat{OM}$,弧坐标 s 完全确定了点 M 在已知轨迹
上的位置。当动点 M 沿已知轨迹运动时,弧坐标随时
间 t 变化,是时间 t 的单值连续函数。可以写成

$$s = s(t) \qquad (12.5)$$

式(12.5)描述了动点在已知轨迹曲线上的位置随时间的变化规律,称为点的自然坐标形
式的运动方程。

12.2　点的速度和加速度

12.2.1　点的速度

速度是表示点运动的快慢和方向的物理量。设动点沿某曲线运动(图 12.3),在瞬时 t,动

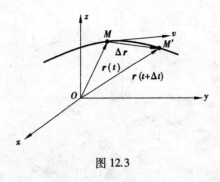

图 12.3

点位于 M 处,其矢径为 $r(t)$,经过 Δt 时间后,动点运动到 M' 处,其矢径为 $r(t+\Delta t)$。在 Δt 时间内,动点的位移为 $\Delta r = r(t+\Delta t) - r(t)$,动点在 Δt 内的平均速度为

$$v^* = \frac{\Delta r}{\Delta t}$$

当 Δt 趋于零时,v^* 趋于一极限矢量 v,称为动点在瞬时 t 的瞬时速度,简称速度。

$$v = \lim_{\Delta t \to 0} v^* = \lim_{\Delta t \to 0} \frac{\Delta r}{\Delta t} = \frac{\mathrm{d}r}{\mathrm{d}t} \tag{12.6}$$

上式表明,点的速度等于其矢径对时间的一阶导数。速度是矢量,其方向沿轨迹曲线在 M' 点的切线并向运动的方向。单位为米/秒(m/s)。

12.2.2 点的加速度

加速度是表示点的运动速度对时间变化率的物理量。设某瞬时 t,动点在 M 位置,具有速度 v,经过时间间隔 Δt 后,动点运动到 M' 处,速度变为 v',如图 12.4 所示。在 Δt 内动点速度的改变量为 $\Delta v = v' - v$。

动点在 Δt 内的平均加速度为

$$a^* = \frac{\Delta v}{\Delta t}$$

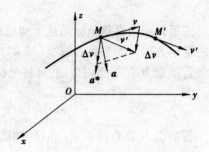

图 12.4

当 Δt 趋于零时,a^* 趋于一极限矢量 a,称为动点在瞬时 t 的瞬时加速度,简称加速度。

$$a = \lim_{\Delta t \to 0} a^* = \lim_{\Delta t \to 0} \frac{\Delta v}{\Delta t} = \frac{\mathrm{d}v}{\mathrm{d}t} = \frac{\mathrm{d}^2 r}{\mathrm{d}t^2} \tag{12.7}$$

上式表明,点的加速度等于其速度对时间的一阶导数,或等于其矢径对时间的二阶导数。加速度也是矢量,其方向沿 Δt 趋于零时 Δv 的极限方向,单位为米/秒^2(m/s^2)。

12.3 求点的速度和加速度的直角坐标法

设动点 M 在空间作曲线运动(图 12.1),已知它的直角坐标形式的运动方程为

$$\left. \begin{array}{l} x = x(t) \\ y = y(t) \\ z = z(t) \end{array} \right\}$$

现求点 M 的速度 v 和加速度 a。动点的矢径 r 可写成

$$r = x(t)\mathbf{i} + y(t)\mathbf{j} + z(t)\mathbf{k}$$

式中,$\mathbf{i}$、$\mathbf{j}$、$\mathbf{k}$ 分别为沿 x、y、z 轴正向的单位矢量,它们是常矢量。上式对时间求一阶导数,得到点 M 的速度

$$v = \frac{\mathrm{d}r}{\mathrm{d}t} = \frac{\mathrm{d}x(t)}{\mathrm{d}t}\mathbf{i} + \frac{\mathrm{d}y(t)}{\mathrm{d}t}\mathbf{j} + \frac{\mathrm{d}z(t)}{\mathrm{d}t}\mathbf{k} \tag{12.8}$$

如果将速度用其三个投影表示,为

$$v = v_x\mathbf{i} + v_y\mathbf{j} + v_z\mathbf{k} \tag{12.9}$$

式中,v_x、v_y、v_z分别是v在三个坐标轴上的投影,对比式(12.8)和式(12.9),显然有

$$v_x = \frac{\mathrm{d}x}{\mathrm{d}t}; v_y = \frac{\mathrm{d}y}{\mathrm{d}t}; v_z = \frac{\mathrm{d}z}{\mathrm{d}t} \tag{12.10}$$

上式表明,点的速度在各坐标轴上的投影,等于该点的对应坐标对时间的一阶导数。有了速度的三个投影,可求得速度的大小和方向余弦为

$$\left. \begin{aligned} v &= \sqrt{v_x^2 + v_y^2 + v_z^2} = \sqrt{\left(\frac{\mathrm{d}x}{\mathrm{d}t}\right)^2 + \left(\frac{\mathrm{d}y}{\mathrm{d}t}\right)^2 + \left(\frac{\mathrm{d}z}{\mathrm{d}t}\right)^2} \\ \cos(v,i) &= \frac{v_x}{v}, \cos(v,j) = \frac{v_y}{v}, \cos(v,k) = \frac{v_z}{v} \end{aligned} \right\} \tag{12.11}$$

将式(12.9)对时间求一阶导数,得到点的加速度

$$\begin{aligned} a &= \frac{\mathrm{d}v}{\mathrm{d}t} = \frac{\mathrm{d}}{\mathrm{d}t}(v_x\mathbf{i} + v_y\mathbf{j} + v_z\mathbf{k}) = \frac{\mathrm{d}v_x}{\mathrm{d}t}\mathbf{i} + \frac{\mathrm{d}v_y}{\mathrm{d}t}\mathbf{j} + \frac{\mathrm{d}v_z}{\mathrm{d}t}\mathbf{k} \\ &= \frac{\mathrm{d}^2x}{\mathrm{d}t^2}\mathbf{i} + \frac{\mathrm{d}^2y}{\mathrm{d}t^2}\mathbf{j} + \frac{\mathrm{d}^2z}{\mathrm{d}t^2}\mathbf{k} \end{aligned} \tag{12.12}$$

如果将加速度用其三个投影表示为

$$a = a_x\mathbf{i} + a_y\mathbf{j} + a_z\mathbf{k} \tag{12.13}$$

式中,a_x、a_y、a_z分别为a在三个坐标轴上的投影,对比式(12.12)和式(12.13)有

$$a_x = \frac{\mathrm{d}v_x}{\mathrm{d}t} = \frac{\mathrm{d}^2x}{\mathrm{d}t^2}; a_y = \frac{\mathrm{d}v_y}{\mathrm{d}t} = \frac{\mathrm{d}^2y}{\mathrm{d}t^2}; a_z = \frac{\mathrm{d}v_z}{\mathrm{d}t} = \frac{\mathrm{d}^2z}{\mathrm{d}t^2} \tag{12.14}$$

上式表明,点的加速度在各坐标轴上的投影,等于该点速度的对应投影对时间的一阶导数,也等于该点的对应坐标对时间的二阶导数。

有了加速度的三个投影,可求得加速度的大小和方向余弦为

$$\left. \begin{aligned} a &= \sqrt{a_x^2 + a_y^2 + a_z^2} = \sqrt{\left(\frac{\mathrm{d}^2x}{\mathrm{d}t^2}\right)^2 + \left(\frac{\mathrm{d}^2y}{\mathrm{d}t^2}\right)^2 + \left(\frac{\mathrm{d}^2z}{\mathrm{d}t^2}\right)^2} \\ \cos(a,i) &= \frac{a_x}{a}, \cos(a,j) = \frac{a_y}{a}, \cos(a,k) = \frac{a_z}{a} \end{aligned} \right\} \tag{12.15}$$

例 12.1　曲柄连杆机构如图 12.5 所示,曲柄 OA 绕定轴 O 匀角速转动,设 $\phi = \omega t$。通过连杆 AB 带动滑块 B 沿水平槽运动。已知 $OA = AB = l$,求 B 点和 AB 中点 C 的运动方程,以及 B 点的速度和加速度。

解　如图建立直角坐标系,B 点在做直线运动,C 点在做平面曲线运动。其运动方程分别为

$$x_B = 2l\cos\phi = 2l\cos\omega t$$

$$x_C = \frac{3}{2}l\cos\phi = \frac{3}{2}l\cos\omega t$$

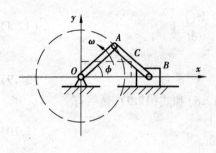

图 12.5

$$y_C = \frac{1}{2}l\sin\phi = \frac{1}{2}l\sin\omega t$$

应用速度和加速度公式,可求得 B 点的速度和加速度分别为

$$v_B = \frac{\mathrm{d}x_B}{\mathrm{d}t} = -2l\omega\sin\omega t ; a_B = \frac{\mathrm{d}v_B}{\mathrm{d}t} = -2l\omega^2\cos\omega t$$

12.4　求点的速度和加速度的自然坐标法

当动点的运动轨迹已知时,应用自然坐标法求解动点的速度、加速度问题较为方便。本节主要介绍动点的运动轨迹为平面曲线时,求速度和加速度的自然坐标法。

12.4.1　自然坐标轴系

如图 12.6 所示,曲线上任一点 M 处的切线 MT 和法线 MN 构成 M 点的正交坐标系,称为 M 点的自然坐标轴系,简称自然轴系。自然坐标轴的单位矢量的方向规定如下:切线上的单位矢量 τ 的指向总是朝弧坐标的正向;法线上的单位矢量 n 的指向总是朝曲线内凹的一侧。显然,轨迹上不同点的自然坐标轴系的方位各不相同。

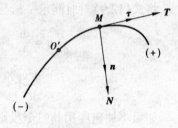

图 12.6

12.4.2　用自然坐标法求点的速度

根据 12.2 节,动点的速度沿轨迹的切线并指向运动的方向,因此有

$$v = v\boldsymbol{\tau} \tag{12.16}$$

v 为速度矢量 v 在切线上的投影,是代数量。考虑到点做曲线运动的弧坐标 s 相当于直线运动的坐标 x,点做直线运动时速度在坐标轴上的投影为 $v=\mathrm{d}s/\mathrm{d}t$,做曲线运动时速度在切线上的投影为

$$v = \frac{\mathrm{d}s}{\mathrm{d}t} \tag{12.17}$$

$$\boldsymbol{v} = v\boldsymbol{\tau} = \frac{\mathrm{d}s}{\mathrm{d}t}\boldsymbol{\tau} \tag{12.18}$$

当 $\mathrm{d}s/\mathrm{d}t>0$ 时,弧坐标随时间的增长而增大,表示点沿轨迹正向运动,即 v 与 τ 同向;反之,当 $\mathrm{d}s/\mathrm{d}t<0$ 时,弧坐标随时间的增长而减小,表示点沿轨迹负方向运动,即 v 与 τ 反向。

当点的弧坐标形式的运动方程已知时,利用式(12.17)可以直接求出点的速度大小并判断其方向。

12.4.3　用自然坐标法求点的加速度

将式(12.18)对时间求一阶导数,得点的加速度

$$a = \frac{dv}{dt} = \frac{d}{dt}(v\tau) = \frac{dv}{dt}\tau + v\frac{d\tau}{dt} \tag{12.19}$$

上式表明,点作曲线运动的加速度可分成两项。第一项反映速度大小对时间的变化率,方向沿轨迹切线,称为切向加速度,用符号 a_τ 表示即

$$a_\tau = \frac{dv}{dt}\tau = \frac{d^2s}{dt^2}\tau \tag{12.20}$$

第二项反映速度方向对时间的变化率。下面将说明,它的方向沿法线,称为法向加速度。

因为
$$v\frac{d\tau}{dt} = v\frac{d\tau}{ds}\cdot\frac{ds}{dt} = v^2\frac{d\tau}{ds}$$

现研究上式中的 $\frac{d\tau}{ds}$。设在瞬时 t 动点位于 M 处 (图 12.7),切线单位矢量为 τ,经过 Δt 时间运动到 M' 处,切线单位矢量为 τ',它们之间的夹角为 $\Delta\phi$。在 Δt 时间内 τ 的改变量为 $\Delta\tau = \tau' - \tau$,则 $\frac{d\tau}{ds} = \lim\limits_{\Delta t\to 0}\frac{\Delta\tau}{\Delta s}$,由图可知,当 Δt 很小时,Δs 和 $\Delta\phi$ 都很小,$\Delta\tau$ 的大小为 $|\Delta\tau| = 2|\tau|\sin\frac{\Delta\phi}{2} \approx$

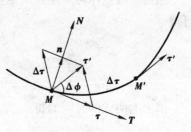

图 12.7

$|\tau|\Delta\phi = \Delta\phi$,所以 $\frac{d\tau}{ds}$ 的大小为

$$\left|\frac{d\tau}{ds}\right| = \lim\limits_{\Delta t\to 0}\left|\frac{\Delta\tau}{\Delta s}\right| \approx \lim\limits_{\Delta t\to 0}\left|\frac{\Delta\phi}{\Delta s}\right| = \left|\frac{d\phi}{ds}\right| = \frac{1}{\rho}$$

式中,ρ 为轨迹在 M 处的曲率半径。由于矢量 $\Delta\tau$ 的极限位置垂直于轨迹在 M 处的切线,所以 $\frac{d\tau}{ds}$ 总是指向轨迹内凹的一侧,并与法线单位矢量 n 同向。因而 $\frac{d\tau}{ds} = \frac{1}{\rho}n$,故矢量 $v\frac{d\tau}{dt} = v^2\frac{d\tau}{ds} = \frac{v^2}{\rho}n$ 称为法向加速度,用 a_n 表示。

$$a_n = \frac{v^2}{\rho}n \tag{12.21}$$

于是动点的加速度为

$$a = a_\tau + a_n = a_\tau\tau + a_n n = \frac{d^2s}{dt^2}\tau + \frac{v^2}{\rho}n \tag{12.22}$$

上式表明,点在作曲线运动时,其加速度等于切向加速度与法向加速度的矢量和。显然点作曲线运动时其加速度在自然坐标轴上的投影分别为

$$a_\tau = \frac{dv}{dt} = \frac{d^2s}{dt^2}; \quad a_n = \frac{v^2}{\rho} \tag{12.23}$$

加速度在切线上的投影 a_τ 为代数量。当 $a_\tau > 0$ 时,表示 a_τ 沿切线正方向,反之沿负方向。

当 a_τ 与 v 同号时,点作加速运动,异号时作减速运动。a_n 恒为正,说明法向加速度总是指向曲线内凹的一侧。

为了区别于切向加速度和法向加速度,在自然轴系中,称点的加速度为全加速度。全加速度的大小和方向可由下式求出。

$$\left.\begin{aligned} a = \sqrt{a_\tau^2 + a_n^2} = \sqrt{\left(\frac{\mathrm{d}v}{\mathrm{d}t}\right)^2 + \left(\frac{v^2}{\rho}\right)^2} \\ \tan\beta = \frac{|a_\tau|}{a_n} \end{aligned}\right\} \tag{12.24}$$

式中,β 是全加速度 a 与法向加速度的夹角(图 12.8),总是小于或等于 $\frac{\pi}{2}$。因此,全加速度 a 的方向总是指向曲线内凹的一侧。

当已知动点作匀变速曲线运动,即 a_τ 为常量,且 $t=0$ 时速度为 v_0,弧坐标为 s_0,由积分可得

$$\left.\begin{aligned} v = v_0 + a_\tau t \\ s = s_0 + v_0 t + \frac{1}{2}a_\tau t^2 \end{aligned}\right\} \tag{12.25}$$

消去上两式的时间 t,得

$$v^2 - v_0^2 = 2a_\tau(s - s_0) \tag{12.26}$$

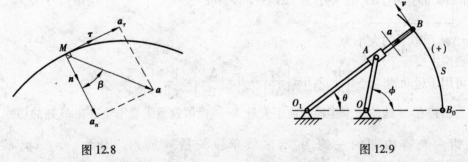

图 12.8   图 12.9

例 12.2　摆动导杆机构如图 12.9 所示,曲柄 OA 长为 r,以 $\phi = 2t$(ϕ 以弧度计)的规律绕 O 轴匀速转动,通过滑块 A 带动导杆 O_1B 绕 O_1 轴摆动。设导杆 O_1B 长为 $2.5r$,距离 $OO_1 = r$。试求 B 点的运动方程、速度及加速度。

解　点 B 的运动轨迹是以 O_1B 为半径的圆弧。在 $t=0$ 时,B 点位于 B_0 处。取 B_0 点为弧坐标原点,逆时针为弧坐标正向。

①建立点的运动方程。

$$s = O_1B \cdot \theta = 2.5r \times \frac{1}{2}\phi = 2.5r \times \frac{1}{2} \times 2t = 2.5rt$$

②求 B 点的速度。B 点的速度为 $v = \dfrac{\mathrm{d}s}{\mathrm{d}t} = 2.5r$,速度方向沿轨迹切线。

③求 B 点的加速度。B 点的加速度为

$$a_\tau = \frac{dv}{dt} = 0$$

$$a_n = \frac{v^2}{\rho} = \frac{(2.5r)^2}{2.5r} = 2.5r$$

$$a = a_n = 2.5r$$

小　结

描述点的运动有三种方法:矢量法、直角坐标法、自然坐标法,见表 12.1。

表 12.1

	矢量法	直角坐标法	自然坐标法
点的运动方程	$\boldsymbol{r}=\boldsymbol{r}(t)$	$x=x(t);y=y(t);z=z(t)$	$s=s(t)$
速度	$\boldsymbol{v}=\dfrac{d\boldsymbol{r}}{dt}$	$v_x=\dfrac{dx}{dt};v_y=\dfrac{dy}{dt};v_z=\dfrac{dz}{dt}$ $v=\sqrt{v_x^2+v_y^2+v_z^2}$	$v=\dfrac{ds}{dt}$
加速度	$\boldsymbol{a}=\dfrac{d\boldsymbol{v}}{dt}=\dfrac{d^2\boldsymbol{r}}{dt^2}$	$a_x=\dfrac{d^2x}{dt^2};a_y=\dfrac{d^2y}{dt^2};a_z=\dfrac{d^2z}{dt^2}$ $a=\sqrt{a_x^2+a_y^2+a_z^2}$	$a_\tau=\dfrac{dv}{dt}=\dfrac{d^2s}{dt^2}$ $a_n=\dfrac{v^2}{\rho}$

矢量法主要用于理论推导,自然坐标法只用于动点的运动轨迹已知时的运动分析,直角坐标法既可用于运动轨迹已知时的运动分析,又可用于运动轨迹未知时的运动分析。

思 考 题

12.1　点在运动时,若某瞬时 $a_\tau>0$,那么点是否一定在作加速运动?

12.2　什么是切向加速度和法向加速度? 它们的意义是什么? 怎样的运动既无切向加速度又无法向加速度? 怎样的运动只有切向而无法向加速度? 怎样的运动只有法向而无切向加速度? 怎样的运动既有切向加速度又有法向加速度?

12.3　点的速度 v 与矢径 r 的关系是 $v=\dfrac{d\boldsymbol{r}}{dt}$,它们之间是否存在如下关系: $v=\dfrac{dr}{dt}$?

12.4　在图 12.10 中给出了动点在曲线上运动到各点时速度和加速度的方向,试判断哪些是加速运动? 哪些是减速运动? 哪些是不可能出现的运动?

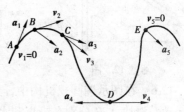

图 12.10

习 题

12.1 已知点的运动方程如下,求其轨迹方程。

(1)$x=2t^2+4,y=3t^2-3$;(2)$x=3+5\sin t,y=5\cos t$。

12.2 曲柄 OA 绕 O 轴以匀角速度 $\omega=2$ rad/s 转动,$OA=AB=30$ cm,$AM=10$ cm,初始滑块 B 在最右位置,求连杆上 M 点的运动方程和轨迹方程。

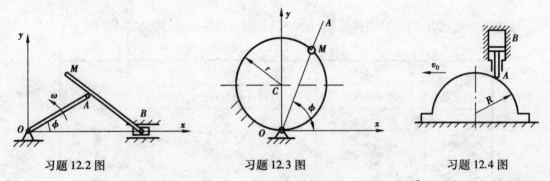

习题 12.2 图　　　　　　习题 12.3 图　　　　　　习题 12.4 图

12.3 半径为 r 的金属圆圈固定不动,OA 杆绕 O 轴转动,且有 $\phi=\dfrac{1}{2}t^2$。小环 M 套在杆和大环上,由杆带动沿大环运动。试建立点 M 的直角坐标形式运动方程和弧坐标形式运动方程。

12.4 半圆形凸轮以匀速 $v_0=1$ cm/s 沿水平面向左运动,推动活塞杆 AB 沿铅垂方向运动,开始时活塞杆 A 端在凸轮的最高点,若凸轮半径 $R=8$ cm,求活塞 B 的运动方程和速度。

12.5 摇杆机构的滑杆 AB 在某段时间内以等速 v 向上运动,试建立摇杆上 C 点的运动方程(分别用直角坐标法及自然坐标法),并求此点在 $\phi=\dfrac{\pi}{4}$ 时速度的大小。假定初瞬时 $\phi=0$,摇杆长 $OC=a,l$ 为已知。

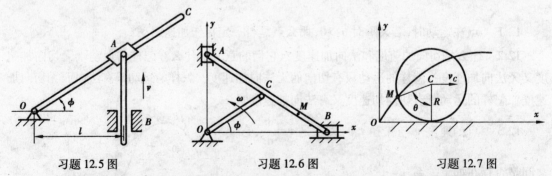

习题 12.5 图　　　　　　习题 12.6 图　　　　　　习题 12.7 图

12.6 在图示椭圆规机构中,已知 $AC=BC=OC=r$,曲柄 OC 以 $\phi=\omega t$ 绕 O 轴转动,带动 AB 尺运动。滑块 A、B 分别在铅直和水平槽内滑动,求 BC 中点 M 的运动方程、速度和加速度。

12.7 轮子半径 $R=0.5$ m,沿直线轨道无滑动地匀速滚动,其轮心速度 $v_c=6$ m/s。试建立轮缘上一点 M 的运动方程,并求此点的速度和加速度。假设开始时,M 点在最低位置且与坐

标原点 O 相重合。

12.8　等腰三角形板 OAB 的直角边 $OA=OB=l$，板绕 OB 边转动，转角 $\phi=\omega t$。动点 M 自 B 点以不变速度 u 沿斜边下滑，$t=0$ 时，点 M 在 B 处，试求点 M 的运动方程及其速度和加速度。

12.9　滑轮半径 $R=0.5$ m，重物以 $s=0.6t^2$ 的规律下降（s 以 m 计，t 以 s 计），并通过绳子带动滑轮转动。求 $t=1$ s 时滑轮边上 M 点的加速度。

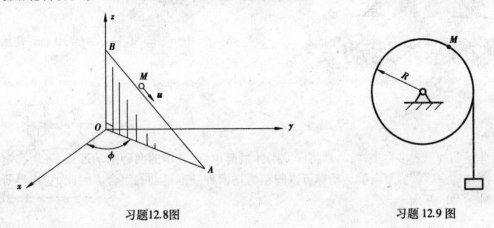

习题12.8图　　　　　　　　习题 12.9 图

219

第 **13** 章
刚体的基本运动

刚体运动的形式多种多样,本章将研究刚体最简单、最基本的两种运动形式:平动和定轴转动。刚体的一些较为复杂的运动都可以归结为这两种基本运动的组合。因此,它们是研究刚体各种运动的基础。

13.1　刚体的平动

刚体在运动过程中,若其上任一直线始终与其初始位置保持平行,这种运动称为刚体的平行移动,简称平动。例如直线轨道上车厢的运动(图 13.1(a)),摆式输送机送料槽的运动(图13.1(b))等都是刚体平动的实例。

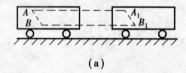 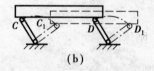

(a)　　　　　　　　　　　　　(b)

图 13.1

刚体平动时,若其上各点的运动轨迹为直线,称为直线平动,如上述车厢的运动;若其上各点的运动轨迹为曲线,则称为曲线平动,如上述送料槽的运动。

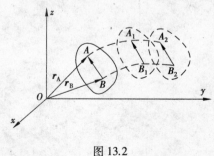

图 13.2

根据刚体平动的特征,刚体上各点的轨迹、速度和加速度有如下重要特点:刚体平动过程中,其上各点运动的轨迹形状相同,且彼此平行;每一瞬时各点的速度、加速度相同。

上述结论可说明如下。如图 13.2 所示,在平动刚体上任取两点 A 和 B,作矢径 r_A、r_B 和矢量 $\overrightarrow{BA}$,矢径 r_A 和 r_B 的关系为

$$r_A = r_B + \overrightarrow{BA} \qquad (13.1)$$

　　由于刚体做平动,所以$\overrightarrow{BA}$为常矢量,只要将 B 点的轨迹沿$\overrightarrow{BA}$方向移动一段距离 BA,就与 A 点的轨迹重合,而 A、B 点的位置是任意选定的。这说明平动刚体上各点的轨迹形状相同,且彼此平行。

　　将式(13.1)对时间 t 求一阶导数,考虑到$\overrightarrow{BA}$为常矢量,有

$$\frac{\mathrm{d}\boldsymbol{r}_A}{\mathrm{d}t} = \frac{\mathrm{d}}{\mathrm{d}t}(\boldsymbol{r}_B + \overrightarrow{BA}) = \frac{\mathrm{d}\boldsymbol{r}_B}{\mathrm{d}t} \qquad \boldsymbol{v}_A = \boldsymbol{v}_B \tag{13.2}$$

　　将上式对时间再取一阶导数,得

$$\frac{\mathrm{d}\boldsymbol{v}_A}{\mathrm{d}t} = \frac{\mathrm{d}\boldsymbol{v}_B}{\mathrm{d}t} \qquad \boldsymbol{a}_A = \boldsymbol{a}_B \tag{13.3}$$

　　式(13.2)、式(13.3)表明,每一瞬时,平动刚体上各点的速度、加速度相同。

　　由此可见,刚体平动时,只要确定出其上任一点的运动,也就确定了整个刚体的运动。所以,刚体平动可归结为点的运动来研究。

13.2　刚体的定轴转动

　　刚体运动时,在刚体上或其延伸部分有一条直线始终保持不动,这种运动称为刚体的定轴转动,简称转动。保持不动的直线称为转轴。刚体的定轴转动在工程实际中应用十分广泛,例如传动机构中皮带轮、齿轮的转动,机床主轴、电动机转子和发动机转子的旋转等都是刚体转动的实例。

　　刚体转动时,转轴外各点都在垂直于轴线的平面上作圆周运动,它们的运动不完全相同。因此,必须先研究整个刚体转动的规律,然后再研究转动刚体上各点的运动。本节就来研究整个刚体的运动规律。

13.2.1　刚体的转动方程

　　图 13.3 所示为一绕 z 轴转动的刚体,过 z 轴做固定平面 Ⅰ 和动平面 Ⅱ,动平面 Ⅱ 和刚体固连且随刚体一起转动。任一瞬时,刚体的位置可用动平面 Ⅱ 和固定平面 Ⅰ 之间的夹角 ϕ 来确定。ϕ 称为刚体的转角。刚体转动时,ϕ 随时间 t 而变化,是时间 t 的单值连续函数,即

$$\phi = \phi(t) \tag{13.4}$$

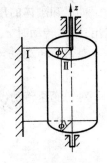

图 13.3

　　式(13.4)称为刚体的转动方程,它描述了刚体转动的规律。转角为代数量,根据右手法则判断其正负:从转轴的正方向看,逆时针转向的转角为正,反之为负。转角的单位为弧度(rad)。

13.2.2　角速度

　　角速度是表示刚体转动快慢和方向的物理量。设在瞬时 t,刚体的转角为 ϕ,经过 Δt 时间后,转角变为 ϕ'。在 Δt 时间内,转角的改变量为 $\Delta\phi = \phi' - \phi$,比值 $\dfrac{\Delta\phi}{\Delta t}$ 称为刚体在 Δt 内的平均

角速度,用符号 ω^* 表示即 $\omega^* = \dfrac{\Delta\phi}{\Delta t}$,当 Δt 趋近于零时,ω^* 的极限值称为刚体在瞬时 t 的瞬时角速度,简称角速度,用符号 ω 表示,即

$$\omega = \lim_{\Delta t \to 0} \omega^* = \lim_{\Delta t \to 0} \frac{\Delta\phi}{\Delta t} = \frac{\mathrm{d}\phi}{\mathrm{d}t} \tag{13.5}$$

上式表明,定轴转动刚体的角速度等于其转角对时间的一阶导数。角速度 ω 是代数量,其正负号表示刚体的转动方向。当 $\omega > 0$ 时,表示从转轴正向看,刚体逆时针转动;反之,顺时针转动。角速度的单位为弧度/秒(rad/s)。

工程上常用转速 n 表示刚体转动的快慢,转速的单位为转/分(r/min)。n 与 ω 的关系为

$$\omega = \frac{2\pi n}{60} = \frac{\pi n}{30} \tag{13.6}$$

13.2.3 角加速度

角加速度是表示刚体角速度对时间变化率的物理量。设在瞬时 t,刚体的角速度为 ω,经过 Δt 时间后,刚体角速度变为 ω'。在 Δt 时间内,刚体角速度的改变量为 $\Delta\omega = \omega' - \omega$,比值 $\dfrac{\Delta\omega}{\Delta t}$ 称为刚体在 Δt 时间内的平均角加速度,用符号 ε^* 表示即 $\varepsilon^* = \dfrac{\Delta\omega}{\Delta t}$,当 Δt 趋近于零时,ε^* 的极限值称为刚体在瞬时 t 的瞬时角加速度,用符号 ε 表示即

$$\varepsilon = \lim_{\Delta t \to 0} \varepsilon^* = \lim_{\Delta t \to 0} \frac{\Delta\omega}{\Delta t} = \frac{\mathrm{d}\omega}{\mathrm{d}t} = \frac{\mathrm{d}^2\phi}{\mathrm{d}t^2} \tag{13.7}$$

上式表明,定轴转动刚体的角加速度等于其角速度对时间的一阶导数,或等于其转角对时间的二阶导数。角加速度 ε 也是代数量,当 ε 与 ω 同号时,刚体加速转动,反之减速转动。角加速度的单位为弧度/秒²(rad/s²)。

如已知刚体的角加速度 ε 和初始条件,通过积分可求出刚体的角速度和转动方程。不难看出,刚体转动时 ε、ω 和 ϕ 之间的关系与点的运动中 a_τ、v、s 之间的关系相似。

对匀速转动($\varepsilon = 0$),有关系式

$$\phi = \phi_0 + \omega t \tag{13.8}$$

对匀变速转动(ε 为常数),有关系式

$$\left. \begin{array}{l} \omega = \omega_0 + \varepsilon t \\[2mm] \phi = \phi_0 + \omega_0 t + \dfrac{1}{2}\varepsilon t^2 \\[2mm] \omega^2 - \omega_0^2 = 2\varepsilon(\phi - \phi_0) \end{array} \right\} \tag{13.9}$$

例 13.1 图 13.4 所示机构中,杆 AB 以匀速 u 沿铅垂导槽向上运动,通过滑块 A 使 OC 杆绕 O 轴转动。已知 O 轴与导槽相距 l,初瞬时 $\phi = 0$,A 在 A_0 位置。试求 OC 杆的转动方程、角速度和角加速度。

解 ①建立 OC 杆的转动方程

$$\tan\phi = \frac{AA_0}{OA_0} = \frac{ut}{l}$$

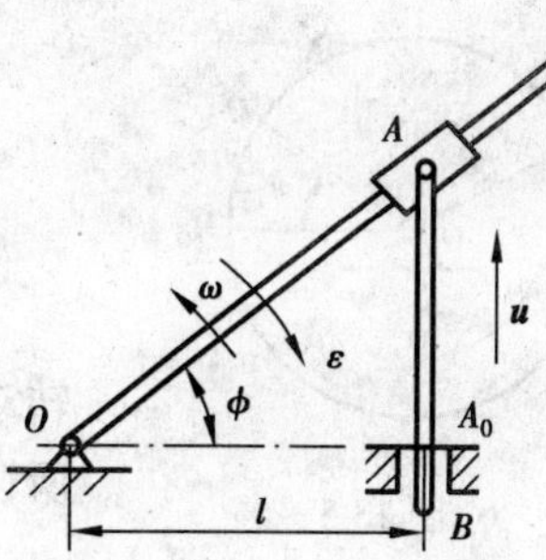

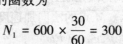

OC 杆的转动方程为

$$\phi = \arctan \frac{ut}{l}$$

②求角速度和角加速度

$$\omega = \frac{\mathrm{d}\phi}{\mathrm{d}t} = \frac{u/l}{1 + (ut/l)^2} = \frac{lu}{l^2 + (ut)^2}$$

$$\varepsilon = \frac{\mathrm{d}\omega}{\mathrm{d}t} = \frac{-lu \cdot 2u^2 t}{[l^2 + (ut)^2]^2} = -\frac{2lu^3 t}{[l^2 + (ut)^2]^2}$$

图 13.4

例 13.2　飞轮的转速 $n = 600 \ \mathrm{r/min}$，运转 30 s 后因故而进行制动，制动后作匀减速转动，经 5 s 停止。试求飞轮在制动阶段的角加速度以及 35 s 内转过的总圈数。

解　①飞轮匀速转动阶段转过的圈数为

$$N_1 = 600 \times \frac{30}{60} = 300$$

②飞轮制动阶段的角加速度及转过的圈数

制动阶段飞轮作匀减速转动，末角速度 $\omega = 0$，初角速度 $\omega_0 = \dfrac{\pi n}{30} = \dfrac{600\pi}{30} = 20\pi \ \mathrm{rad/s}$，应用式 (13.9) 得角加速度为

$$\varepsilon = \frac{\omega - \omega_0}{t} = \frac{0 - 20\pi}{5} \ \mathrm{rad/s^2} = -4\pi \ \mathrm{rad/s^2}$$

制动阶段飞轮转过的角度为

$$\phi = \omega_0 t + \frac{1}{2}\varepsilon t^2 = \left[20\pi \times 5 + \frac{1}{2} \times (-4\pi) \times 5^2 \right] \ \mathrm{rad} = 50\pi \ \mathrm{rad}$$

所以制动阶段飞轮转过的圈数为

$$N_2 = \frac{\phi}{2\pi} = \frac{50\pi}{2\pi} = 25$$

③飞轮转过的总圈数

$$N = N_1 + N_2 = 300 + 25 = 325$$

13.3　定轴转动刚体上各点的速度和加速度

上节研究的是整个刚体转动的规律,本节将研究转动刚体上各点的运动。显然,刚体上任一点的速度和加速度与刚体转动的角速度和角加速度有关,下面导出它们的关系。

刚体定轴转动时,转轴上各点固定不动,转轴外各点在垂直于转轴的平面上作圆周运动。圆心是该平面与转轴的交点,圆的半径称为转动半径。现用自然坐标法研究转动刚体上任一点 M 的运动。如图 13.5 所示,设点 M 到转轴的距离为 R,当刚体的转角 $\phi = 0$ 时,M 点的位置为 M_0,取 M_0 作为弧坐标的原点,再取 ϕ 角的正向作为弧坐标的正向。这样,M 点的自然形式的运动方程为

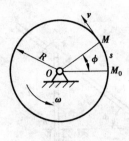

图 13.5

$$s = R\phi \qquad (13.10)$$

上式对时间求一阶导数,得 M 点的速度为

$$v = \frac{\mathrm{d}s}{\mathrm{d}t} = R\frac{\mathrm{d}\phi}{\mathrm{d}t} = R\omega \qquad (13.11)$$

式(13.11)表明,转动刚体上任一点的速度大小等于该点的转动半径与刚体角速度的乘积,由于 v 与 ω 具有相同的正负号,所以点的速度方向沿圆周切线,指向刚体转动方向。

由于点作圆周运动,M 点的加速度包括切向加速度和法向加速度。M 点切向加速度的大小为

$$a_\tau = \frac{\mathrm{d}v}{\mathrm{d}t} = \frac{\mathrm{d}}{\mathrm{d}t}(R\omega) = R\frac{\mathrm{d}\omega}{\mathrm{d}t} = R\varepsilon \qquad (13.12)$$

方向垂直于半径,由于 a_τ 与 ε 具有相同的正负号,所以点的切向加速度的方向指向角加速度 ε 所指示的方向,如图 13.6 所示。M 点的法向加速度的大小为

$$a_n = \frac{v^2}{\rho} = \frac{(R\omega)^2}{R} = R\omega^2 \qquad (13.13)$$

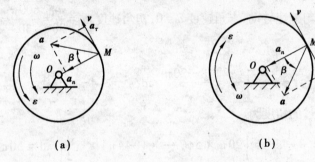

(a)   (b)

图 13.6

方向由 M 点指向转轴 O。a_τ 与 a_n 的矢量和为 M 点的全加速度 a,其大小及方向为

$$\left.\begin{array}{l} a = \sqrt{a_\tau^2 + a_n^2} = R\sqrt{\varepsilon^2 + \omega^4} \\[2mm] \tan\beta = \dfrac{|a_\tau|}{a_n} = \dfrac{|\varepsilon|}{\omega^2} \end{array}\right\} \qquad (13.14)$$

上式表明,全加速度的大小与转动半径成正比,方向与转动半径成 β 角。

根据前面的讨论,定轴转动刚体上各点的速度和加速度分布规律如下:在每一瞬时,各点速度和加速度的大小与点的转动半径成正比,速度的方向都垂直于转动半径,指向刚体转动的方向;加速度的方向与转动半径的夹角都等于 β,而与该点到转轴的距离无关,如图 13.7 所示。

例 13.3　重物 A 和 B 用不可伸长的绳子分别绕在半径 $R_A = 25$ cm 和 $R_B = 15$ cm 的滑轮上,重物 A 的加速度 $a_A = 50$ cm/s^2,其初速度 $v_{A0} = 75$ cm/s,方向如图 13.8 所示。当 $t = 2$ s 时,求重物 B 的速度和轮缘上 M 点的加速度。

解　滑轮的初角速度和角加速度分别为

$$\omega_0 = \frac{v_{A0}}{R_A} = \frac{75}{25} = 3 \text{ rad/s}$$

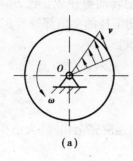

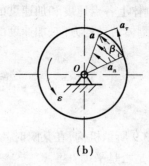

（a）　　　　　　　　　　　　　　　　（b）

图 13.7

$$\varepsilon = \frac{a_A}{R_A} = \frac{50}{25} = 2 \text{ rad/s}^2$$

当 $t=2$ s 时,滑轮的角速度为

$$\omega = \omega_0 + \varepsilon t = (3 + 2 \times 2) \text{ rad/s} = 7 \text{ rad/s}$$

所以 $t=2$ s 时,重物 B 的速度为

$$v_B = R_B \cdot \omega = 15 \times 7 \text{ rad/s} = 105 \text{ rad/s}$$

轮缘上 M 点的全加速度的大小和方向为

$$a = R_A \sqrt{\varepsilon^2 + \omega^4} = 25\sqrt{2^2 + 7^4} \text{ cm/s}^2 = 1\ 226 \text{ cm/s}^2$$

$$\beta = \arctan \frac{|\varepsilon|}{\omega^2} = \arctan \frac{2}{7^2} = 2°20'$$

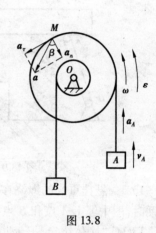

图 13.8

小　结

①刚体平动过程中,其上各点运动的轨迹形状相同,且彼此平行;每一瞬时各点的速度、加速度相同。因此,刚体平动可归结为点的运动来研究。

②刚体定轴转动方程为

$$\phi = \phi(t)$$

转动角速度

$$\omega = \frac{\mathrm{d}\phi}{\mathrm{d}t}$$

转动角加速度

$$\varepsilon = \frac{\mathrm{d}\omega}{\mathrm{d}t} = \frac{\mathrm{d}^2\phi}{\mathrm{d}t^2}$$

当 ω 与 ε 同号时,刚体作加速转动,反之,作减速转动。

③刚体定轴转动时,转轴上各点固定不动,转轴外各点在垂直于转轴的平面上作圆周运动。定轴转动刚体上各点的速度和加速度为

$$v = R\omega$$

$$a_\tau = R\varepsilon$$

$$a_n = R\omega^2$$

$$a = R\sqrt{\varepsilon^2 + \omega^4}$$

$$\tan\beta = \frac{|\varepsilon|}{\omega^2}$$

即每一瞬时转动刚体上各点速度和加速度的大小与点的转动半径成正比,速度的方向都垂直于转动半径,指向刚体转动的方向;加速度的方向与转动半径的夹角都等于 β。

思 考 题

13.1 如图 13.9 所示机构,在某瞬时 A 点和 B 点的速度完全相同(大小相等,方向相同),试问 AB 板的运动是否是平动?

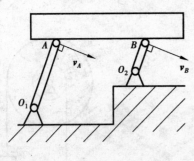

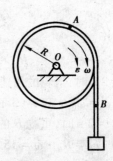

图 13.9

图 13.10

13.2 悬挂重物的绳绕在鼓轮上,如图 13.10 所示。试问当鼓轮以角速度 ω、角加速度 ε 转动时,图中绳上 A 点和 B 点的速度是否相同? 加速度是否相同?

13.3 "刚体绕定轴转动时,角加速度为正,表示加速转动;角加速度为负,表示减速转动",这种说法对吗? 为什么?

习 题

13.1 如图所示,双曲柄机构的曲柄 AB 和 CD 分绕 A、C 轴摆动,带动托架 DBE 运动使重物上升。某瞬时曲柄的角速度 $\omega=4$ rad/s,角加速度 $\varepsilon=2$ rad/s²,曲柄长 $R=20$ cm。求物体重心 G 的轨迹、速度和加速度。

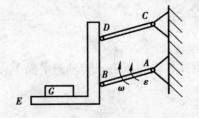

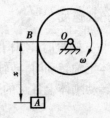

习题 13.1 图

习题 13.2 图

13.2 如图所示,升降机由半径 $R=50$ cm 的鼓轮带动,物体 A 按 $x=5t^2$(t 以 s 计,x 以 m 计)上升,求鼓轮的角速度和角加速度及轮缘上一点的全加速度大小。

13.3 汽车发动机的转速在 12 s 内由 1 200 r/min 增加到 3 000 r/min,假定转动是匀加速的,试求角加速度以及在这段时间内发动机转过的圈数。

13.4　一刚体由静止开始作匀加速转动,设第 3 s 末的转速为 900 r/min,试求角加速度以及第 1 s 内转过的圈数。

13.5　如图所示,发电机的带轮 A 由蒸汽机的带轮 B 带动,其半径分别为 $r_1 = 75$ cm,$r_2 = 30$ cm,蒸汽机开动后,其角加速度为 0.4π rad/s²,带轮与胶带无滑动。问经过多长时间后发电机的转速达 300 r/min。

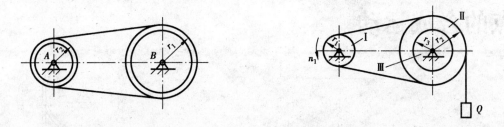

习题 13.5 图　　　　　　习题 13.6 图

13.6　如图所示,电动绞车由皮带轮Ⅰ、Ⅱ和鼓轮Ⅲ组成,鼓轮Ⅲ和皮带轮Ⅱ固连在一起。各轮的半径分别是 $r_1 = 30$ cm,$r_2 = 75$ cm,$r_3 = 40$ cm,轮Ⅰ的转速 $n_1 = 100$ r/min,试求重物 Q 上升的速度。

13.7　圆盘绕其中心 O 转动,某瞬时 $v_A = 0.8$ m/s,方向如图所示,在同一瞬时,任一点 B 的全加速度与半径 OB 的夹角的正切为 0.6($\tan\beta = 0.6$)。若圆盘半径 $R = 10$ cm,求该瞬时圆盘的角加速度。

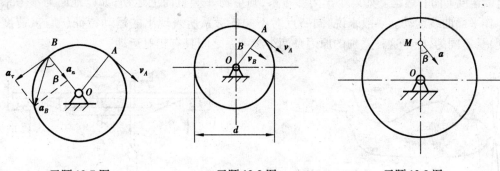

习题 13.7 图　　　习题 13.8 图　　　习题 13.9 图

13.8　如图所示,齿轮轮缘上一点 A 的速度为 $v_A = 50$ cm/s,与 A 在同一半径线上的 B 点的速度 $v_B = 10$ cm/s,$AB = 20$ cm,求齿轮的角速度及其直径。

13.9　如图所示,气轮机叶轮由静止开始作匀加速转动,在某瞬时,轮上离轴心为 0.4 m 的 M 点的全加速度大小为 40 m/s²,方向与 M 点的轴心连线成 $\beta = 30°$ 角。试求叶轮的转动方程。

第**14**章
点的合成运动

14.1　点的合成运动的概念

在前面研究了点相对于一个坐标系的运动。但在工程中,经常会遇到用两个不同参考系去描述同一个点的运动的情况。例如,飞机相对于地面作水平直线飞行时,螺旋桨叶尖上 M 点的运动(图 14.1),如以飞机机身为参考系,则在机舱内的观察者看到 M 点在作圆周运动;如以地面为参考系,则 M 点作螺旋线运动。又如行车起吊重物时(图 14.2),小车在起吊重物的同时以速度 v 向右运动。如以小车为参考系,则重物 A 竖直向上运动;如以地面为参考系,重物 A 作平面曲线运动。一般来说,同一点对不同参考系所表现出的运动特征(轨迹、速度、加速度)是不同的,产生这种差别的原因是两个参考系之间具有相对运动。

图 14.1　　　　　　　　　　　　　　　　图 14.2

从上述实例可以看出,飞机螺旋桨叶尖上 M 点相对地面的螺旋线运动,是 M 点相对机身的圆周运动和机身相对地面的水平直线平动合成的结果。起吊重物 A 相对地面的平面曲线运动,是重物 A 相对小车的竖直向上运动和小车对地面的水平直线平动合成的结果。因此,M 点和重物 A 的运动又称为合成运动。

为了方便把所研究的点称为动点,它可以是单个的点,也可以是物体上的一点。把固连在地面上的参考系称为定参考系,简称定系。其他相对于定系运动的参考系(如固连在行驶飞机机身上的参考系)称为动参考系,简称动系。动点相对于定系的运动称为绝对运动,动点相对于动系的运动称为相对运动,而把动系相对于定系的运动称为牵连运动。如上述飞机螺旋

桨叶尖上 M 点的运动,取飞机机身为动系,地面为定系,则动点 M 对地面的螺旋线运动为绝对运动,对飞机机身的圆周运动为相对运动,而飞机机身对地面的直线平动为牵连运动。

由此可见,点的绝对运动是点的相对运动和牵连运动合成的结果。反过来,绝对运动也可以分解为相对运动和牵连运动。

需要注意的是,点的绝对运动和相对运动都是指点的运动,它们可以是直线运动、圆周运动或一般的曲线运动;而牵连运动指的是动系相对于定系的运动,动系又是固连在刚体上的,因此牵连运动为刚体的运动,它可以是平动、转动或其他运动等。在动点和动系的选择上,注意动点和动系不能选在同一个物体上,即动点和动系必须有相对运动。

14.2　点的速度合成定理

14.2.1　绝对速度、相对速度和牵连速度

先给出如下定义:动点对于定系的运动速度称为绝对速度,用符号 v_a 表示;动点对于动系的运动速度称为相对速度,并用符号 v_r 表示。

动点的绝对速度和相对速度之间的差别来自牵连运动,如果动系对定系没有运动,即没有牵连运动,那么动点的绝对速度和相对速度完全相同。当有牵连运动时,动点除对动系有相对运动外,还要随动系的运动而运动,即动系对动点起着"携带"或"牵连"的作用。但是,影响动点运动的只是动系上与动点瞬时重合的那一点,这个点称为牵连点。我们把牵连点对定系的运动速度称为牵连速度,并用符号 v_e 表示。

14.2.2　速度合成定理

现研究绝对速度、相对速度和牵连速度之间的关系。

设动点沿刚体(动系 $O'x'y'z'$)上的 $\overset{\frown}{AB}$ 弧作相对运动,同时刚体对定系 $Oxyz$ 作任意运动(图 14.3)。瞬时 t,刚体在位置 I,动点在 $\overset{\frown}{AB}$ 弧的 M 位置,这时动点的牵连点是刚体(动系)上的 E 点。经过时间 Δt 后,刚体运动到位置 II,$\overset{\frown}{AB}$ 弧运动到 $A'B'$ 位置,动点运动到 M' 位置。在定系上来看,$\overset{\frown}{MM'}$ 为动点的绝对轨迹,$\overrightarrow{MM'}$ 为动点的绝对位移。在 Δt 时间内,瞬时 t 动点的牵连点 E 沿 $\overset{\frown}{MM_1}$ 运动到 E_1 点,

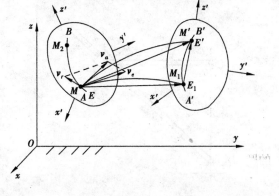

图 14.3

$\overset{\frown}{EE_1}$ 为瞬时 t 牵连点的轨迹,称为牵连轨迹,$\overrightarrow{EE_1}$ 为瞬时 t 牵连点的位移,称为牵连位移。从动系上看,动点在 Δt 时间内沿 $\overset{\frown}{AB}$ 弧由位置 M_1 运动到 M',$\overset{\frown}{M_1M'}$ 称为动点的相对轨迹,$\overrightarrow{M_1M'}$ 称为动点的相对位移。

由图 14.3 可以看出，三个位移之间的关系为

$$\overrightarrow{MM'} = \overrightarrow{EE_1} + \overrightarrow{M_1M'}$$

即动点的绝对位移等于牵连位移和相对位移的矢量和。将上式各项除以 Δt，并令 Δt 趋于零，则有

$$\lim_{\Delta t \to 0} \frac{\overrightarrow{MM'}}{\Delta t} = \lim_{\Delta t \to 0} \frac{\overrightarrow{EE_1}}{\Delta t} + \lim_{\Delta t \to 0} \frac{\overrightarrow{M_1M'}}{\Delta t}$$

其中 $\lim\limits_{\Delta t \to 0} \dfrac{\overrightarrow{MM'}}{\Delta t} = v_a$，$\lim\limits_{\Delta t \to 0} \dfrac{\overrightarrow{EE_1}}{\Delta t} = v_e$，$\lim\limits_{\Delta t \to 0} \dfrac{\overrightarrow{M_1M'}}{\Delta t} = v_r$

即

$$v_a = v_e + v_r \tag{14.1}$$

上式表明，动点的绝对速度等于它的牵连速度和相对速度的矢量和，这就是点的速度合成定理。这个定理对任何形式的牵连运动都适用。

式(14.1)中，包含有 v_a、v_e 和 v_r 三个矢量的大小和方向共六个量，如果已知其中任意四个量，就能求出其他两个未知量。

例 14.1　图 14.4 所示曲柄摇杆机构中，曲柄 $O_1A = r$，以匀角速度 ω_1 绕 O_1 轴转动，通过滑块 A 带动摇杆 O_2B 绕 O_2 轴往复摆动。求图示瞬时摇杆 O_2B 的角速度 ω_2。

解　取滑块 A 为动点，摇杆 O_2B 为动系，地面为定系。动点 A 的绝对运动为绕 O_1 的圆周运动，绝对速度大小为 $v_a = v_A = r\omega$，方向垂直于 O_1A 向上。动点 A 的相对运动为沿摇杆 O_2B 的直线运动，相对速度的大小未知，方向沿 O_2B 方向。牵连运动为摇杆 O_2B 绕 O_2 轴的定轴转动，牵连速度为摇杆 O_2B 上与动点 A 相重合的点的速度，大小待求，方向垂直于 O_2B。由速度合成定理画出速度合成图。

$$v_e = v_a \sin \theta = r\omega \sin \theta$$

$$\omega_2 = \frac{v_e}{O_2A} = \frac{r\omega \sin \theta}{r/\sin \theta} = \omega \sin^2 \theta$$

转向由 v_e 的指向确定，为逆时针转向。

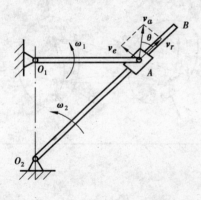

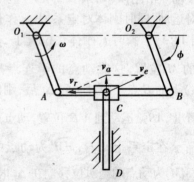

图 14.4　　　　　　　　　　　　　　　　图 14.5

例 14.2　图 14.5 所示铰接四边形机构，已知 $O_1A = O_2B = 10$ cm，$O_1O_2 = AB$，杆 O_1A 以匀角速度 $\omega = 2$ rad/s 绕 O_1 轴转动。杆 AB 上有一套筒 C，此筒与杆 CD 相铰接，机构的各部件在同一铅直面内。求当 $\phi = 60°$ 时杆 CD 的速度。

解　选套筒 C 为动点，杆 AB 为动系，地面为定系。则动点 C 的绝对运动为铅直方向直线

运动,绝对速度 v_a 的方向也沿此方向,大小待求。动点 C 的相对运动为沿 AB 杆的直线运动,相对速度 v_r 的方向沿 AB 方向,大小未知。牵连运动为 AB 杆的曲线平动,故动点 C 的牵连速度 v_r 与 A 点的速度相同大小为

$$v_e = v_A = 10 \times 2 \text{ cm/s} = 20 \text{ cm/s}$$

方向垂直于 O_1A。根据速度合成定理,画出速度合成图,求得 CD 杆的速度大小为

$$v_{CD} = v_a = v_e \cos 60° = 20 \times \frac{1}{2} \text{ cm/s} = 10 \text{ cm/s}$$

方向如图所示。

例 14.3　汽阀上的凸轮机构如图 14.6 所示,凸轮以角速度 ω 绕 O 轴转动,在图示位置,$OA=R$,凸轮轮廓曲线在接触点 A 的法线 An 与 OA 夹角为 θ。求该瞬时顶杆 AB 速度。

解　选顶杆 AB 上的 A 点为动点,凸轮为动系,地面为定系。则动点 A 的绝对运动为铅直方向直线运动,绝对速度 v_a 的方向也沿此方向,大小待求。动点 A 的相对运动为沿凸轮表面轮廓之滑动,相对速度 v_r 的方向沿凸轮在 A 点的切线方向,大小未知。牵连运动为绕 O 轴的定轴转动,故动点的牵连速度 v_e 的大小为

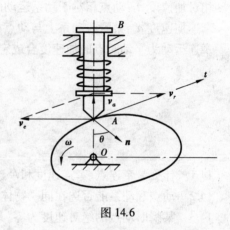

图 14.6

$$v_e = OA \cdot \omega = R\omega$$

方向垂直于 OA。根据速度合成定理,画出速度合成图,求得 AB 杆的速度大小为

$$v_{AB} = v_a = v_e \tan \theta = R\omega \tan \theta$$

小　结

(1)绝对运动、相对运动和牵连运动的概念

定参考系(定系):固连于地面的参考系。

动参考系(动系):相对于定系运动的参考系。

绝对运动:动点相对于定系的运动。

相对运动:动点相对于动系的运动。

牵连运动:动系相对于定系的运动。

点的绝对运动是点的相对运动和牵连运动合成的结果。反过来,绝对运动也可以分解为相对运动和牵连运动。点的绝对运动和相对运动都是指点的运动,它们可以是直线运动、圆周运动或一般的曲线运动,而牵连运动指的是动系相对于定系的运动,它可以是平动、转动或其他运动等。在动点和动系的选择上,注意动点和动系不能选在同一物体上,即动点和动系必须有相对运动。

（2）点的速度合成定理

绝对速度 v_a：动点相对于定系运动的速度。

相对速度 v_r：动点相对于动系运动的速度。

牵连速度 v_e：某瞬时动系上与动点相重合点（牵连点）对定系运动的速度。

点的速度合成定理　　$v_a = v_e + v_r$

该定理适用于任何形式的牵连运动。

（3）牵连运动为平动时点的加速度合成定理

绝对加速度 a_a：动点相对于定系运动的加速度。

相对加速度 a_r：动点相对于动系运动的加速度。

牵连加速度 a_e：某瞬时动系上与动点相重合点（牵连点）对定系运动的加速度。

牵连运动为平动时点的加速度合成定理

$$a_a = a_e + a_r$$

思 考 题

14.1　什么是牵连点、牵连速度和牵连加速度？

14.2　动点和动系能否选在同一物体上？为什么？

14.3　某瞬时动点的绝对速度为零，是否该瞬时动点的相对速度和牵连速度都为零？为什么？

习 题

14.1　在下列各图中若取 M 点（滑块、销钉等）为动点，地面为定系，某运动物体为动系，试作运动分析，并在图示位置画出动点的绝对速度、相对速度和牵连速度。

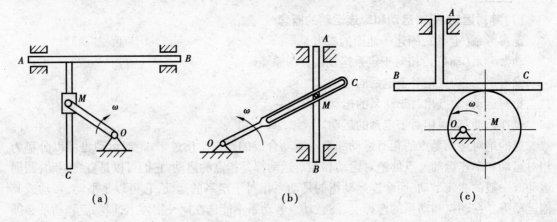

习题 14.1 图

14.2　图示两种滑道摇杆机构中,已知两轴距离 $O_1O_2 = 20$ cm,$\omega_1 = 3$ rad/s。分别求两种机构中角速度 ω_2 的值。

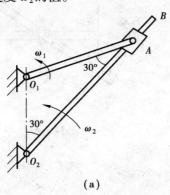

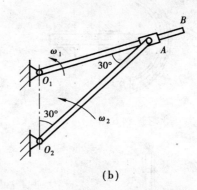

（a）　　　　　　　　　　　　　　　（b）

习题 14.2 图

14.3　杆 OA 长为 l,由推杆 BCD 推动在图示平面内绕 O 轴转动,已知推杆的速度为 v,弯头的长度为 b。求杆端 A 的速度大小（表示为 x 的函数）。

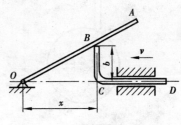

习题 14.3 图

14.4　杆 OC 绕 O 轴往复摆动,杆上套一滑块 A 带动铅直杆 AB 运动,已知 $l = 30$ cm,$\omega = 2$ rad/s,当 $\theta = 30°$时,求 AB 杆的速度和滑块在 OC 杆上滑动的速度。

14.5　曲柄 OA 长为 40 cm,以匀角速度 $\omega = 0.5$ rad/s 绕 O 轴转动。由于曲柄的 A 端推动水平板 B,使滑杆 C 沿铅直方向上升。当曲柄与水平线的夹角 $\theta = 30°$时,求滑杆 C 的速度。

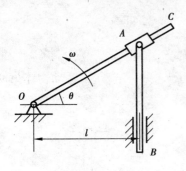

习题 14.4 图

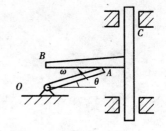

习题 14.5 图

14.6　在具有圆弧形滑道的曲柄滑道机构中,圆弧的半径 $R = OA = 10$ cm。已知曲柄绕 O 轴以匀转速 $n = 120$ r/min 转动,求当 $\theta = 30°$时,滑道 BCD 的速度。

14.7　曲杆 OAB 绕 O 轴转动,使套在其上的小环 M 沿固定直杆 CD 滑动。已知曲杆的角速度 $\omega = 0.5$ rad/s,$OA = 10$ cm,且 OA 与 AB 垂直,求当 $\phi = 60°$时小环 M 的速度。

14.8　偏心凸轮的偏心距 $OC = e$,轮半径 $R = \sqrt{3}e$,凸轮以匀角速度 ω 绕 O 轴转动。设某瞬时 OC 与 CA 成直角,试求此瞬时推杆 AB 的速度。

14.9　图示曲柄滑道机构中,曲柄长 $OA = 10$ cm,绕 O 轴转动。在某瞬时,其角速度 $\omega = 1$ rad/s,$\phi = 30°$,求导杆上 C 点的速度及滑块在滑道中的相对速度。

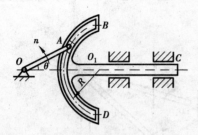

习题 14.6 图

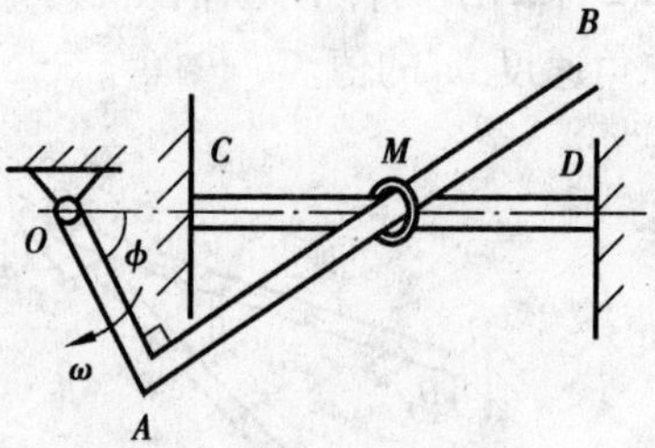

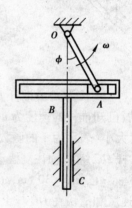

习题 14.7 图

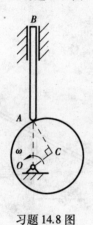

习题 14.8 图

习题 14.9 图

第**15**章

刚体的平面运动

15.1 刚体平面运动的简化

前面介绍了刚体的两种基本运动:平动和定轴转动。但在工程实际中,还会经常遇到刚体的另外一种运动,即刚体的平面运动,例如车轮沿直线轨道的滚动(图 15.1(a)),曲柄连杆机构中连杆的运动(图 15.1(b))等,这些刚体的运动有一个共同的特点,即刚体在运动过程中,其上任一点到某一固定平面的距离保持不变,这种运动称为刚体的平面运动。

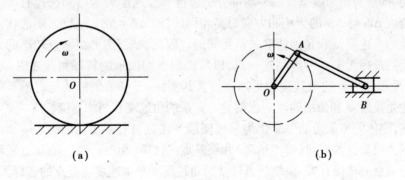

(a)   (b)

图 15.1

15.1.1 刚体平面运动的简化

如图 15.2 所示,一刚体作平面运动,刚体内各点都在平行于固定平面 P_0 的平面内运动。作平面 P 与固定平面 P_0 平行,平面 P 横截刚体得一平面图形 S。那么,刚体运动时,平面图形 S 始终在平面 P 即自身平面内运动。在刚体内任取一垂直于平面图形 S 的线段 A_1AA_2,刚体运动时,线段 A_1AA_2 作平动,这样线段与平面图形 S 的交点 A 的运动便可代表整个线段 A_1AA_2 的运动,而平面图形的运动便可代表整个刚体的运动。由此可见,刚体的运动可简化为平面图形在其自身平面内的运动。

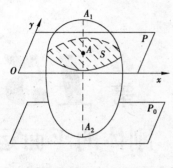

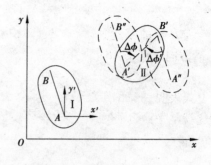

图 15.2   图 15.3

15.1.2 刚体平面运动可分解为平动和转动

现在来研究平面图形 S 的运动。如图 15.3 所示,设平面图形 S 在固定平面 P 内运动,在平面 P 上作定坐标系 Oxy。显然,每一瞬时平面图形 S 的位置可由其上任一线段 AB 的位置来确定。设在某瞬时 t,线段 AB 在位置 I,经过 Δt 时间后,线段 AB 运动到位置 II($A'B'$ 位置),线段 AB 由位置 I 到位置 II,可看成是先随固定在 A 点的平动坐标系 $Ax'y'$ 平动到位置 $A'B''$,然后再绕 A' 点转过 $\Delta\phi$ 角到 $A'B'$ 位置。或者,看成是先随固定在 B 点的平动坐标系平动到 $A''B'$ 的位置,然后再绕 B' 点转过 $\Delta\phi'$ 角到 $A'B'$ 位置。把 A 点或 B 点称为基点,这样,平面图形 S 的运动可分解成随基点的平动(牵连运动)和绕基点的转动(相对运动)。

应当注意的是,基点的选择是完全任意的,只是选不同的点为基点,图形平动部分的速度和加速度不同,即平面图形随基点的平动部分的速度和加速度与基点的选择有关。但绕不同基点转过的角度 $\Delta\phi$ 与 $\Delta\phi'$ 的大小和方向总是相同的,即 $\Delta\phi = \Delta\phi'$。显然,图形在同一瞬时绕不同基点转动的角速度 ω 和角加速度 ε 是相同的。因此,平面图形绕基点转动的角速度和角加速度与基点的选择无关。考虑到这一点,以后提到平面图形的转动角速度时,不必指明基点,而统称为平面图形 S 的角速度和角加速度。其实,由于平动坐标系与定系不存在相对转动,因此,上述角速度 ω 和角加速度 ε 也就是对定系的角速度和角加速度。

综上所述,刚体的平面运动可简化为平面图形 S 在其自身平面内的运动。而平面图形 S 的运动可分解为随基点的平动(牵连运动)和绕基点的转动(相对运动),随基点平动部分的速度和加速度与基点的选择有关,而绕基点转动的角速度和角加速度与基点的选择无关。

15.2 平面图形上各点速度的求法

本节介绍平面图形上任意一点速度的三种求法。

15.2.1 速度合成法（基点法）

已知某瞬时平面图形的角速度 ω 和图形内 A 点的速度 v_A,现求平面图形上任一点 B 的速度 v_B(图 15.4)。

取 A 点为基点,在 A 点固连平动坐标系 $Ax'y'$,由前一节知,平面图形 S 的运动(绝对运动)

可分解成随基点的平动(牵连运动)和绕基点的转动(相对运动),据速度合成定理有 $v_B = v_e + v_r$。

v_e 为 B 点的牵连速度,$v_e = v_A$,v_r 为 B 点绕基点的相对转动速度 $v_r = v_{BA}$,v_{BA} 的大小为 $AB \cdot \omega$,方向垂直于 AB 指向由角速度转向确定。因此有

$$v_B = v_A + v_{BA} \tag{15.1}$$

上式表明,平面图形上任一点的速度,等于基点的速度与该点绕基点相对转动速度的矢量和。这就是平面运动的速度合成法(或基点法)。

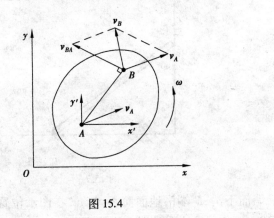

图 15.4

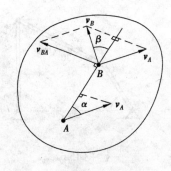

图 15.5

15.2.2　速度投影法

如果把式(15.1)所表示的各个矢量投影到 $\overrightarrow{AB}$ 方向上(图 15.5),由于 v_{BA} 垂直于 AB,投影为零,因此得到

$$\left[v_B \right]_{AB} = \left[v_A \right]_{AB} \tag{15.2(a)}$$

或

$$v_A \cos \alpha = v_B \cos \beta \tag{15.2(b)}$$

式中,α、β 分别表示 v_A 和 v_B 与 AB 的夹角。上式表明,平面图形上任意两点的速度在这两点的连线上的投影相等,这就是速度投影定理。这个定理反映了刚体不变形的性质,因为刚体内任意两点间的距离始终保持不变。刚体运动时,若两点的速度在其连线上的投影不等,那么,两点间的距离就要改变,这不符合刚体的条件。因此,速度投影定理对作任意形式运动的刚体都成立。利用速度投影定理求平面图形上某点速度的方法称为速度投影法。

例 15.1　在图 15.6 所示四杆机构中,已知曲柄 $AB = 20$ cm,转速 $n = 50$ r/min,连杆 $BC = 45.4$ cm,摇杆 $CD = 40$ cm。求图示位置连杆 BC 和摇杆 CD 的角速度。

解　在图示机构中,曲柄 AB 和摇杆 CD 作定轴转动,连杆 BC 作平面运动。取连杆 BC 为研究对象,B 点为基点,则 $v_C = v_B + v_{CB}$,其中,v_B 大小为 $AB \cdot \omega$,方向垂直于 AB,v_c 的方向垂直于 CD,在 C 点作速度合成图,由图中几何关系知

$$v_C = v_{CB} = \frac{v_B}{2\cos 30°} = \frac{AB \cdot \omega}{2\cos 30°} = 60.4 \text{ cm/s}$$

连杆 BC 的角速度为

$$\omega_{BC} = \frac{v_{CB}}{BC} = \frac{60.4}{45.4} \text{ rad/s} = 1.33 \text{ rad/s}$$

根据 v_{CB} 的指向确定 ω_{BC} 为顺时针转向。摇杆 CD 的角速度为

$$\omega_{CD} = \frac{v_C}{CD} = \frac{60.4}{40} \text{ rad/s} = 1.51 \text{ rad/s}$$

根据 v_C 的指向确定 ω_{BC} 为逆时针转向。

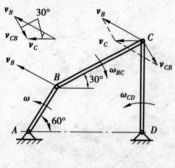

图 15.6

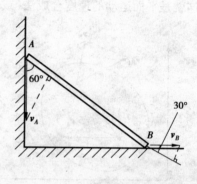

图 15.7

例 15.2   在图 15.7 中的 AB 杆,A 端沿墙面下滑,B 端沿地面向右运动。在图示位置,杆与地面的夹角为 30°,这时 B 点的速度 $v_B = 10$ cm/s,试求该瞬时端点 A 的速度。

解 AB 杆在作平面运动。根据速度投影定理有

$$v_A \cos 60° = v_B \cos 30°$$

$$v_A = \frac{\cos 30°}{\cos 60°} v_B = \sqrt{3} \times 10 \text{ cm/s} = 17.3 \text{ cm/s}$$

15.2.3   速度瞬心法

平面图形上任一点的速度等于基点的速度与该点绕基点转动速度的矢量和。如果把瞬时速度为零的点作为基点,则图形上任一点的速度仅等于它绕基点转动的速度。现在的问题是平面图形的瞬心是否存在,若存在,应该如何求。

现在来分析。设在某瞬时,平面图形的角速度为 ω,图形上 A 点的速度为 v_A(图 15.8)。自 A 点作 $AP \perp v_A$,并选定 AP 的长度为 $AP = v_A/\omega (\omega \neq 0)$,根据基点法,$P$ 点的速度为 $v_P = v_A + v_{PA}$。其中,v_{PA} 的方向垂直于 AP,大小为

$$v_{PA} = AP \cdot \omega = \frac{v_A}{\omega} \cdot \omega = v_A$$

这说明 v_{PA} 与 v_A 的大小相等、方向相反,因而 P 点的速度为零。以上分析说明,只要 $\omega \neq 0$,平面图形上存在瞬时速度为零的点。把瞬时速度为零的点称为图形的瞬时速度中心,简称速度瞬心或瞬心。瞬心的位置可能在平面图形上,也可能在平面图形之外。

若取瞬心 P 为基点,则平面图形上任一点 M 的速度

$$v_M = v_{MP}$$

其大小为 $v_M = v_{MP} = MP \cdot \omega$,方向垂直于 MP 顺着 ω 的转向。这种利用瞬心求图形上任意一点速度的方法称为速度瞬心法。图形上各点的速度分布规律如图 15.9 所示。由此得出

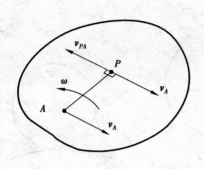

图 15.8

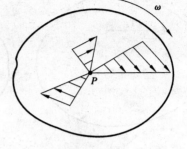

图 15.9

结论:当 $\omega \neq 0$ 时,平面图形上任一点的速度等于该点绕瞬心的转动速度。平面图形在该瞬时的运动,可看成是绕瞬心的瞬时转动。不同的瞬时,瞬心的位置不同,即瞬心并非固定点。这就是瞬时转动与定轴转动的区别。

应用瞬心法时,必须先确定瞬心的位置。确定时应根据任一点的速度垂直于该点与瞬心的连线的性质。下面介绍几种确定瞬心位置的方法。

①若已知某瞬时平面图形上 A、B 两点的速度方向(图 15.10(a)),且 v_A 与 v_B 不平行,过这两点分别作垂直于速度的直线,交点 P 即为瞬心。如已知其中一点的速度大小,例如 v_A,还可求出该瞬时图形的角速度 $\omega = \dfrac{v_A}{PA}$,ω 转向与 v_A 的方向相对应。

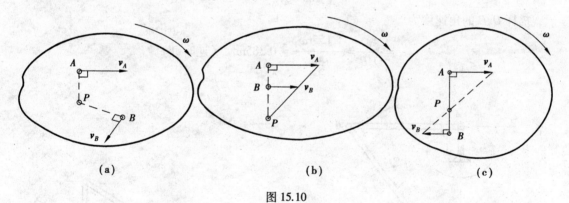

(a)   (b)   (c)

图 15.10

②若已知某瞬时平面图形上 A、B 两点的速度 v_A 和 v_B 方向平行,且垂直于 A、B 两点的连线,$v_A \neq v_B$,那么把这两点速度的矢端用一直线连接起来,与 AB 连线或其延长线的交点 P 即为瞬心(图 15.10(b),(c)),且有

$$\frac{AP}{BP} = \frac{v_A}{v_B}$$

③若已知某瞬时平面图形上 A、B 两点的速度 v_A 和 v_B 方向平行,且大小相等,此时两条速度垂线也平行,瞬心在无穷远处(图 15.11(a),(b))。图形的角速度为零,图形内各点的速度都相同,图形的这一运动状态称为瞬时平动。注意在该瞬时,图形上各点的加速度并不相同,这是瞬时平动与平动的区别。

④平面图形沿某固定面作纯滚动时,它与固定面的接触点即为瞬心(图 15.12)。

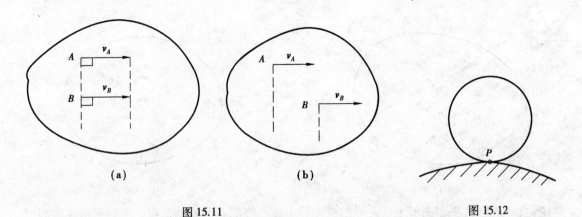

(a)　　　　　　　　(b)

图 15.11　　　　　　　　　　　　　　　　图 15.12

例 15.3　图 15.13 所示为四连杆机构。已知 $O_1A = r, AB = O_2B = 3r$，曲柄 O_1A 以匀角速 ω_1 绕 O_1 轴转动。在图示位置时，$O_1A \perp AB$，$\angle ABO_2 = 60°$，求此瞬时摇杆 O_2B 的角速度 ω_2。

解　在图示机构中，曲柄 O_1A 和摇杆 O_2B 作定轴转动，连杆 AB 作平面运动。根据 v_A 和 v_B 的方向，确定图示连杆 AB 的速度瞬心 P。设连杆 AB 的角速度为 ω_{AB}，则

$$\omega_{AB} = \frac{v_A}{PA} = \frac{r\omega_1}{AB\tan 60°} = \frac{r\omega_1}{3r\sqrt{3}} = 0.192\omega_1 \quad (\text{逆时针})$$

$$v_B = BP \cdot \omega_{AB} = \frac{AB}{\cos 60°} \times 0.192\omega = 1.155r\omega$$

摇杆 O_2B 的角速度为

$$\omega_2 = \frac{v_B}{O_2B} = \frac{1.155r\omega_1}{3r} = 0.385\omega_1 \quad (\text{逆时针})$$

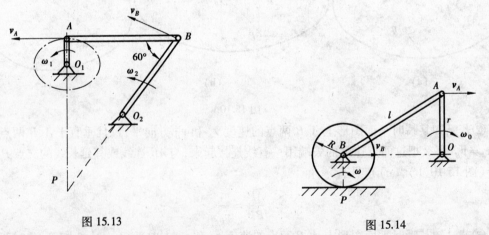

图 15.13　　　　　　　　　　　　图 15.14

例 15.4　一滚压机构如图 15.14 所示。曲柄长为 r，以匀角速度 ω_0 转动，圆轮半径为 R，连杆 AB 长 l，求图示瞬时连杆和圆轮的角速度。

解　图示机构中，曲柄 OA 定轴转动，连杆 AB 平面运动，圆轮 B 作纯滚动（也是平面运动）。对于连杆 AB，其上 A 点速度的大小、方向都已知，$v_A = r\omega_0$，方向与 OA 垂直；B 点的速度方向水平向左，显然，连杆 AB 在作瞬时平动，角速度 ω_{AB} 为零，$v_B = v_A = r\omega_0$。对于圆轮，其瞬心在

P 点处,因此,圆轮的角速度为

$$\omega = \frac{v_B}{R} = \frac{r}{R}\omega_0, 逆时针转向。$$

小 结

①刚体的平面运动可简化为平面图形 S 在其自身平面内的运动。而平面图形 S 的运动可分解为随基点的平动(牵连运动)和绕基点的转动(相对运动),随基点平动部分的速度和加速度与基点的选择有关,而绕基点转动的角速度和角加速度与基点的选择无关。

②平面图形上各点速度的求法

a.速度合成法(基点法)

平面图形上任一点 B 的速度 v_B 等于基点 A 的速度 v_A 与绕基点相对转动速度 v_{BA} 的矢量和,即

$$v_B = v_A + v_{BA}$$

b.速度投影法

平面图形上任意两点 A 和 B 的速度在这两点的连线上的投影相等,即

$$v_A \cos \alpha = v_B \cos \beta$$

式中,α、β 分别表示 v_A 和 v_B 与 $\overrightarrow{AB}$ 的夹角,上述关系也称为速度投影定理。

c.速度瞬心法

当 $\omega \neq 0$ 时,平面图形上任一点 M 的速度等于该点绕瞬心 P 的转动速度,即

$$v_M = v_{MP}$$

平面图形在该瞬时的运动,可看成是绕瞬心的瞬时转动。当 $\omega = 0$ 时,平面图形在该瞬时的运动可看成是瞬时平动。需要注意的是,瞬心的位置时刻都在改变。

思 考 题

15.1 刚体的平面运动可分解为平动和转动,那么刚体定轴转动是不是平面运动的特殊情况? 刚体的平动是否也一定是平面运动的特殊情况?

15.2 刚体平动与瞬时平动有什么不同? 刚体定轴转动与瞬时转动有什么不同?

15.3 速度瞬心一定在刚体上,这句话对吗?

15.4 如果图形上 A、B 两点的速度分布如图 15.15 所示,v_A 和 v_B 均不等于零。试判断下面哪种情况是可能的? 哪种情况是不可能的?

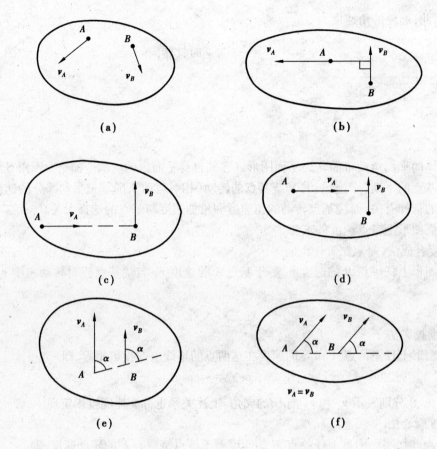

图 15.15

习 题

15.1 图示四杆机构中，$OA = O_1B = \dfrac{1}{2}AB = l$，曲柄 OA 的角速度 $\omega = 3$ rad/s，当曲柄 OA 在水平位置而曲柄 O_1B 恰好在铅垂位置时，求连杆 AB 和曲柄 O_1B 的角速度。

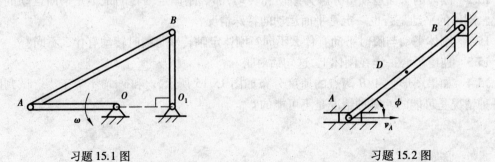

习题 15.1 图   习题 15.2 图

15.2 椭圆机构中滑块 A 在水平槽中以 30 cm/s 的速度向右运动，滑块 B 在铅直槽中运动。已知杆 AB 长 24 cm，当杆 AB 与水平线夹角 $\phi = 45°$ 时，求杆的中点 D 的速度。

15.3 两平行齿条沿相同方向运动,速度大小不同,$v_1 = 6$ m/s,$v_2 = 2$ m/s,齿条之间有一半径 $r = 0.5$ m 的齿轮,求齿轮的角速度及其中心 O 的速度。

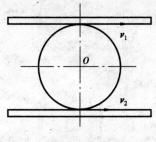

习题 15.3 图

习题 15.4 图

15.4 滚压机的机构如图所示,已知长为 r 的曲柄 OA 以匀角速度 ω_0 作逆时针运动。某瞬时曲柄与水平线夹角为 $60°$,且曲柄正好与连杆垂直,试求该瞬时轮子的角速度。设轮子的半径是 R,且在水平直线上作无滑动的滚动。

15.5 四杆机构如图所示,已知轮 O 的角速度 ω_0,求该瞬时两机构中 AB 和 BC 的角速度。

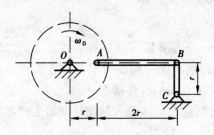

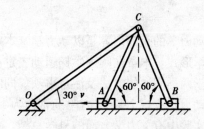

习题 15.5 图

习题 15.6 图

15.6 双滑块摇杆机构在运动过程中,某瞬时处于如图所示位置。已知在该瞬时滑块的 A 的速度为 v,试求这时滑块 B 的速度以及杆 CB 的角速度 ω_{CB}。

15.7 如图所示,曲柄 $OA = 0.25$ m,以匀角速度 $\omega = 8$ rad/s 转动。已知 $DE = 1$ m,$AC = BC$,$\angle CDE = 90°$,求图示位置时,杆 DE 的角速度。

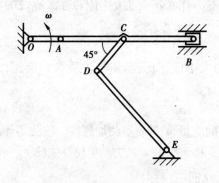

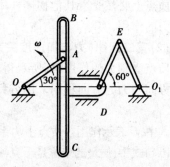

习题 15.7 图

习题 15.8 图

15.8 图示机构中,曲柄 OA 长为 r,以匀角速度 ω 绕 O 轴转动,滑块 A 带动 BCD 沿水平直线运动,通过连杆 DE 带动 O_1E 绕 O_1 轴转动,已知 $DE = O_1E = R$,$\phi = 30°$。求杆 O_1E 的角速度。

243

第16章
质点运动微分方程

16.1 质点动力学基本方程

动力学的全部内容是以动力学基本定律为基础的,动力学基本方程是牛顿运动第二定律的数学形式。本章在阐述牛顿运动三定律的基础上,着重阐述应用动力学基本方程求解质点动力学两类问题的方法及注意事项。同时还阐明与定律有关的一些基本概念。

动力学有三个基本定律,通常称为牛顿运动三定律,这些定律是人们在长期的生产实践和科学实验中有关力学方面的科学总结。

(1)第一定律(惯性定律)

任何质点如果不受力的作用,则将保持其原来静止的或匀速直线运动的状态。

物体保持其运动状态不变的特性称为惯性。惯性是一切物质都具有的属性。因此,匀速直线运动称为惯性运动。

第一定律定性地说明了力是改变质点运动状态的原因。如果质点的运动不是惯性运动,则在质点上必然受着其他物体作用的力。自然界根本不存在不受力的物体,通常所说的物体不受力的作用,实际上是物体受到平衡力系的作用。

(2)第二定律(力与加速度关系定律)

质点受到力的作用时,所获得的加速度值与力的大小成正比,与质点的质量成反比,加速度的方向与力的方向相同。用方程表示为

$$a = F/m \quad 或 \quad F = ma \tag{16.1}$$

式中,F 表示作用在质点上力系的合力,m 为质点的质量,a 是质点的加速度。按法定计量单位,(16.1)式中,质量的单位是千克(kg),加速度的单位是米/秒^2(m/s^2),力的单位是牛(N)。

式(16.1)称为动力学基本方程,它具有下列几个方面的内涵:

①当作用于质点的若干个力构成平衡力系,其合力 F 为零时,此时,质点不产生加速度,$a=0$;质点处于静止或作匀速直线运动。

②在同样力 F 的作用下,质点的质量越大,获得的加速度越小,即越不容易改变其原有的运动状态。亦即质点的质量越大,惯性越大,质量是质点惯性的度量。

③式(16.1)定量地表明了力和质点加速度瞬时性的关系:两者是同瞬时产生,同瞬时消失;力变化时,加速度随着变化。若将 $F=ma$ 式两边对时间求导,有

$$\frac{\mathrm{d}F}{\mathrm{d}t} = m\frac{\mathrm{d}a}{\mathrm{d}t}$$

由式可见,作用力随时间的变化率和加速度随时间的变化率相对应。$\frac{\mathrm{d}a}{\mathrm{d}t}$ 反映了作用力变化的快慢。在工程上,它是车辆、船舶中座位舒适性的指标,人体的加速度值过大并持续时间较长时,便会引起生理反应如恶心、头晕、胸闷等。

④设真空中质量为 m 的质点,受重力 G 作用而自由下落时,其加速度为重力加速度 g,由式(16.1)可得

$$G = mg \qquad\qquad (16.2)$$

式(16.2)给出了重量与质量的关系。由于物体的重量易于直接测量,故常以重量由式(16.2)求出质量。

重量与质量具有两个完全不同的概念。重量是地球对物体吸引力大小的度量,它随着物体在地球上所处位置——离地球质心的距离不同而改变,物体离地面的高度越高,物体的重量 G 及相应的重力加速度 g 就越小(通常 g 取值为 $9.80\ \mathrm{m/s^2}$)。而质量 m 是物体固有的属性,是惯性的度量,是一个不变量。

⑤牛顿第二定律的应用是有限制的,它只能适用于质点的运动相对于地面静参考系或相对于地面作匀速直线平动的动参考系。以上两种参考系中的任何点均无相对于地面的加速度存在,称为惯性参考系。亦即,$F=ma$ 式中的加速度 a 应以相对于地面的绝对加速度代入。

近代物理学成果表明,当物体运动的速度接近于光速($3 \times 10^5\ \mathrm{km/s}$)时,或者研究的是微观的粒子运动时,牛顿定律就不适用,就需要用相对论力学、量子力学来研究。

⑥由 $F=ma=m\dfrac{\mathrm{d}v}{\mathrm{d}t}=\dfrac{\mathrm{d}(mv)}{\mathrm{d}t}$ 表明,牛顿第二定律的原始表述为:质点的动量(mv)对时间的变化率,等于作用在该质点上的力。

动量这一物理量已在物理学中有所表述,本书不作进一步探讨。

(3)第三定律(作用力与反作用力定律)

两个质点相互作用的作用力与反作用力总是同时存在、大小相等、方向相反,并沿同一作用线分别作用在这两个质点上。这一定律,不仅适用于平衡的物体,也适用于运动的物体;对于互相接触或不直接接触的物体也都适用。

牛顿三定律中,第一和第二定律是研究和求解质点动力学问题的基本原理,是对单个质点而言的。第三定律给出了质点系中各质点间的相互关系,由此可以将质点动力学的原理推广运用到质点系动力学问题中去。

16.2 质点运动微分方程及其应用

质量为 m 的质点在力系 F_1、F_2、$\cdots$、F_n 的作用下作曲线运动,设某瞬时其加速度为 a(图16.1(a)),根据牛顿第二定律

$$ma = \sum F$$

如图 16.1(b)，在质点运动的任意瞬时上式都成立，也就是说牛顿第二定律建立了每一瞬时作用在质点上的力和质点的加速度之间的关系。

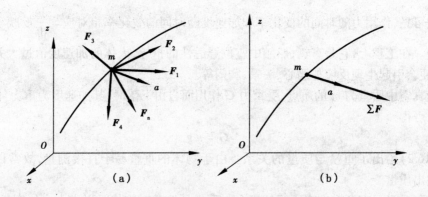

图 16.1

作直角坐标系与地面固连，任意瞬时质点的位置用坐标(x、y、z)表示，瞬时质点上的合力 $\sum F$ 在 x、y、z 轴上的投影分别为 $\sum X$、$\sum Y$、$\sum Z$。将式(16.1)两边分别往 x、y、z 轴上投影得

$$\left.\begin{aligned} ma_x &= \sum X \\ ma_y &= \sum Y \\ ma_z &= \sum Z \end{aligned}\right\} \tag{16.3}$$

由于 $a_x = \dfrac{d^2 x}{dt^2}, a_y = \dfrac{d^2 y}{dt^2}, a_z = \dfrac{d^2 z}{dt^2}$，于是得

$$\left.\begin{aligned} m\frac{d^2 x}{dt^2} &= \sum X \\ m\frac{d^2 y}{dt^2} &= \sum Y \\ m\frac{d^2 z}{dt^2} &= \sum Z \end{aligned}\right\} \tag{16.4}$$

这就是质点运动微分方程的直角坐标形式。

若质点作平面曲线运动，将式(16.1)向自然坐标轴上投影，得 $ma_\tau = \sum F_\tau, ma_n = \sum F_n$。由于 $a_\tau = \dfrac{dv}{dt} = \dfrac{d^2 s}{dt^2}, a_n = \dfrac{v^2}{\rho}$，于是得

$$\left.\begin{aligned} m\frac{d^2 s}{dt^2} &= \sum F_\tau \\ m\frac{v^2}{\rho} &= \sum F_n \end{aligned}\right\} \tag{16.5}$$

式中，s 为弧坐标，ρ 为轨迹上该点的曲率半径，$\sum F_\tau$ 为质点上作用力在切向上的投影代

数和，$\sum F_n$ 为质点上作用力在法向上的投影代数和。这就是质点运动微分方程的自然坐标形式。

应用质点的运动微分方程，可解决质点动力学的两类基本问题：已知质点的运动，求作用于其上的力；已知作用于质点的力，求质点的运动。

16.2.1　质点动力学第一类基本问题

第一类基本问题是已知质点的运动，求作用于其上的力。下面举例说明解此类问题的方法步骤。

例 16.1　设质量为 m 的质点 M 在 Oxy 平面内运动（图 16.2），其运动方程为

$$x = a\cos kt , \quad y = b\sin kt$$

式中，a、b 和 k 都是常数，求作用在质点上的力 $\boldsymbol{R}$。

解　以质点 M 为研究对象。由质点的运动方程知此点的轨迹是一椭圆，其轨迹方程为 $\dfrac{x^2}{a^2}+\dfrac{y^2}{b^2}=1$。

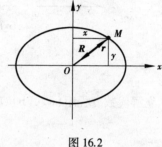

图 16.2

将坐标 x、y 对时间 t 求二阶导数，得质点加速度的投影

$$a_x = \frac{\mathrm{d}^2 x}{\mathrm{d}t^2} = -ak^2\cos kt , \quad a_y = \frac{\mathrm{d}^2 y}{\mathrm{d}t^2} = -bk^2\sin kt$$

代入直角坐标形式的运动微分方程（16.3），得到作用在质点上的力 $\boldsymbol{R}$ 的投影

$$R_x = m\frac{\mathrm{d}^2 x}{\mathrm{d}t^2} = -ak^2 m\cos kt = -k^2 mx$$

$$R_y = m\frac{\mathrm{d}^2 y}{\mathrm{d}t^2} = -bk^2 m\sin kt = -k^2 my$$

写出力 $\boldsymbol{R}$ 沿坐标轴分解的表达式，即 $\boldsymbol{R}=R_x\mathbf{i}+R_y\mathbf{j}=-k^2 m(x\mathbf{i}+y\mathbf{j})$

质点 M 的矢径 $\boldsymbol{r}$ 沿坐标轴分解的表达式为 $\boldsymbol{r}=x\mathbf{i}+y\mathbf{j}$

因此　　　　　　　　　　　　　　　　$\boldsymbol{R}=-k^2 m\boldsymbol{r}$

可见力 $\boldsymbol{R}$ 与矢径 $\boldsymbol{r}$ 的大小成正比，方向则与之相反，即力 $\boldsymbol{R}$ 的方向恒指向椭圆中心，这种力称为向心力。

例 16.2　小车以匀加速度 a 沿倾角为 α 的斜面向上运动，在小车的平顶上放一重为 W 的物块，物块随车一同运动（图 16.3（a）），问小车与物块间的摩擦系数 μ 应为多少？

解　由于要求的是物块与小车之间的摩擦系数，故取物块为研究对象。分析物块的受力情况，其受力如图 16.3（b）所示，物块上重力 W 和小车作用于其上的法向反力 N 及摩擦力 F；再分析物块的运动，显然，它和小车一起沿斜面作加速度为 a 的匀加速直线运动。

为了建立作用于质点上的力和质点的加速度之间的关系，取坐标轴 x、y 如图所示，写出物块的运动微分方程

$$ma\cos \alpha = F \qquad\qquad\qquad (a)$$

$$ma\sin \alpha = N - W \qquad\qquad\qquad (b)$$

由于物块和小车一起运动，它们之间没有相对滑动，因此两者之间的摩擦属于静摩擦，根据静摩擦的性质有

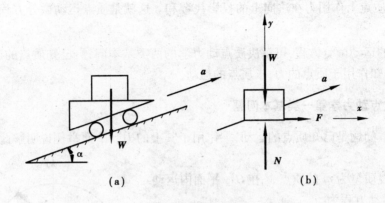

（a）   （b）

图 16.3

$$F \leqslant \mu N \qquad \qquad (c)$$

联立解代数方程组（a）、（b）、（c），计及 $W = mg$，得

$$\mu \geqslant \frac{a\cos \alpha}{a\sin \alpha + g}$$

例 16.3　一圆锥摆如图 16.4 所示。质量 $m = 1$ kg 的小球系于长 $l = 30$ cm 的绳上，绳的另一端则系在固定点 O。小球在水平面内作匀速圆周运动，绳子与铅垂线成 $\alpha = 60°$ 角。求小球的速度 v 和绳的张力 T 的大小。

解　以小球为研究对象，作用于其上的力有重力 W 和绳子拉力 T。小球在水平面内作匀速圆周运动，它有向心加速度

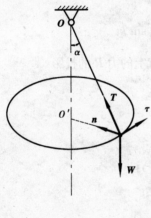

图 16.4

$$a_n = \frac{v^2}{\rho} = \frac{v^2}{l\sin \alpha}$$

写出自然坐标形式的运动微分方程

$$T\sin \alpha = m\frac{v^2}{l\sin \alpha}$$

$$T\cos \alpha - W = 0$$

解之得

$$T = \frac{W}{\cos \alpha} = \frac{mg}{\cos \alpha} = \frac{1 \times 9.8}{\cos 60°} \text{ N} = 19.6 \text{ N}$$

$$v = \sqrt{\frac{T\sin^2\alpha l}{m}} = 2.1 \text{ m/s}$$

从上面三例可归纳出质点动力学第一类基本问题的解题步骤：

①确定某质点为研究对象；

②分析作用在质点上的力，包括主动力和约束反力，画受力图；

③分析质点的运动情况，计算其加速度；

④选择适当的坐标轴，写出运动微分方程；

⑤求出未知力。

16.2.2　质点动力学第二类基本问题

第二类基本问题为已知作用于质点的力,求质点的运动规律。求解这类问题的步骤基本上与第一类的步骤相似,不过在建立运动微分方程之后,需要积分。积分时出现的积分常数,需根据质点运动的初始条件来确定。

例 16.4　炮弹以初速 v_0 发射,v_0 在铅垂平面内与水平线成 α 角(图 16.5)。若不计空气阻力,求炮弹的运动。

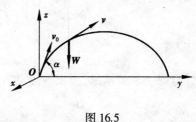

图 16.5

解　以炮弹为研究对象(视为质点)。在炮弹飞行过程中,由于忽略空气阻力,它仅受重力 W 的作用。以炮弹的初始位置为坐标原点,作直角坐标系 $Oxyz$ 如图所示,令 v_0 在 Oyz 平面内。

写出质点的直角坐标形式的运动微分方程

$$m\frac{\mathrm{d}^2x}{\mathrm{d}t^2} = 0 \tag{a}$$

$$m\frac{\mathrm{d}^2y}{\mathrm{d}t^2} = 0 \tag{b}$$

$$m\frac{\mathrm{d}^2z}{\mathrm{d}t^2} = -m\mathrm{g} \tag{c}$$

消去 m,得

$$\frac{\mathrm{d}^2x}{\mathrm{d}t^2} = 0, \quad \frac{\mathrm{d}^2y}{\mathrm{d}t^2} = 0, \quad \frac{\mathrm{d}^2z}{\mathrm{d}t^2} = -g$$

先积分第一个运动微分方程式(a),得

$$v_x = \frac{\mathrm{d}x}{\mathrm{d}t} = C_1 \tag{d}$$

$$x = C_1 t + C_2 \tag{e}$$

式中,积分常数 C_1 和 C_2 由质点运动的初始条件来确定,当 $t = 0$ 时,有 $x_0 = 0$;$v_{0x} = 0$,代入式(d)、式(e),得 $C_1 = 0, C_2 = 0$。于是有

$$v_x = 0, \quad x = 0 \tag{f}$$

因坐标 x 恒等于零,说明质点在铅垂平面 Oyz 内运动,即质点的轨迹是一条平面曲线。

其次积分第二个运动微分方程式(b),得

$$v_y = \frac{\mathrm{d}y}{\mathrm{d}t} = C_3 \tag{g}$$

$$y = C_3 t + C_4 \tag{h}$$

当 $t = 0$ 时,$v_{0y} = v_0 \cos \alpha$,$y_0 = 0$。代入式(g)、式(h),得

$$C_3 = v_0 \cos \alpha, C_4 = 0$$

于是有

$$y = v_0 t \cos \alpha \tag{i}$$

最后积分第三个运动微分方程式(c),得

$$v_z = \frac{\mathrm{d}z}{\mathrm{d}t} = -gt + C_5 \tag{j}$$

$$z = -\frac{1}{2}gt^2 + C_5 t + C_6 \tag{k}$$

当 $t = 0$ 时, $v_{0z} = v_0 \sin \alpha, z_0 = 0$ 代入式(j)、式(k)

得

$$C_5 = v_0 \sin \alpha, C_6 = 0$$

于是得

$$z = v_0 t \sin \alpha - \frac{1}{2}gt^2 \tag{l}$$

综合以上求解结果,质点的运动方程为

$$x = 0$$

$$y = v_0 t \cos \alpha$$

$$z = v_0 t \sin \alpha - \frac{1}{2}gt^2$$

从后两式中消去时间 t,得到质点的轨迹方程

$$z = y \tan \alpha - \frac{g}{2v_0^2 \cos^2 \alpha}y^2$$

这是一条抛物线。

例 16.5 质量为 10^4 kg 的电车启动时,由变阻器控制电车的驱动力,使驱动力由零开始与时间成正比地增加,每秒增加 1 200 N。初始时驱动力为零。地面的最大滑动摩擦力为恒值 2 000 N。试求电车的运动方程及到达正常运行速度 $v = 1.71$ m/s 的启动时间及启动过程中所走的直线路程。

解 取电车为研究对象。由 $F = ma$,可列出

$$1\ 200t - 2\ 000 = 10^4 a$$

即

$$a = \frac{\mathrm{d}^2 x}{\mathrm{d}t^2} = 10^{-4}(1\ 200t - 2\ 000) = 0.12\left(t - \frac{5}{3}\right)$$

将上式积分有

$$v = \frac{\mathrm{d}x}{\mathrm{d}t} = 0.06\left(t - \frac{5}{3}\right)^2 + C_1$$

$$x = 0.02\left(t - \frac{5}{3}\right)^3 + C_1 t + C_2$$

当驱动力小于最大摩擦力 2 000 N 时,驱动力始终与摩擦力构成平衡,电车静止不动且不可能产生负向加速度,故设 $t < \frac{5}{3}$ s 为第一阶段,以上方程不适用于第一阶段。设 $t \geq \frac{5}{3}$ s 为第二阶段,可定其初始条件为

$t = \frac{5}{3}$ s 时, $x = 0, v = 0$,因而 $C_1 = 0, C_2 = 0$

使 $\quad v = \frac{\mathrm{d}x}{\mathrm{d}t} = 1.71$ m/s $\qquad\qquad 1.71 = 0.06\left(t - \frac{5}{3}\right)^2$

可得 $\qquad\qquad t = 7$ s

启动过程(包括第一、二阶段)7 s 内所走路程为

$$x = 0.02\left(7 - \frac{5}{3}\right)^3 \text{ m} = 3.034 \text{ m}$$

由上述解题过程可见,质点的运动不仅取决于作用于其上的力,还决定于质点运动的初始条件。当初始条件不同时,即使质点所受的力相同,其运动方程也将不同。

16.3　质心运动定理

16.3.1　质量中心

设有 n 个质点组成的质点系,系中任一质点 M_k 的质量为 m_k,其坐标为$(x_k、y_k、z_k)$,令各质点质量的和 $\sum_{k=1}^{n} m_k = M$, M 为整个质点系的质量,则由坐标公式

$$\left.\begin{array}{l} x_C = \dfrac{\sum_{k=1}^{n} m_k x_k}{M} \\[3mm] y_C = \dfrac{\sum_{k=1}^{n} m_k y_k}{M} \\[3mm] z_C = \dfrac{\sum_{k=1}^{n} m_k z_k}{M} \end{array}\right\} \tag{16.6}$$

所确定的几何点 C 称为质点系的质量中心,简称质心(图 16.6)。如用矢径 r_C 表示质心的位置,r_k 表示任一质点的位置,则

$$r_C = \frac{\sum_{k=1}^{n} m_k r_k}{M} \tag{16.7}$$

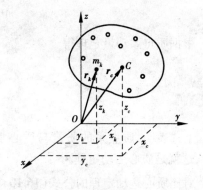

图 16.6

如果将式(16.6)中各式右端分子和分母同乘以重力加速度 g,它就是重心的坐标公式。可见,在重力场中,质点系的质心和重心重合。但是,质心和重心是两个不同的概念,重心是质点系各质点所受的重力组成的平行力系中心,因此,重心只在质点系受重力作用时才存在,而质心则完全取决于质点系质量的分布情况,与质点系所受的力无关。

当质点系运动时,其质心也在运动。将式(16.7)两边对时间求导数,由于 $\dfrac{dr_C}{dt} = v_C$,

$\dfrac{dr_k}{dt} = v_k$,得

$$Mv_C = \sum_{k=1}^{n} m_k v_k = p \tag{16.8}$$

即质点系的质量与质心速度的乘积等于质点系的动量。

用式(16.8)计算刚体(不变质点系)的动量很方便。例如绕端点转动的均质杆(图16.7(a)),其动量等于 $M \cdot \dfrac{t}{2}\omega$,方向与质心速度 v_C 的方向相同;滚动的均质车轮,其轮心速度为 v_O,则车轮的动量为 Mv_O(图16.7(b));又如均质对称的轮子绕中心轴 O 转动,由于质心 O 的速度等于零,因此轮子的动量为零(图16.7(c))。

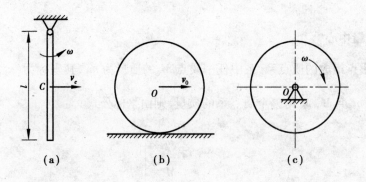

(a) (b) (c)

图16.7

16.3.2 质心运动定理

将式(16.8)两边对时间再求导数,由于 $\dfrac{\mathrm{d}v_C}{\mathrm{d}t}=a_C$,$\dfrac{\mathrm{d}v_k}{\mathrm{d}t}=a_k$,得

$$Ma_C = \sum_{k=1}^{n} m_k a_k = \frac{\mathrm{d}p}{\mathrm{d}t} \tag{16.9}$$

根据质点系动量定理得

$$Ma_C = \sum F^e \tag{16.10}$$

或

$$M \frac{\mathrm{d}^2 r_C}{\mathrm{d}t^2} = \sum F^e$$

上式表明:质点系的质量与质心加速度的乘积等于作用于质点系的外力的矢量和(主矢),这就是质心运动定理。

对比质心运动定理的公式(16.10)和牛顿第二定律 $ma = \sum F$,它们的形式相似,因此质心运动定理也可叙述如下:质点系质心的运动和这样一个质点的运动相同,假设这个质点的质量等于整个质点系的质量,而作用于该质点的力等于作用于质点系的所有外力的主矢。

质心运动定理是动量定理的另一形式,在研究刚体或刚体系的运动时,由于质心的坐标容易确定,这时用质心运动定理较方便,而在研究流体运动时,则用动量定理比较合适。

质心运动定理式(16.10)是矢量形式,它在直角坐标轴上的投影式为:

$$
\left.
\begin{aligned}
Ma_{Cx} &= \sum X^e \\
Ma_{Cy} &= \sum Y^e \\
Ma_{Cz} &= \sum Z^e
\end{aligned}
\right\}
\tag{16.11}
$$

由质心运动定理可以看到,当质点系运动时,其质心的加速度只取决于外力的主矢,而与各外力的作用点位置无关,也与系统的内力无关。

由质心运动定理知:如果作用于质点系上的外力主矢恒等于零,则质心作匀速直线运动。又如果开始时质心静止,则质心位置始终保持不变。如果作用于质点系的外力在某轴上投影的代数和恒等于零,则质心的速度在该轴上的投影保持不变。又如果开始时质心的速度在该轴上的投影等于零,则质心沿该轴的坐标保持不变。上述两种情形称为质心运动守恒。下面举例说明质心运动定理的应用。

在水利施工中,常用定向爆破的方法,使爆破出来的土石块堆积到预定的地点。问题是如何估算大部分土石块的落地点。根据山坡上自由面的方位、炮眼的分布和炸药量的多少可估算出土石块飞出速度的大小和方向。虽然爆破后土石的运动很复杂,但就整个质点系来说,如不计空气阻力,它只受重力的作用,那么质心的运动就像一个质点在重力作用下的抛射体运动一样(直到有土石块落地为止)。算出质心的落地点,也就估算出大部分土石的落地点。因此只要控制质心的初速度,也就估算出大部分土石的落地点。因此只要控制质心的初速度,就可使爆破后大部分土石抛掷到指定地点,如图 16.8 所示。

图 16.8　　　　　　　　　　　　　　　　　　图 16.9

汽车发动机中燃气的压力对整个汽车来说是内力,内力不能使质心获得加速度。但发动机启动后,它促使主动轮(后轮)转动,使路面对车轮作用有向前的摩擦力,这才是使汽车质心产生加速度的外力。下雪天,由于路面和轮胎间的摩擦力不够大,汽车常打滑,为此轮胎上须绑上链条以增加轮胎与地面的摩擦系数,如图 16.9 所示。

例 16.6　电机用螺栓固定在水平基础上(图 16.10),电机外壳和定子的质量为 m_1,其质心 O_1 在转子的轴线上,转子质量 m_2,由于制造上的误差,其质心 O_2 与其轴线的距离为 r。转子以匀角速度 ω 转动,求基础的支座反力。

解　以电机为所研究的质点系。作用于质点系的外力有重力 W_1、W_2、及约束反力 N_x、N_y。本题质点系的运动已知,可求出质心的运动规律,然后根据质心运动定理求作用于质点系的外力。取定坐标系 O_1xy 如图所示,质心的坐标公式为

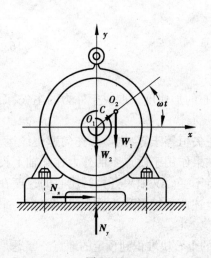

图 16.10

$$x_C = \frac{m_1 x_1 + m_2 x_2}{m_1 + m_2} = \frac{m_2 r \cos \omega t}{m_1 + m_2}$$

$$y_C = \frac{m_1 y_1 + m_2 y_2}{m_1 + m_2} = \frac{m_2 r \sin \omega t}{m_1 + m_2}$$

根据质心运动定理

$$(m_1 + m_2) \times \frac{\mathrm{d}^2 x_C}{\mathrm{d} t^2} = N_x$$

$$(m_1 + m_2) \times \frac{\mathrm{d}^2 y_C}{\mathrm{d} t^2} = N_y - W_1 - W_2$$

解得

$$N_x = -m_2 r \omega^2 \cos \omega t, \quad N_y = w_1 + w_2 - m_2 r \omega^2 \sin \omega t$$

可见,由于转子偏心而引起的附加动反力随时间周期性地变化,而且一般比静反力大得多,会引起基础的振动。

例 16.7 在质量为 M 长为 l 的船上,一质量为 m 的人站在船头 A 处(图 16.11),开始时船和人均处于静止状态,如不计水的阻力,求当人从 A 处向右走到船尾 B 处时,船向左移动多远?

解 将人和船视为一质点系。取坐标系 Oxy 固连于河岸,如图 16.11 所示。作用于质点系的外力有人和船的重力 W_1 和 W_2 以及水对船的浮力 N,忽略水对船的阻力,显然各力

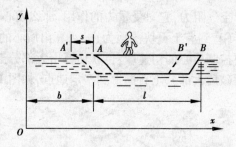

图 16.11

在 x 轴上投影的代数和恒等于零,因此质心运动守恒,质心速度在 x 轴上的投影保持常数,即 $v_{Cx} =$ 常数;又因为开始时人和船均处于静止状态,质心初速为零,所以 v_{Cx} 恒等于零。故质心的横坐标 x_C 保持不变。

开始时船在 AB 位置,人在 A 处,质心坐标为

$$x_C = \frac{mb + M\left(b + \dfrac{l}{2}\right)}{m + M}$$

当人走到船尾 B' 处时,船向左移动的距离为 s,船在 $A'B'$ 位置。此时质点系质心的坐标为

$$x_C' = \frac{m(b - s + l) + M\left(b - s + \dfrac{l}{2}\right)}{m + M}$$

由于 $x_C = x_C' = $ 常量,于是得

$$\frac{mb + M\left(b + \dfrac{l}{2}\right)}{m + M} = \frac{m(b - s + l) + M\left(b - s + \dfrac{l}{2}\right)}{m + M}$$

求出船向左移动的距离

$$s = \frac{m}{m + M} l$$

16.4　惯性力和质点的达朗伯原理

16.4.1　惯性力

为了下面讨论动静法的需要,先介绍惯性力的概念。例如,质量为 m 的小车(图 16.12),当工人用手推它而使小车以加速度 a 沿光滑水平轨道前进时,则推力为 $F=ma$。

图 16.12

与此同时,根据作用与反作用定律,工人手上必受到小车的反作用力 F_1 的作用。此反力必与推力 F 大小相等,方向相反,故有 $F_1=-ma$。

式中负号表示力 F_1 与加速度的方向相反。反力 F_1 是由于小车具有惯性所引起的,故称为小车的惯性力。又如质量为 m 的小球,用绳子系住在水平面内作匀速圆周运动时(图 16.13(a)),小球产生法向加速度 a_n,这时绳子必给小球一个拉力 F,且 $F=ma_n$。方向指向圆心,常称为向心力。同时,小球必给绳子一反作用力 F_1(图 16.13(b)),这个力就是小球的惯性力,此力与拉力 F 大小相等,方向背离圆心,所以又常称它为离心力,于是 $F_1=-ma_n$。

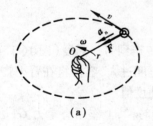 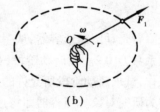

(a)　　　　　　　　　　　(b)

图 16.13

通过上面的讨论可以看出:惯性力是作变速运动的物体对施力物体的反作用力,其大小等于运动物体的质量与加速度的乘积,方向与加速度方向相反。即 $F_g=-ma$。

因而,如果物体的加速度为零,就没有惯性力产生;加速度越大,惯性力也越大。

应当指出,惯性力是客观存在的,且惯性力是作用在施力的物体上,而不是作用在运动物体本身。

惯性力在有些工程技术中是十分重要的,特别是高速转动物体。例如,细纱机的钢丝圈的惯性力可达到本身质量的 6 900 倍。

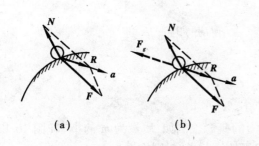

图 16.14

16.4.2 质点的达朗伯原理

设有一质量为 m 的非自由质点,其上作用主动力 F 和约束反力 N,合力为 R,如图 16.14(a) 所示。质点在合力 R 作用下作加速运动。根据动力学基本定律有

$$F + N = ma \qquad (16.12)$$

将式(16.12)两边加上惯性力 $F_g = -ma$ 进行形式上的变换得到

$$F + N + F_g = ma + F_g = ma + (-ma) = 0 \qquad (16.13)$$

由此可见,此式与静力学中的平衡方程形式上完全相同,于是可以得出结论:在非自由质点运动的每一瞬时,作用于质点上的主动力 F、约束反力 N 与虚加于质点上的惯性力 F_g 组成平衡力系。如图 16.14(b) 所示,这就是质点的达朗伯原理。通过在质点上虚加一惯性力后,使原有动力学的运动微分方程形式上化成静力平衡方程,即将动力学问题形式上化为静力学问题,从而可以利用静力学的解题方法解决动力学问题,这种方法称为动静法。

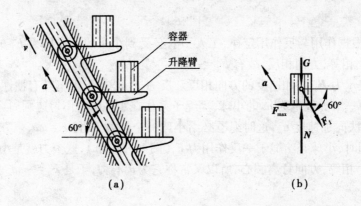

图 16.15

例 16.8 升降臂带动圆筒形容器,从一个高度传送到另一高度(图 16.15(a)),已知容器和臂之间的摩擦系数 $f = 0.2$。在启动阶段,如果加速度过大,容器将在臂上产生滑动,不能保证正常的传送工作,试求启动阶段所允许的最大加速度值。

解 取容器为研究对象。当容器即将产生滑动时,其上作用有重力 G、法向反力 N 和最大静摩擦力 F_{max},其受力图如图(16.15(b))所示。由于容器的滑动趋势向右,故 F_{max} 向左。

容器在上述三力作用下,随升降臂朝左上方加速上升。根据动静法,在容器上加上与加速度方向相反的惯性力 F_I,这个惯性力的大小为

$$F_I = \frac{G}{g} a$$

此时容器处于假想的平衡状态。将容器看做质点,运用平面汇交力系的平衡

$$\sum F_x = 0 \qquad F_I \cos 60° - F_{max} = 0 \qquad (a)$$

$$\sum F_y = 0 \qquad N - G - F_I \sin 60° = 0 \qquad (b)$$

将　$F_{I} = \dfrac{G}{g} a$ 与 $F_{max} = fN$ 代入式(a)、式(b),可得

$$\frac{G}{g} a \cos 60° - fN = 0 \tag{c}$$

$$N - G - \frac{G}{g} a \sin 60° = 0 \tag{d}$$

联立解(c)、(d)两式,可得允许的最大加速度为

$$a = \cfrac{g}{\cfrac{\cos 60°}{f} - \sin 60°} = \cfrac{9.8}{\cfrac{\cos 60°}{0.2} - \sin 60°} = 6 \text{ m/s}^2$$

例 16.9　破碎矿石用的球磨机如图 16.16(a)所示,工作时滚筒以匀速转动,壁与钢球之间有足够的摩擦力足以将钢球带到某一高度后,钢球靠其自重下落,从而击碎矿石。当 $\alpha = 54°40'$ 时,钢球脱离滚筒可以得到最大的打击力。设滚筒的直径为 $D = 3.2$ m,试求滚筒的转速。

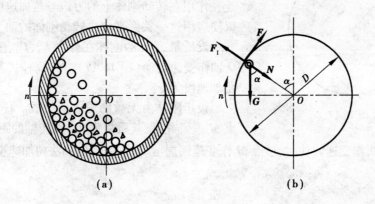

图 16.16

解　取最外层的一个钢球为研究对象。钢球受重力 G、法向反力 N 和摩擦力 F 三力作用,其受力图如图 16.16(b)所示。当滚筒匀速转动时,钢球作匀速圆周运动。钢球在未脱离滚筒内壁时,其切向加速度为零,法向加速度为

$$a_n = R\omega^2 = \frac{D}{2} \cdot \left(\frac{\pi n}{30}\right)^2 = \frac{D\pi^2 n^2}{1\,800}$$

根据动静法,在钢球上加上法向惯性力 F_I,这个惯性力的大小为

$$F_I = \frac{G}{g} a_n = \frac{GD\pi^2 n^2}{1\,800\,g} \tag{e}$$

此时钢球处于假想的平衡状态。在法线方向应用平衡方程可得

$$N + G\cos \alpha - F_I = 0$$

当钢球即将脱离滚筒的内壁时,法向反力 $N = 0$,此时上式为

$$G\cos \alpha = F_I$$

再将式(a)代入上式,可得

$$G\cos\alpha = \frac{GD\pi^2 n^2}{1\,800g}$$

于是滚筒的转速为

$$n = \frac{1}{\pi}\sqrt{\frac{1\,800g\cos\alpha}{D}} = \frac{1}{\pi}\sqrt{\frac{1\,800 \times 9.8\cos 54°40'}{3.2}}\ r/min = 18\ r/min$$

16.5 刚体定轴转动微分方程

16.5.1 刚体绕定轴转动微分方程

在本章第一节,建立了质点所受的力与质点运动状态的变化(加速度)之间的关系。对于

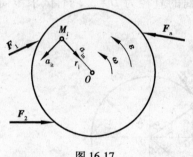

转动刚体来说,由于其转动情况决定于它所受的力矩,而转动状态的变化又是用角加速度来表示的,因此需要建立作用在转动刚体上的力矩与角加速度之间的关系,以便应用这一关系来解决转动刚体的动力学基本问题。

设质量为 m 的刚体在外力 $\boldsymbol{F}_1$、$\boldsymbol{F}_2$、$\cdots$、$\boldsymbol{F}_n$ 作用下绕 O 轴作变速转动(图 16.17),在某瞬时,其角速度为 ω,角加速度为 ε。

图 16.17

设想刚体由无数的质点所组成。任取其中一个质点 M_i 来研究,设其质量为 m_i,离转轴的距离为 r_i。当刚体受力矩作用而作变速转动时,质点 M_i 作变速圆周运动,它的切向和法向加速度分别为

$$a_{it} = r_i\varepsilon$$
$$a_{in} = r_i\omega^2$$

此时,质点 M_i 产生的切向惯性力和法向惯性力的大小分别为

$$F_{it\,I} = m_i a_{it} = m_i r_i\varepsilon$$
$$F_{in\,I} = m_i a_{in} = m_i r_i\omega^2$$

其方向分别与切向加速度和法向加速度的方向相反。

应用动静法,将切向惯性力和法向惯性力加在质点 M_i 上,则质点 M_i 将处于假想的平衡状态。如对所有的质点都作同样的处理,则整个刚体就处于假想的平衡状态,此时作用在刚体上的力系就成为平衡力系。这个平衡力系包括下列四部分:

①作用在刚体上的所有外力;

②刚体内各质点间相互作用的内力;

③加在各质点上的切向惯性力;

④加在各质点上的法向惯性力。

显然,由上述四部分组成的平衡力系对转轴 O 的力矩的代数和应等于零。其中,各质点间相互作用的内力是成对出现的,它们本身就是一个平衡力系。此外,所有的法向惯性力都通过 O 轴,它们对 O 轴的力矩都等于零。因此,上述四部分力中仅剩①、③两项。设所有外力对 O 轴的力矩的代数和以 M_O 表示,即

$$M_O = \sum m_O(\boldsymbol{F})$$

所有切向惯性力对 O 轴的力矩的代数和为

$$\sum m_O(\boldsymbol{F}_{tI}) = \sum m_i r_i \varepsilon \cdot r_i = \varepsilon \sum m_i r_i^2$$

根据力矩平衡方程,这力矩应相等,故有

$$M_O = \varepsilon \sum m_i r_i^2$$

上式中,$\sum m_i r_i^2$ 表示刚体内各质点的质量与它们到转轴 O 的距离平方的乘积的总和,称为刚体对 O 轴的转动惯量,以字母 J_O 表示,即

$$J_O = \sum m_i r_i^2$$

于是有 $\qquad M_O = J_O \varepsilon$

上式中下标 O 表示转轴,在一般情况下,也可以不注明,此时上式可写为

$$M = J\varepsilon \tag{16.14}$$

上式表明,作用在刚体上的外力对转轴之矩的代数和,等于刚体对于转轴的转动惯量与角加速度的乘积。式(16.14)称为刚体转动动力学基本方程。应用这个方程,可解决转动刚体的动力学基本问题。

由运动学可知 $\varepsilon = \dfrac{d\omega}{dt} = \dfrac{d^2\varphi}{dt^2}$,故式(16.14)还可写成如下形式

$$M = J\frac{d\omega}{dt}$$

$$M = J\frac{d^2\varphi}{dt^2}$$

称为刚体绕定轴转动的微分方程。

按法定计量单位,作用力矩 M 的单位为牛·米(N·m)。角加速度的单位为弧度/秒²(rad/s²)。转动惯量 J 的单位为千克·米²(kg·m²)。

把 $M = J\varepsilon$ 式与作直线运动的动力学基本方程 $F = ma$ 式相对照,可以看出:J 与 m,ε 与 a,M 与 F,分别相对应。当不同值的转动惯量的刚体受到相等的外力矩作用时,转动惯量较大的刚体产生较小的角加速度。可见,转动惯量表征了刚体保持其匀速转动状态不变的属性,刚体有较大的转动惯量,就不容易改变其原有的转动状态,刚体的转动惯性就越大,因此,转动惯量是刚体转动惯性的度量。例如,在机器上安装一个转动惯量较大的飞轮,可使机器运转得比较平衡,机器运行时,角速度波动的范围就因此缩小。

16.5.2　转动惯量

(1)转动惯量的概念

由上节所述可知,刚体转动的转动惯量为

$$J = \sum m_i r_i^2$$

式中,m_i 代表各质点的质量,r_i 为各质点到转动轴线的距离。可见,转动惯量的大小不仅与刚体质量的大小有关,而且与刚体质量的分布情况有关。刚体的质量越大,或质量分布离转轴越远,则转动惯量就越大;反之,则越小。机械中常见的飞轮(图16.18),常做成边缘厚中间薄,就是为了将大部分材料分布在远离转轴的地方,以增大转动惯量,从而使机器的角加速度

减小,运转平稳。反之,对于一般的仪表,要求它反应灵敏,这时就需要采用轻巧的结构和选用轻质材料,以减小它的转动惯量。

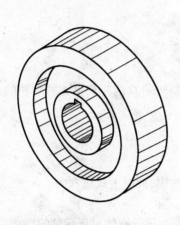

图 16.18

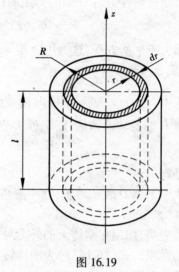

图 16.19

(2)简单形状刚体的转动惯量与回转半径

1)转动惯量

计算刚体的转动惯量时,先将刚体分成无限多个微分块,其中任一微分块的质量为 dm,它离转动轴的距离的 r,则刚体的转动惯量为

$$J = \int_m r^2 dm \qquad (16.15)$$

下面以均质圆柱为例,说明转动惯量的求法。

设半径为 R、长为 l 的均质圆柱体(图 16.19),质量为 m。此圆柱体对中心轴 z 的转动惯量可按下列方法求出。

取一离转轴距离为 r,厚度为 dr 的微分圆筒,其体积为

$$dV = 2\pi r \cdot dr \cdot l$$

设圆柱体单位体积的质量为 σ,则微分圆筒的质量为

$$dm = \sigma dV = 2\pi r l \sigma dr$$

整个圆柱对中心轴 z 的转动惯量为

$$J_z = \int_m r^2 dm = \int_0^R r^2 \cdot 2\pi r l \sigma dr = \frac{1}{2}\pi R^4 l \sigma$$

因为

$$\pi R^2 l \sigma = m$$

故

$$J_z = \frac{1}{2}mR^2$$

几种简单均质刚体的转动惯量见表 16.1。工程上常应用下面的公式来计算刚体的转动惯量,即

$$J = m\rho^2 \qquad (16.16)$$

式中,m 为刚体的质量,ρ 称为刚体对转动轴的回转半径。当然也可由转动惯量来求回转半径

$$\rho = \sqrt{\frac{J}{m}} \qquad (16.17)$$

表 16.1 均质刚体的转动惯量

刚体形状	简 图	转动惯量	回转半径
细直杆		$J_z = \dfrac{1}{12}ml^2$	$\rho_z = \dfrac{l}{2\sqrt{3}}$
		$J_{z'} = \dfrac{1}{3}ml^2$	$\rho_{z'} = \dfrac{l}{\sqrt{3}}$
细圆环		$J_o = mR^2$	$\rho_o = R$
薄圆盘		$J_o = \dfrac{1}{2}mR^2$	$\rho_o = \dfrac{R}{\sqrt{2}}$
圆柱体		$J_z = \dfrac{1}{2}mR^2$	$\rho_z = \dfrac{R}{\sqrt{2}}$
空心圆柱体		$J_z = \dfrac{1}{2}m(R^2 + r^2)$	$\rho_z = \sqrt{\dfrac{R^2 + r^2}{2}}$
球		$J_o = \dfrac{2}{5}mR^2$	$\rho_o = \sqrt{\dfrac{2}{5}}R$

2）回转半径

回转半径不是刚体某一部分的尺寸，它只是在计算刚体的转动惯量时，假想地将刚体的全部质量集中在离转轴距离为 ρ 的某一点上，这样计算刚体对轴的转动惯量时，就简化为计算这个质点对该轴的转动惯量。引入回转半径的概念，可以将各种形状的刚体的转动惯量计算公式，统一写成式（16.16）的形式。几种简单均质刚体的回转半径见表 16.1。

平行轴定理：

$$J_{z'} = J_z + Md^2 \tag{16.18}$$

式中，d 为两相互平行的轴 z、z' 之间的距离，z 轴为任何方向通过任何形状刚体质心的轴。

上式表明：刚体对任何轴的转动惯量，等于刚体对于通过刚体质心并与原轴平行的轴的转动惯量，加上刚体质量与两轴距离平方的乘积。这一关系，称为转动惯量的平行轴定理。由此定理可知，通过质心 C 轴的转动惯量 J_c 是所有各相互平行轴的转动惯量中具有最小值的转动惯量。

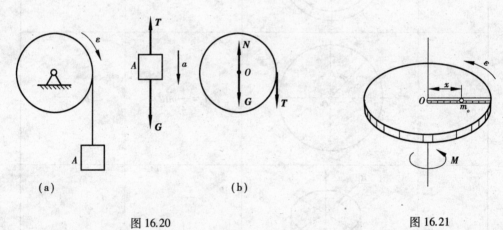

（a）　　　　　　　　（b）

图 16.20　　　　　　　　　　　　图 16.21

例 16.10　一个重 $G_o = 1\,000$ N、半径为 $r = 0.4$ m 的匀质圆轮绕质心 O 点铰支座作定轴转动，其转动惯量 $J_o = 8$ kg·m^2，轮上绕有绳索，下端挂有 $G = 10^3$ N 的物块 A，如图 16.20（a）所示，试求圆轮的角加速度。

解　分别取圆轮和物块 A 为研究对象。

设滑块 A 有向下加速度 a，圆轮有角加速度 ε。由运动学知

$$a = r\varepsilon \quad 即 \quad a = 0.4\varepsilon \tag{a}$$

取物块 A 为研究对象，其上作用力有重力 G，绳向上的拉力 T，物块有向下的加速度 a 作平移运动。画出受力图如图 16.20（b）所示。列出动力学基本方程

$$G - T = \frac{G}{g}a \quad 即 \quad 1\,000 - T = \frac{1\,000}{9.8}a \tag{b}$$

再取圆轮作为研究对象，其上有作用力为：绳的拉力，自重 G 及支座反力 N_0。列出绕轴转动的动力学基本方程

$$Tr = J\varepsilon$$
$$T \times 0.4 = 8\varepsilon \tag{c}$$

由以上三式，消去 T、a

可得

$$\varepsilon = 16.45 \text{ rad/s}^2$$

例 16.11 一圆盘的质量 $m=100$ kg,半径 $r=0.6$ m,绕通过质心 O 的铅垂轴作定轴转动,其转动惯量 $J_o=18$ kg·m^2。盘上有一质量 $m_o=2$ kg 的小球,可在圆盘上沿径向槽滑动。驱动力矩 $M=240$ N·m 作用于圆盘,如图 16.21 所示。求当小球位于 $x=0.2$ m 及 $x=0.6$ m 时,圆盘的角加速度。

解 取圆盘及小球为研究对象。

当 $x=0.2$ m 时,转动惯量为

$$J = J_o + m_o x^2$$
$$= (18 + 2 \times 0.2^2)\ kg·m^2$$
$$= 18.08\ kg·m^2$$

由 $M=J\varepsilon$ 式,列出 $240=18.08·\varepsilon$,得到 $\varepsilon=13.27$ rad/s^2

当 $x=0.6$ m 时,转动惯量为

$$J = J_o + m_o x^2 = (18 + 2 \times 0.6^2)\ kg·m^2 = 18.72\ kg·m^2$$

由 $M=J\varepsilon$ 式,有 $240=18.72·\varepsilon$

得到 $\varepsilon=12.8$ rad/s^2

例 16.12 如图 16.22 所示飞轮重 G、半径为 R,绕转轴 Ox 的转动惯量为 J,并以角速度 ω_0 转动,制动时,闸块上施以常值压力 Q,闸块与轮缘的摩擦系数为 f。求制动时间 t 及停止前转过的圈数。

解 取飞轮为研究对象。轮缘摩擦力矩 M_f 使轮产生负值的角加速度。

与 ω_0 转向相反的摩擦阻力矩 $M_f = -Qf·R$

由 $M=J\varepsilon$ 可列出

$$-Qf·R = J\varepsilon$$

角加速度

$$\varepsilon = -QfR/J$$

由运动学知

$$\omega = \omega_0 + \varepsilon t,\quad 0 = \omega_0 - \frac{QfR}{J}t,\ 得制动时间\ t = \omega_0 J/QfR$$

可由运动学匀加速转动公式:$\omega_0^2 = 2\varepsilon\varphi$,可得 $\varphi = \dfrac{\omega_0^2}{2\varepsilon} = \dfrac{\omega_0^2}{\left(\dfrac{2QfR}{J}\right)}$

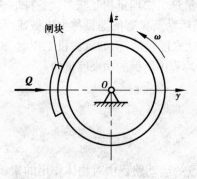

图 16.22

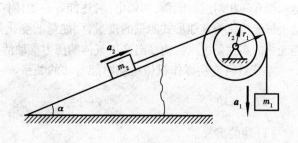

图 16.23

例 16.13 矿井提升机构,如图 16.23 所示。以质量为 m_1 的重锤使质量为 m_2 的矿车沿倾角为 α 的斜面提升。钢索分别绕在转动惯量为 J 的鼓轮及其上卷筒处,鼓轮半径为 r_2,卷筒半径为 r_1。求鼓轮的角加速度。已知:$m_1 = 2m_2 = 2m$,$r_1 = 1.5r_2 = 1.5r$,$J = 2.5mr^2$,$\alpha = 30°$,矿车与斜面间摩擦系数 $f = 0.3$。

解 分别取重锤、矿车、鼓轮为研究对象。

①重锤在自重 m_1g 钢索拉力 T_1 作用下以 a_1 向下运动,则

$$m_1g - T_1 = m_1a_1$$

即

$$2mg - T_1 = 2ma_1 \qquad\qquad (a)$$

②矿车在重力 m_2g、钢索拉力 T_2、斜面反力 $m_2g\cos\alpha$、斜面摩擦力 $m_2g\cos\alpha f$ 以 a_2 沿斜面向上滑行,则

$$T_2 - m_2g\sin\alpha - m_2g\cos\alpha f = m_2a_2 \qquad\qquad (b)$$

$$T_2 - mg\sin 30° - mg\cos 30° \times 0.3 = ma_2$$

③鼓轮在钢索拉力 T_1、T_2 作用下绕 O 以角加速度 ε 作顺时针方向转动。由 $M = J\varepsilon$ 式,列出

$$T_1r_1 - T_2r_2 = J\varepsilon$$

$$T_1 \times 1.5r - T_2r = (2.5mr^2)\varepsilon \qquad\qquad (c)$$

④由运动学知

$$a_1 = r_1\varepsilon \qquad 即 \qquad a_1 = 1.5r\varepsilon \qquad\qquad (d)$$

$$a_2 = r_2\varepsilon \qquad 即 \qquad a_2 = r\varepsilon \qquad\qquad (e)$$

由以上五式,求解出五个未知数 T_1、T_2、a_1、a_2、ε,可得

$$\varepsilon = 0.345g/r$$

16.6 动能定理

在许多工程实际问题中,常要知道物体运动一段路程后其速度的改变量。例如火车或汽车刹车后,必须保证在一定距离内停车。此类问题需要表明物体速度的改变量与其所受力及运动路程之间的关系。动能定理能表明这种关系并对问题作出解答。另一方面,存在于自然界中的各种运动形式,都可以一定的条件相互转化,转化时通过能量这个物理量相互联系。各种形式的运动都有其相对应的能量,例如电能,热能等。物体作机械运动所具有的能量称为机械能;动能是机械能转化为其他形式能量的度量,而能量的变化是用功来度量的,例如蒸汽机工作时,机械能变化的多少是由汽缸内高温高压气体的压力推动活塞在冲程中所做的功来度量的。

本节只研究物体作机械运动时能与功的关系。

16.6.1 功

(1)功的定义

在力学中,作用在物体上力的功,表示了力在其作用点的运动路程中对物体作用的累积效果。由于在工程中遇到的力有常力、变力或力偶,而力的作用点的运动轨迹有直线或曲线,下面分别说明在各种情况下力所做的功的计算。

1)常力在直线运动中的功

设质点 M 在常力 F 及其他力作用下沿直线运动,力 F 与运动方向的夹角为 α,M 点在和速度一致的方向上有直线位移 s(图 16.24)。力 F 在这一段位移内所积累的作用效应,用力的功量度,功的定义为:作用力 F 在位移方向的投影与位移的乘积称为常力 F 在此位移上对质点所做的功。记作 W,即

$$W = F\cos \alpha \cdot s \tag{16.19}$$

由式可知,当 $\alpha<90°$,功 W 是正值,这时力 F 在速度方向的投影 $F\cos \alpha$ 使物体产生和速度方向一致的加速度,必然使运动质点的速度增加,故正功使质点的运动由弱变强。当 $\alpha>90°$,功是负值,这时力 F 在速度方向的投影和速度方向相反,必然使运动的速度降低,负功使

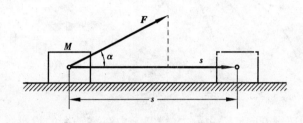

图 16.24

质点的运动由强变弱。当 $\alpha=90°$,力不做功,此时力 F 垂直于运动方向,只能起改变速度方向的作用,在位移方向无加速度,质点原有速度的值不变,运动无强弱的变化。

功不具有方向意义,所以功是代数量。按法定计量制,功的单位为牛·米(N·m)称为焦,代号记为 J。

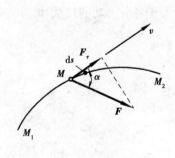

图 16.25

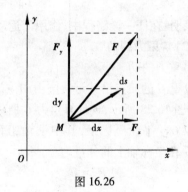

图 16.26

2)变力在曲线运动中的功

设质点 M 沿曲线 M_1M_2 运动,质点上作用着大小和方向均随位置而改变的力 F,当质点位于某一瞬时位置时,在微小的路程 $\mathrm{d}s$ 上,力的大小和方向可看作不变,而 $\mathrm{d}s$ 可视为切线方向的直线段微位移,力 F 与质点运动方向(即速度方向)的夹角为 α,力 F 在质点速度方向的投影为 $F_\tau = F\cos \alpha$(图 16.25)。根据功的定义,力 F 在路程 $\mathrm{d}s$ 段做的功,等于力 F 在质点运动方向投影和微位移 $\mathrm{d}s$ 的乘积,称为力 F 的元功,记为 δW。

$$\delta W = F_\tau \mathrm{d}s = F\cos \alpha \cdot \mathrm{d}s \tag{16.20(a)}$$

具体计算时,力的功常写成解析式。取平面直角坐标 Oxy,令 F 在坐标轴方向的分量为 F_x、F_y。$\mathrm{d}s$ 在坐标方向的位移分量为 $\mathrm{d}x$、$\mathrm{d}y$。如图 16.26 所示。

因 F_x 只与 $\mathrm{d}x$ 同向,而和 $\mathrm{d}y$ 相垂直,故 F_x 在 $\mathrm{d}s$ 路程段所做的功应为

$$F_x\mathrm{d}x + F_x\mathrm{d}y\cos 90° = F_x\mathrm{d}x$$

同理,F_y 只与 $\mathrm{d}y$ 同向,而和 $\mathrm{d}x$ 相垂直,故 F_y 对应 $\mathrm{d}s$ 所做的功应等于 $F_y\mathrm{d}y$。于是

$$\delta W = F\cos \alpha \cdot \mathrm{d}s = F_x \mathrm{d}x + F_y \mathrm{d}y$$

$$W = \int_{M_1}^{M_2} (F_x \mathrm{d}x + F_y \mathrm{d}y) \qquad (16.20(\mathrm{b}))$$

上式表明:力 F 在某一路程上所做的功,等于它的两个沿坐标轴方向的分量在同一路程上所做功的代数和。

3)合力的功

设质点 M 受力系 F_1、F_2、F_3、$\cdots$、F_n 的作用,它们的合力为 R,如图 16.27 所示。则

$$R = F_1 + F_2 + F_3 + \cdots + F_n$$

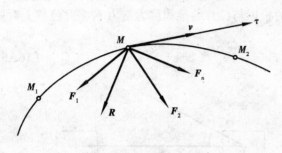

图 16.27

将上式投影到质点 M 的运动方向(即速度方向)上,由静力学知,合力在某轴上的投影等于它的各分力在同一轴上的投影的代数和。设 τ 为运动曲线上 M 点的切线方向,则

$$R_\tau = F_{1\tau} + F_{2\tau} + F_{3\tau} + \cdots + F_{n\tau}$$

以 $\mathrm{d}s$ 乘上式各项并沿曲线 $M_1 M_2$ 积分,可得

$$\int_{M_1}^{M_2} R_\tau \mathrm{d}s = \int_{M_1}^{M_2} F_{1\tau} \mathrm{d}s + \int_{M_1}^{M_2} F_{2\tau} \mathrm{d}s + \int_{M_1}^{M_2} F_{3\tau} \mathrm{d}s + \cdots + \int_{M_1}^{M_2} F_{n\tau} \mathrm{d}s$$

即

$$W_R = W_1 + W_2 + \cdots + W_n$$

上式表明:在任一段路程中,作用于运动质点上合力的功等于各分力功的代数和。

(2)常见力的功

1)重力的功

设重 G 的质点沿某一轨迹由 M_1 位置运动到 M_2,如图 16.28 所示,现计算重力 G 所做的功。

取 Oxy 平面坐标系,其中 y 轴铅垂向上,则重力 G 在坐标轴上的分量为

$$F_x = 0$$

$$F_y = -G$$

将以上各值代入式 16.20(b),表明重力 G 对质点在水平平面内任何方向的位移不做功,可得

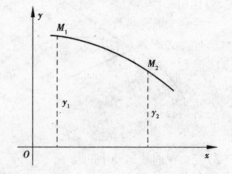

图 16.28

$$W = \int_{M_1}^{M_2} -G \mathrm{d}y = -G(y_2 - y_1) = \pm Gh \qquad (16.21)$$

式中,h 表示质点的始点位置 M_1 与终点 M_2 位置的高度差。若质点下降,重力与位移同向,重力做正功。若质点上升,重力与位移反向,重力做负功。(16.21)式表明:重力的功等于质点的质量与起始位置和终了位置高度差的乘积,与质点运动的路径无关。

2)弹性力的功

如图 16.29 所示,设一个弹簧的一端固定于 O' 点,另一端系一质点 M,当弹簧为原长 L_0 时,质点 M 的位置 O 称为自然位置。今设质点 M 沿弹簧中心线作直线运动,取自然位置 O 为坐标原点,中心线为坐标轴,并以弹簧伸长方向为正向。设质点位于任一位置 M 处,此时弹簧有伸长变形量 x。根据胡克定律知,在弹性极限内,弹簧力与弹簧的变形成正比,即 $F = -kx$,式

中 k 是弹簧刚性系数,单位是 N/cm(或 N/m),表示为弹簧单位伸长或缩短所需的作用力,弹性力 F 恒沿弹簧中心线。当质点正向移动一微位移 $\mathrm{d}x$ 时,弹性力的元功为

$$\delta W = -F\mathrm{d}x = -kx\mathrm{d}x$$

由此,可积分得到质点由位置 M_1 移至 M_2 的过程中,即伸长量由 $x = \delta_1$ 增加至 $x = \delta_2$,弹性力所做的功

$$W = \int_{\delta_1}^{\delta_2} -kx\mathrm{d}x = \frac{1}{2}k(\delta_1^2 - \delta_2^2) \tag{16.22}$$

若弹簧端点的质点 M 作曲线运动如图 16.30 所示,设 M_1 和 M_2 分别为弹簧有伸长量 δ_1 和 δ_2 的始点和终点位置,则质点在由 M_1 至 M_2 的运动过程中,弹性力 F 所做的功与(16.22)完全相同。即弹性力只对变形的增量做功,而对弹簧中心线的旋转不做功,与质点所经过的路径无关。

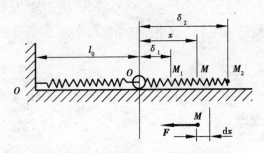

图 16.29

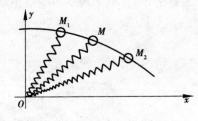

图 16.30

3)作用在转动刚体上力的功。

设在绕 z 轴转动的刚体上的 M 点作用一个力 F。欲求刚体转动时力 F 所做的功。此力可分解为三个分力,如图 16.31 所示。

F_z 为平行于转轴的轴向力;

F_r 为垂直并指向转轴的径向力;

F_τ 为切于 M 点圆周运动路径的切向力。

设刚体转动 $\mathrm{d}\varphi$ 角,则 M 点的路程 $\mathrm{d}s = r\mathrm{d}\varphi$,其中,$r$ 是 M 点离转轴的距离。由于 F_z、F_r 均垂直于 $\mathrm{d}s$,不做功,故力 F 在 s 路程中所做的功为

$$W = \int_0^s F_\tau \mathrm{d}s = \int_0^\varphi F_\tau r\mathrm{d}\varphi = F_\tau r \int_0^\varphi \mathrm{d}\varphi = F_\tau r\varphi$$

由于 F_r 和转轴相交,F_z 和转轴平行,故此两力对转轴之矩均为零,即 $M_z(F_r) = 0$,$M_z(F_z) = 0$,故有

$$M_z(F) = M_z(F_\tau) + M_z(F_r) + M_z(F_z)$$
$$= M_z(F_\tau) = F_\tau r$$

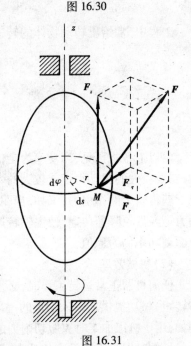

图 16.31

若 $M_z(F)$ 为一常量 M_z,则力 F 所做功为

$$W = F_\tau r\varphi = M_z(F) \cdot \varphi = M_z \cdot \varphi \tag{16.23(a)}$$

设有力偶 M_0 作用于转动刚体上,并且此力偶作用平面垂直于转轴,则力偶对 z 轴之矩为

M_0,刚体在转动 φ 角过程中,力偶所作的功为

$$W = \int_0^\varphi M_0 \mathrm{d}\varphi = M_0 \int_0^\varphi \mathrm{d}\varphi = M_0 \varphi \qquad (16.23(\mathrm{b}))$$

16.6.2 功率

(1)功率

力在单位时间内所做的功称为功率。功率表明做功的快慢程度,作用力在某一时间间隔 Δt 内所做的功 ΔW 与 Δt 的比值 $\Delta W/\Delta t$,称为这段时间内的平均功率。当 Δt 趋近于零时,比值 $\Delta W/\Delta t$ 的极限值 $\mathrm{d}W/\mathrm{d}t$ 称为瞬时功率。功率等于力在运动方向(即速度方向)的投影与速度大小的乘积,即

$$P = \frac{\mathrm{d}W}{\mathrm{d}t} = \frac{F_\tau \mathrm{d}s}{\mathrm{d}t} = F_\tau \frac{\mathrm{d}s}{\mathrm{d}t} = F_\tau v \qquad (16.24(\mathrm{a}))$$

工程中,用转矩 T 表示为专指驱动转轴起旋转作用的力偶矩。转矩的功率为

$$P = \frac{T\mathrm{d}\varphi}{\mathrm{d}t} = T\omega \qquad (16.24(\mathrm{b}))$$

一般情况下,力矩的功率为

$$P = \frac{M\mathrm{d}\varphi}{\mathrm{d}t} = M\omega \qquad (16.24(\mathrm{c}))$$

按法定计量单位,功率 P 的单位是焦/秒(J/s),称为瓦(W)。工程中以千瓦(kW)为常用单位。

工程中,常给出转动物体的转速 $n(\mathrm{r/min})$、转矩 $T(\mathrm{N \cdot m})$ 和功率 $P(\mathrm{kW})$ 的关系式

$$P = T\omega = T\frac{\pi n}{30}$$

上式可改写为

$$T = 9\,549\,\frac{P}{n} \qquad (16.25)$$

由以上各式可见,当功率为定值时,F_τ 与 v 成反比,或 T 与 ω 成反比。例如,汽车行驶上坡时,需要较大的驱动力矩或较大的牵引力,驾驶员采用低挡使速度减小,以便在一定功率的情况下获得较大的牵引力;又如,当驱动力矩直接作用在卷扬机主轴上不能吊起挂重时,可使驱动力矩经齿轮降速传递,使主轴转速降低若干倍,于是,作用在主轴上的力矩便增加了若干倍,而驱动功率仍为原值。

(2)机械效率

任何机器正常运转工作时,必须输入一定的功率,输入功率由驱动力(如电动机或发动机的转矩)做功提供。输入功率的一部分用于克服有用阻力以完成指定的工作,称为有用功率。例如,用于机床加工时克服切削力的功率,用于汽车行驶克服地面及空气阻力的功率,起重机吊起悬重时用于克服重力的功率,锻压机用于打击锻件碰撞的功率,均是有用功率。同时,输入功率的另一部分还要克服机械传动过程中的无用阻力,称为无用功率。例如,用于克服无用摩擦力所消耗的功率,最终均变为无用的热能、声能而损耗掉。

工程上,当机器正常稳定运转时,机器的有用功率与输入功率之比称为机械效率。

设 P_0 为输入功率，P_1 为有用功率，P_2 为无用功率，η 为机械效率，则

$$\left.\begin{aligned} P_0 &= P_1 + P_2 \\ \eta &= \frac{P_1}{P_2} \end{aligned}\right\} \qquad (16.26)$$

例16.14　用车刀切削一直径 $d = 0.2$ m 的零件外圆如图 16.32 所示，车床齿轮效率 $\eta = 0.8$，切削时车床主轴转速 $n = 180$ r/min，主轴转矩 $T = 250$ N·m。求：(1)切削速度、切削力；(2)切削所消耗功率；(3)电动机功率。

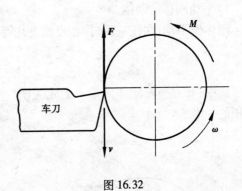

图 16.32

解　切削力

$$F = \frac{T}{\dfrac{d}{2}} = \frac{250}{0.1} \text{ N} = 2\,500 \text{ N}$$

切削速度

$$v = \frac{d}{2}\left(\frac{\pi n}{30}\right) = 0.1 \times \left(\frac{180\pi}{30}\right) \text{ m/s} = 1.88 \text{ m/s}$$

有用功率即切削力所消耗的功率 P_1，由式

$$T = 9\,549\,\frac{P}{n}$$

即

$$250 \text{ N·m} = 9\,549\,\frac{P_1}{180}$$

得

$$P_1 = 4.71 \text{ kW}$$

电动机输出功率即车床输入功率 P_0，为

$$P_0 = \frac{P_1}{\eta} = \frac{4.71}{0.8} \text{ kW} = 5.88 \text{ kW}$$

16.6.3　动能

(1)质点的动能

一个物体作机械运动时，物体的质量越大，运动速度越大，其能量也越大。在力学中，把运动质点的质量和它的速度平方乘积的一半称为质点的动能，以 T 表示，则

$$T = \frac{1}{2}mv^2$$

当一物体的机械运动变成其他形式的运动时，此物体的机械运动应以动能来度量。动能恒为正值，是一个和速度方向无关的标量。按法定计量单位，动能的单位是焦(J)或牛·米(N·m)。动能与功的单位是相同的。在许多实践中都表明动能和功之间有着相互联系的现象。

(2)质点系动能

质点系由 n 个质点组成，设系内任一质点的质量为 m_k，在某一瞬时的动能为 $\frac{1}{2}m_k v_k^2$，则各

质点在某瞬时的动能的算术和称为该瞬时质点系的动能,以 T 表示,即

$$T = \sum_{k=1}^{n} \frac{1}{2} m_k v_k^2$$

刚体是不变质点系,下面分别计算刚体作平动及定轴转动时的动能。

1)平动刚体的动能

刚体作平动,在任一瞬时,各点速度均等于质心速度 v_C,如图 16.33 所示。于是可得

$$T = \sum_{k=1}^{n} \frac{1}{2} m_k v_k^2 = \frac{1}{2} \left(\sum m_k \right) v_C^2 = \frac{1}{2} M v_C^2 \tag{16.27}$$

式中,M 是整个刚体质量。上式表明:平动刚体的动能等于刚体的质量和质心速度平方乘积的一半。

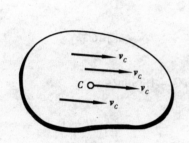

图 16.33

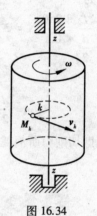

图 16.34

2)定轴转动刚体的动能

设刚体绕 z 轴转动,瞬时有角速度 ω,如图 16.34 所示。刚体内任一点 M_k 的质量为 m_k,速度为 v_k,质点离转轴的距离为 r_k,而 $v_k = r_k \omega$。刚体在该瞬时的动能为

$$T = \sum_{k=1}^{n} \frac{1}{2} m_k v_k^2 = \sum_{k=1}^{n} \frac{1}{2} m_k (r_k \omega)^2 = \frac{1}{2} \left(\sum m_k r_k^2 \right) \omega^2$$

式中,$J_z = \sum m_k r_k^2$ 是刚体绕 z 轴的转动惯量,故有

$$T = \frac{1}{2} J_z \omega^2 \tag{16.28}$$

上式表明:定轴转动刚体的动能,等于刚体对转轴的转动惯量与角速度平方乘积的一半。

3)平面运动刚体的动能

由运动学知,刚体作平面运动可以看做随质心一起平动与绕质心转动的合成或看做刚体绕瞬时轴(过速度瞬心并与运动平面相垂直的轴)的转动(图 16.35)。

刚体内每一质点对瞬时轴的速度为 $v_i = r_i \omega$,r_i 为该质点到瞬时轴的距离,ω 为刚体的角速度,这样

$$T = \sum \frac{1}{2} m_i v_i^2 = \frac{1}{2} \left(\sum m_i r_i^2 \right) \omega^2 = \frac{1}{2} J_P \omega^2$$

式中,J_P 是刚体对于瞬时轴的转动惯量,根据转动惯量的平行轴定理,有

$$J_P = J_C + M r_C^2$$

将该式代入上式得

$$T = \frac{1}{2}(J_C + M r_C^2)\omega^2 = \frac{1}{2}J_C\omega^2 + \frac{1}{2}M v_C^2 \quad (16.29)$$

由此可知,刚体作平面运动的动能等于其随质心平动的动能与绕质心转动的动能之和。

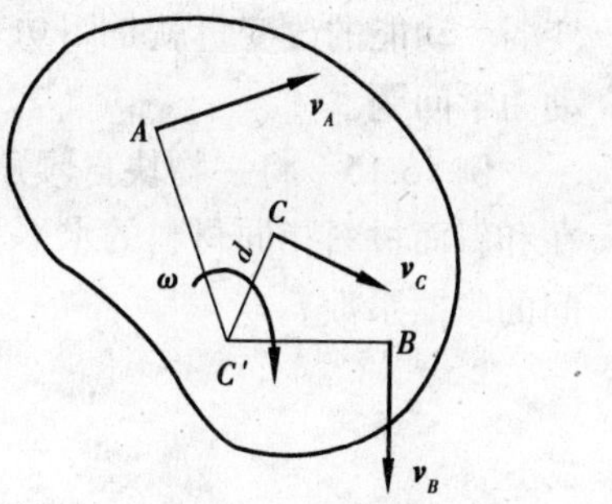

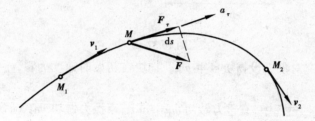

图 16.35

16.6.4　动能定理

(1)质点的动能定理

质量为 m 的质点 M,在力系的合力 F 作用下作曲线运动如图 16.36 所示。根据轨迹切线方向的质点运动微分方程

图 16.36

$$F_\tau = m a_\tau = m \frac{\mathrm{d}v}{\mathrm{d}t}$$

$$F_\tau \mathrm{d}s = m \frac{\mathrm{d}v}{\mathrm{d}t}\mathrm{d}s$$

由于 $\mathrm{d}s = v\mathrm{d}t$,代入上式,得

$$F_\tau \mathrm{d}s = m \frac{\mathrm{d}v}{\mathrm{d}t}v\mathrm{d}t = mv\mathrm{d}v$$

上式为动能定理的微分形式。

此式表明:质点动能的微分等于作用在质点上的元功。亦即,作用在质点上力的元功,其效果是使物理量 $\frac{1}{2}mv^2$(动能)有微小的增量。

若质点从位置 M_1 运动到 M_2,它的速度从 v_1 变为 v_2,质点沿曲线走了一段路程 (s_2-s_1),则积分运算为

$$\int_{v_1}^{v_2}\mathrm{d}\left(\frac{1}{2}mv^2\right) = \int_{s_1}^{s_2}F_\tau \mathrm{d}s$$

$$\frac{1}{2}mv_2^2 - \frac{1}{2}mv_1^2 = W_{12} \quad (16.30)$$

式(16.30)为动能定理的积分形式。

上式表明了质点动能定理:在任意一段路程上质点动能的变化,等于作用在质点上的力在同一路程上所做的功。此定理说明功是力在一段路程中对物体作用的累积效果,其结果使质点的动能发生改变。正功使物体的动能增加,运动由弱变强;负功使物体动能降低,运动由强

变弱。动能的改变量就是用功来度量的。当作用力是位置的函数时,便可应用动能定理求解动力学问题。

例 16.15 将一物块自倾角 α 的斜面上 B 点无初速地开始下滑,滑行 s_1 到达水平面后,又在和斜面材料相同材料的水平平面上滑行 s_2 至 A 点停止,如图 16.37 所示。试求物块与斜面间的摩擦系数 f。

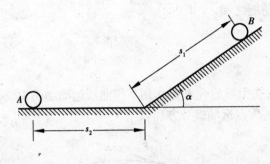

图 16.37

解 取物块为研究对象。设物块自重 mg。物块在初始时速度为零,$v_B = 0$;路程终了时停止,$v_A = 0$。

物块在滑行路程 s_1 过程中,有重力做功 $mgs_1\sin\alpha$;摩擦力做功 $-mg\cos\alpha f \cdot s_1$;斜面反力不做功。

物块在滑行路程 s_2 过程中,有摩擦力做功 $-mgf \cdot s_2$,重力及桌面反力不做功。

由质点动能定理

$$\frac{1}{2}mv_A^2 - \frac{1}{2}mv_B^2 = (mgs_1\sin\alpha - mg\cos\alpha \cdot fs_1) + (-mgfs_2)$$

即

$$0 = mgs_1\sin\alpha - mg\cos\alpha \cdot fs_1 - mgfs_2$$

由上式可得

$$f = \frac{s_1\sin\alpha}{s_1\cos\alpha + s_2}$$

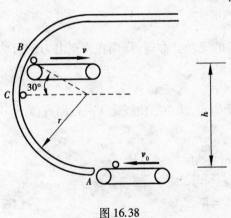

图 16.38

例 16.16 重 G 的邮包以速度 v_0 从运输带进入圆弧光滑滑道升高 h 后至 B 点,然后由上层的运动带送走,如图 16.38 所示。求 v_0 的最小值及邮包运动至 C 点处时滑道的约束反力 N_c。已知滑道圆弧半径 r 及 $h = r(1+\sin 30°) = 1.5r$。

解 邮包为运动质点。设邮包进入滑道时,在 A 点处有最小值速度 v_0,滑至 B 点时,$v_B = 0$。在滑行过程中有:重力做功 $W_G = -Gh$,滑道约束反力 N 因垂直于各个瞬时的 ds,不做功。

由动能定理

$$\frac{1}{2}\frac{G}{g}v_B^2 - \frac{1}{2}\frac{G}{g}v_0^2 = -Gh$$

$$0 - \frac{1}{2}\frac{G}{g}v_0^2 = -G \times 1.5r$$

得
$$v_0 = \sqrt{2gh} = \sqrt{3gr}$$

当邮包滑行至 C 点处时,重力功 $W_{AC} = -Gr$。由动能定理得

$$\frac{1}{2}\frac{G}{g}v_C^2 - \frac{1}{2}\frac{G}{g}v_0^2 = -Gr$$

$$\frac{1}{2}\frac{G}{g}v_C^2 - \frac{1}{2}\frac{G}{g}(3gr) = -Gr$$

$$v_C^2 = gr$$

邮包在 C 点处有向心加速度 $a_n = \dfrac{v_C^2}{r} = g$,

则滑道约束反力

$$N_C = m\frac{v_C^2}{r} = mg = G \ (\text{水平向右})$$

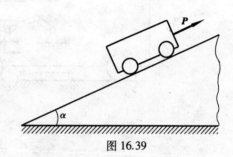

图 16.39

例 16.17 重 $G = 4.9$ kN 的小车,沿斜面有绳索以恒力 $P = 200$ N 拉着,如图 16.39 所示,小车与斜面间的摩擦系数 $f = 0.3$,斜面倾角 $\alpha = 30°$,小车沿斜面借自重下滑。试求小车沿斜面下行路程 $s = 10$ m 时的速度。

解 小车为运动质点。初始时小车静止,速度为零,行程终了时,速度为 v。

小车在下滑 $s = 10$ m 路程过程中,有:重力做功 $G \cdot s\sin\alpha$,绳拉力做功 $-P \cdot s$,斜面摩擦力做功 $-(G\cos\alpha \cdot f) \cdot s$,斜面反力不做功。

由质点动能定理

$$\frac{1}{2}\frac{G}{g}v^2 - 0 = G \cdot s \cdot \sin\alpha - P \cdot s - G\cos\alpha \cdot f \cdot s$$

即
$$\frac{1}{2}\frac{4\,900}{9.8}v^2 = 4\,900 \times 10 \times \sin 30° - 200 \times 10 - 4\,900\cos 30° \times 0.3 \times 10$$

解得
$$v = 6.25 \text{ m/s}$$

(2)质点系动能定理

当质点系由位置 1 运动到位置 2,对质点系中任一个质点 M_k,应用质点动能定理(16.30)式并考虑到作用于质点上的力可划分为内力和外力,以符号 e 代表外力,i 代表内力,可写出方程

$$\frac{1}{2}m_k v_{k2}^2 - \frac{1}{2}m_k v_{k1}^2 = W_{k12}^e + W_{k12}^i$$

式中,W_{k12}^e、W_{k12}^i 分别为作用在质点体系中第 k 个质点的外力和内力在此段路程"12"上的功。

将质点系所有各质点的上述方程相加,可得

$$\sum \frac{1}{2}m_k v_{k2}^2 - \sum \frac{1}{2}m_k v_{k1}^2 = \sum W_{k12}^e + \sum W_{k12}^i \tag{16.31(a)}$$

$$T_2 - T_1 = \sum W_{k12}^e + \sum W_{k12}^i \tag{16.31(b)}$$

式中,T_2、T_1 分别代表质点系在 1、2 两个位置时的动能。上式表明:作用于质点系的所有外力

和内力在任一段路程上所做的总功,等于质点系在此段路程上动能的改变量。

质点系内力做功的计算可分为两种情况:

①当质点系内各质点之间距离可变时,作用于两个质点之间的内力虽成对出现且共线、相反、等值,但内力功的和不等于零。例如,汽车发动机汽缸内推动活塞的气体压力 P 和作用于汽缸盖的压力 P' 是一对内力。如图 16.40(a)所示,设汽车向前移行 ds 汽车内活塞移行 ds,则作用于活塞的内力 P 做功为($P\mathrm{d}s-P\mathrm{d}s_0$),而作用于缸盖的内力 P' 做功 $P'\mathrm{d}s_0$。因而,内力做功之和等于 $P'\mathrm{d}s_0+P(\mathrm{d}s-\mathrm{d}s_0)=P\mathrm{d}s$。内力做功之和不为零。

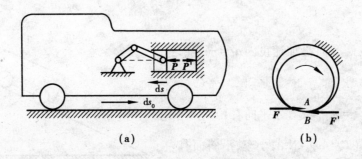

图 16.40

例如,如图 16.40(b)所示,转轴上的 A 点与轴承的 B 点有瞬时性接触,摩擦力 F、F' 是一对内力。力 F 作用于轴边缘上 A 点,当轴旋转时,A 点有切向位移 ds,内力 F 做功为 $-F\mathrm{d}s$,F' 力作用于轴承 B 点,B 点静止不动,F' 做功为零。这一对内力做功($-F\mathrm{d}s$)。

②刚体是不变质点系,在刚体内任意两点的距离不变。设刚体内任意两个点 A、B 之间有内力 F_A、F_B 出现,必沿 AB 线方向。刚体的运动可视为以 A 点为基点的平移和绕 A 点的转动,平移运动时 A、B 两点的位移相同,相反方向的两个内力 F_A、F_B 做功相等相消;B 点绕基点 A 转动的微位移 ds 垂直于作用于 B 点的内力 F_B,F_B 不做功。故刚体运动时,内力不做功。所以,动能定理应用于刚体时,只须考虑外力的功。

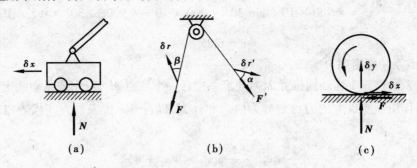

图 16.41

工程中有很多情况为刚体受到约束反力的作用,当约束力对刚体的作用点不动或作用点只沿垂直于约束力的方向运动,因而约束反力不做功或做功之和等于零时,这种约束称为理想约束。例如,光滑表面接触、固定铰支座、光滑圆柱铰链、柔索等均为理想约束,如图 16.41(a)、(b)所示。

一般情况下,摩擦力的方向总是和力作用点运动方向相反,摩擦力做负功。但当摩擦力的作用点没有位移(即速度为零)时,摩擦力不做功。例如,有滑动倾向的圆盘沿地面作纯滚动

时,地面摩擦力的作用点是运动刚体的速度瞬心,因此摩擦力不
做功。如图 16.41(c)所示。

图 16.41 中:图（a）　$N \perp \delta_x$, $W_N = 0$;图（b）$F = F'$,
$\delta_r \cos \alpha = \delta_r \cos \beta$, $W_F + W_{F'} = 0$;图(c)$\delta_x = 0$, $\delta_y = 0$, $W_F = 0$, $W_N = 0$。

例 16.18　如图 16.42 所示,导轮的质量 $m = 40$ kg,半径 $r = 0.4$ m,绕铰 O 的转动惯量 $J = 3.2$ kg·m^2;绕绳的一端悬有挂重 $G = 2$ kN,另一端有水平力 $F = 3$ kN 作用。从静止开始,求悬重上升 10 m 后的速度。

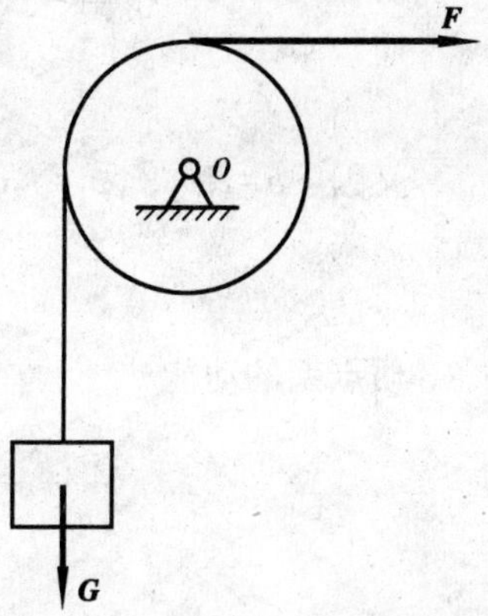

解　取导轮及悬重为质点系。

在悬重上升 $s = 10$ m 的过程中,外力的功有:

重力 G 做功　　$W_G = -Gs = -2\,000 \times 10$ N·m $= -2 \times 10^4$ N·m

绳端力 F 做功　$F \cdot s = 3\,000 \times 10$ N·m $= 3 \times 10^4$ N·m

初始时,质点系的动能 $T_1 = 0$;终了时,质点系的动能 T_2,则

悬重的动能　　$\dfrac{1}{2}\dfrac{G}{g}v^2 = \dfrac{1}{2}\dfrac{2\,000}{9.8}v^2$

导轮的动能　　$\dfrac{1}{2}J\omega^2 = \dfrac{1}{2}J\left(\dfrac{v}{r}\right)^2 = \dfrac{1}{2} \times 3.2 \times \left(\dfrac{v}{0.4}\right)^2$

由动能定理　　$T_2 - T_1 = W_G + W_F$

$$\dfrac{1}{2}\dfrac{2\,000}{9.8}v^2 + \dfrac{1}{2} \times 3.2 \times \left(\dfrac{v}{0.4}\right)^2 = 3 \times 10^4 - 2 \times 10^4$$

解得　　　　　　$v = 9.45$ m/s

图 16.42

例 16.19　铰车机构如图 16.43 所示,初始时静止,驱动力矩 M 带动轴 I 转动,并经由齿轮带动 II 及卷筒转动,卷筒上绕着的钢索将重物 G 向上提升,轴 I、II 的转动惯量各为 J_1、J_2;卷筒半径 R,两齿轮的节圆半径比 $i = r_2/r_1$。求重物上升的加速度 a。

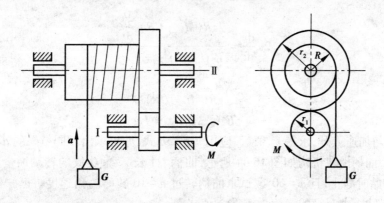

图 16.43

解　取轴 I、轴 II、悬重为质点系。

设于某一瞬时:轴 I 的转角为 φ_1,角速度为 ω_1;轴 II 的转角为 φ_2,角速度为 ω_2;重物 G 上升位移为 h,上升速度为 v,加速度为 a。

由于两齿轮节圆速度相等,有 $r_1\omega_1 = r_2\omega_2$;重物上升速度 $v = R\omega_2$,可得关系式

$$\omega_2 = \frac{v}{R},\omega_1 = \frac{r_2}{r_1}\omega_2 = i\frac{v}{R}$$

又因 $h = R\varphi_2, r_1\varphi_1 = r_2\varphi_2$,则

$$\varphi_2 = \frac{h}{R},\varphi_1 = \frac{r_2}{r_1}\varphi_2 = i\frac{h}{R}$$

质点系的动能

$$T_1 = 0$$

$$T_2 = \frac{1}{2}\frac{G}{g}v^2 + \frac{1}{2}J_1\omega_1^2 + \frac{1}{2}J_2\omega_2^2$$

$$= \frac{1}{2}\frac{G}{g}v^2 + \frac{1}{2}J_1\left(i\frac{v}{R}\right)^2 + \frac{1}{2}J_2\left(\frac{v}{R}\right)^2$$

$$= \frac{1}{2}\left(\frac{G}{g} + i^2\frac{J_1}{R^2} + \frac{J_2}{R^2}\right)v^2$$

外力做功 $\qquad W_{12} = M\varphi_1 - Gh = M\left(i\frac{h}{R}\right) - Gh = \left(\frac{Mi}{R} - G\right)h$

由动能定理 $\qquad T_2 - T_1 = W_{12}$,有

$$\left(\frac{Mi}{R} - G\right)h = \frac{1}{2}\left(\frac{G}{g} + i^2\frac{J_1}{R^2} + \frac{J_2}{R^2}\right)v^2$$

整理后,可得

$$v^2 = \frac{2ghR(Mi - Gh)}{R^2G + J_1i^2g + J_2g}$$

将上式对时间两边求导,并有 $\quad v = \frac{\mathrm{d}h}{\mathrm{d}t}, a = \frac{\mathrm{d}v}{\mathrm{d}t}$

则

$$2v\frac{\mathrm{d}v}{\mathrm{d}t} = \frac{2gR(Mi - GR)\dfrac{\mathrm{d}h}{\mathrm{d}t}}{R^2G + J_1i^2g + J_2g}$$

即

$$a = \frac{gR(Mi - GR)}{R^2G + J_1i^2g + J_2g}$$

因悬重作匀加速上升,求得 v^2 值后,应用 $v^2 = 2ah$ 式,亦可求出相同结果的 a 值。

例 16.20 曲柄滑块机构如图 16.44 所示,曲柄 OA 长 r,绕 O 铰的转动惯量 J_0,受常值力矩 M_0 作用,初始时静止,且 $\varphi = 60°$。试求曲柄转过 $n = 10$ 转时的角速度。已知滑块 A 重 G_1,滑道杆重 G_2,它与导槽 BC 的摩擦力 F 为常值。

解 取曲柄、滑块 A、滑道杆为质点系。

①外力功的计算

在曲柄旋转 $n = 10$ 转过程中,力矩 M_0 做功为 $M_0(2\pi n) = M_0 \times 2\pi \times 10$,摩擦力 F 做功为 $-F \times 4r \times 10$,构件自重及理想约束反力 N_0、N_B、N_C 均不做功,则

$$W_{12} = M_0 \times 2\pi \times 10 - F \times 4r \times 10$$

②动能的计算

初始时静止，$T_1 = 0$。

终了时，曲柄有角速度 ω，具有动能 $\frac{1}{2} J_O \omega^2$；滑

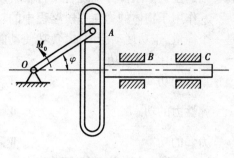

块 A 有速度 $v_A = r\omega$，具有动能 $\frac{1}{2} \cdot \frac{G_1}{g}(r\omega)^2$；滑道杆

有水平方向速度 $v_e = v_A \sin \varphi = r\omega \sin 60°$，具有动能

$\frac{1}{2} \cdot \frac{G_2}{g} v_e^2 = \frac{1}{2} \cdot \frac{G_2}{g}(r\omega \sin 60°)^2$。

图 16.44

③按动能定理 $T_2 - T_1 = W_{12}$，有

$$\frac{1}{2} J_O \omega^2 + \frac{1}{2} \frac{G_1}{g}(r\omega)^2 + \frac{1}{2} \frac{G_2}{g}(r\omega \sin 60°)^2 = M_0(20\pi) - 40Fr$$

整理后，可得

$$\omega^2 = \frac{4(10\pi M_0 - 20Fr)g}{J_O g + G_1 r^2 + G_2 r^2 \sin^2 60°}$$

小　结

①质点动力学基本方程定量地反映了作用在质点上的力与质点运动间的关系，动力学基本方程 $F = ma$ 式应用时，其中 a 必须以质点运动时的绝对加速度代入。

②质点动力学问题一般可分为两类：

a.根据质点已知的运动，求作用在质点上的力。对于此类问题，通过微积分运算得到加速度，即可解得作用力。

b.根据作用在质点上的力，求质点的运动，对于此类问题，列出微积分方程后，要通过积分运算求得运动规律。这时，不仅要已知作用力，还必须有已知运动的初始条件，才能确定积分常数。

③质心运动定理是动量定理的另一种表达形式，在研究刚体或刚体系的运动时，由于质心和坐标容易确定，用质心运动定理解题较方便。

④动静法是求解动力学问题的另一种基本方法，应用动静法将动力学问题在形式上化为静力学问题，特别在求解约束反力时带来很大的方便。

运用动静法要涉及到惯性力的概念，要注意到运动质点的惯性力实际上是作用在使质点获得加速度的施力物体上的。

⑤刚体绕定轴转动的动力学基本方程为

$$M = J\varepsilon \text{ 或 } M = J\frac{\mathrm{d}\omega}{\mathrm{d}t} \text{ 或 } M = J\frac{\mathrm{d}^2\varphi}{\mathrm{d}t^2}$$

刚体的转动惯量是刚体转动惯性的度量，它的值取决于刚体质量的大小，质量的分布情况

和转轴的位置。刚体分别绕各平行轴转动时,通过质心的轴有最小的转动惯量。

⑥作用于物体的力在一段路程中的功是作用在此段路程中对物体的累积效果的度量。功是一个标量,正功使动能增加,负功使动能减小。

a.工程中常见的功:

重力的功 $\qquad W = \pm Gh$

弹性力的功 $\qquad W = \dfrac{1}{2}k(\delta_1^2 - \delta_2^2)$

力偶的功 $\qquad W = M(\varphi_2 - \varphi_1)$

b.功率是力在单位时间内所做的功:

$$P = \frac{\mathrm{d}W}{\mathrm{d}t} = F_\tau v = T\omega = M\omega$$

c.质点的动能 $\qquad T = \dfrac{1}{2}mv^2$

质点系动能 $\qquad T = \dfrac{1}{2}\sum m_k v_k^2$

刚体的动能: 平动 $\qquad T = \dfrac{1}{2}Mv_C^2$

定轴转动 $\qquad T = \dfrac{1}{2}J_O\omega^2$

平面运动 $\qquad T = \dfrac{1}{2}Mv_C^2 + \dfrac{1}{2}J_C\omega^2$

d.动能定理表达式

质点 $\qquad \dfrac{1}{2}mv_2^2 - \dfrac{1}{2}mv_1^2 = W_{12}$

质点系 $\qquad \sum \dfrac{1}{2}m_k v_{k2}^2 - \sum \dfrac{1}{2}m_k v_{k1}^2 = \sum W_{12}$

刚体运动时,内力不做功,理想约束反力不做功。

思 考 题

16.1 质点运动速度的方向,是否和作用在质点上的合力方向相同? 某瞬时,运动质点有最大值的速度,此时作用在质点上的合力是否为最大值? 某瞬时,质点速度为零,是否作用力为零?

16.2 汽车在圆弧形桥面上匀速行驶时,它除了受到重力、桥面反力、牵引力、桥面阻力作用外,是否还受到向心力的作用? 汽车以速度 v 驶过半径为 ρ 的圆弧桥顶时,其向心加速度值 $a_n = \dfrac{v^2}{\rho}$ 大于重力加速度 g 是否可能? 汽车在水平面上作较大车速的急转弯时,其向心力是由什么物体提供的?

16.3 小车内的桌面上置一重 G 的物块如图 16.45 所示,桌面保持水平。当小车有三种

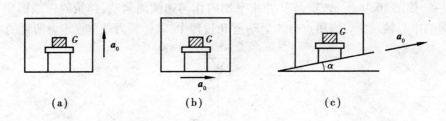

图 16.45

不同方向的加速度 a_0 时,桌面能产生的最大摩擦力 F_{max} 是否等于 Gf? f 为物块与桌面的摩擦系数。

16.4　汽车刹车时,车内的乘客是否由于惯性力作用于人体,使人倾倒或跌倒?

16.5　摩托车在有摩擦力的水平面上急速拐弯时,为何必须将车身倾斜一定的角度?

16.6　均质细杆一端搁置在光滑水平面上图 16.46,开始时与水平面成 60°角,然后无初速地倒向地面,求质心 C 的轨迹。

16.7　一圆环与一实心圆盘材料相同,质量相同,绕质心作定轴转动,某一瞬时有相同的角加速度,作用在圆环和圆盘上的外力矩是否相同?

16.8　作定轴转动的悬摆,在摆动过程中,各个不同瞬时的角加速度是否相等? 悬摆在何位置时角加速度为零?

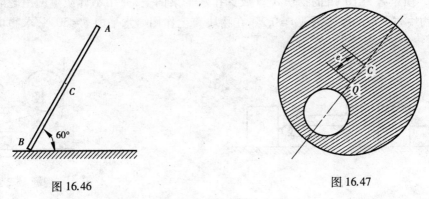

图 16.46

图 16.47

16.9　偏心圆盘的质心离圆心的距离为 e,如图 16.47 所示。当圆盘绕圆心作定轴转动时,其对转轴的回转半径是否等于 e? 是否有 $J_0 = me^2$?

16.10　刚体作定轴转动,当角速度很大时,是否外力矩一定很大? 当角速度为零时,是否外力矩等于零? 外力矩的转向是否一定和角速度的转向一致?

16.11　一匀质圆盘重 G、半径为 r,绕离质心 C 的 O 点作定轴转动,质心有速度 v_c,$OC = e = r/4$。该圆盘的动能是否等于 $\dfrac{1}{2}\dfrac{G}{g}v_c^2$?

16.12　机器运转时,是否凡摩擦力做的功一定是无用功? 研磨机运转工作时,作用在工件上的摩擦力,它的功是否为无用功?

16.13　一个质量为 m 的质点在水平面内,由于向心力 F_n 的作用,作半径为 R 的匀速圆周运动,速度为 v_0,若将向心力增为 $2F_n$,此向心力将对质点动能的变化起什么作用? 对质点运动状态的变化起什么作用?

16.14 如图 16.48 所示,质点 M 在水平面内作匀速圆周运动,弹簧的一端固定于质点运动轨迹圆的中心轴线上。当质点自 A 运动至 B 过程中,求弹簧力及质点重力所做的功。

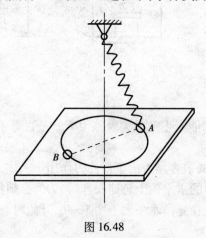

图 16.48

习 题

16.1 质量各为 10 kg 的物块 A、B 放置在水平桌面上,并用不计质量的滑轮联系如图所示,设两物块与桌面的摩擦系数 $f=0.2$。在物块 A 上作用一水平力 $F=50$ N,求物块 A、B 的加速度。

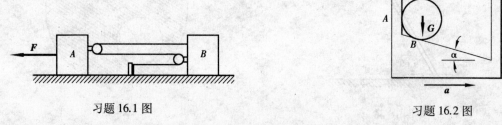

习题 16.1 图

习题 16.2 图

16.2 重 $G=98$ N 的圆柱放在框架内,框架以加速度 $a=2$ g 作水平方向平动。求圆柱和框架铅垂侧面间的压力 N_A。已知 $\alpha=15°$,摩擦不计。

16.3 质量 $m=2\,000$ kg 的汽车,当以速度 $v=6$ m/s 先后驶过曲率半径 $\rho=120$ m 的桥顶(图(a))和凹坑时(图(b)),试分别求出桥面及凹坑底面反力。

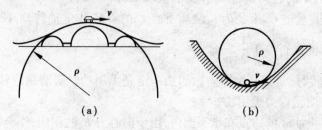

(a)　　　　　　　(b)

习题 16.3 图

16.4 气球和所挂重物的总重量为 G,以匀加速度 a 向上升起。问气球上所挂重物的重量增加多少,方能使它以相同的加速度向下降落?

16.5　汽车以水平方向车速 $v = 14$ m/s 行驶,刹车后,以匀减速沿地面滑行 $s = 20$ m 后停住,车上货物重 G 与车厢的摩擦系数 $f = 0.45$。求货物在车厢内滑动的距离。

16.6　质量 $m = 0.1$ kg 的质点,按 $x = t^4 - 12t^3 + 60t^2$(x 以 m 计,t 以 s 计)的规律作直线运动,求作用于质点上的力何时有极值? 等于多少?

16.7　一个质量 $m = 1$ kg 的质点,在变力 $F = (1-t)$ 的作用下作水平直线运动。式中,F 以 N 计,t 以 s 计。初始速度 $v_0 = 0.2$ m/s,其方向与作用力相同。求经几秒后物体速度等于零? 并求自开始至速度为零时间内经过的路程。

16.8　质量为 M 的驳船静止于水平上,船的中间有一质量为 m 的汽车,若汽车向船头移动距离 b,不计水的阻力,求驳船移动的距离 s。

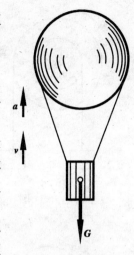

习题 16.4 图

16.9　如图所示,某飞轮直径 $D = 50$ cm,转动惯量 $J = 2.5$ kg·m²,转速 $n_0 = 1\ 000$ r/min。如制动时闸瓦的压力 $Q = 500$ N,闸瓦与飞轮间的摩擦系数 $f = 0.4$,试问制动后经过多少时间飞轮才静止? 制动过程中转过多少转?

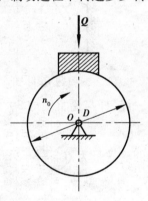

习题 16.9 图

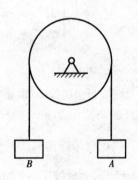

习题 16.10 图

16.10　在一个重 G、半径为 r 的圆轮上,绕有不计质量的绳索,绳索两端挂有重量为 $G_A = 4G$、$G_B = 2G$ 的物块 A、B,如图所示。试求圆轮转动的角加速度 ε。

16.11　圆盘重 0.6 kN,半径 $R = 0.8$ m,转动惯量 $J_0 = 100$ kg·m²,在半径为 R 处绕有绳索,其上挂着 $G_A = 2$ kN 的悬重 A,在离转轴 $r = 0.5R$ 处绕有绳索,其上挂着 $G_B = 1$ kN 的悬重,如图所示。试求圆盘的角加速度 ε。

16.12　电动机以力矩 M 驱动主动带轮转动,经胶带带动从动轮旋转,如图所示。已知主动轮绕转轴 O_1 的转动惯量 J_1,半径 r_1;被动轮绕转轴 O_2 的转动惯量 J_2,半径 r_2。求主动、被动轮的角加速度。

16.13　如图所示,圆轮重 0.4 kN,半径 $r = 0.3$ m,绕转轴的转动惯量 $J = 1.84$ kg·m²,绳索的一端挂重 $G = 2$ kN。从静止开始,欲使挂重上升 20 m 后,具有向上速度 $v = 4$ m/s,求作用在圆轮上的驱动力矩 M。

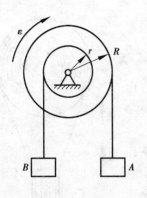

习题 16.11 图

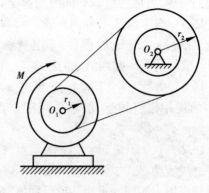

习题 16.12 图

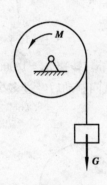

习题 16.13 图

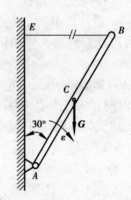

习题 16.14 图

16.14　均质杆 AB 长 L,重量为 G,A 点为铰链,BE 为一绳,杆与铅直线成 $30°$角,求当绳 BE 切断时杆的角加速度 ε。

16.15　图示胶带输送机的胶带速度 $v=1$ m/s,每分钟的输送量为 $Q=\dfrac{\mathrm{d}m}{\mathrm{d}t}=2\,000$ kg/min,输送高度 $h=5$ m,机械效率 $\eta=0.6$。试求电动机的功率。

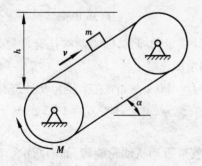

习题 16.15 图

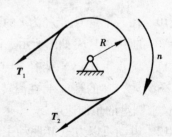

习题 16.16 图

16.16　电动机带动一带轮如图所示。测出紧边拉力 $T_1=3\,630$ N,松边拉力 $T_2=1\,580$ N,带轮半径 $R=0.9$,转速 $n=200$ r/min。求电动机输出功率是多少 kW?

16.17　刮板运输机,由电动机驱动半径 r_1 的齿轮转动,带动半径 r_2 的齿轮及卷筒在同一轴上转动,如图所示。已知电动机功率 $P_0 = 40$ kW,转速 $n = 1\ 470$ r/min,齿轮节圆半径比 $i = \dfrac{r_2}{r_1} = 4.2$,机械效率 $\eta = 0.82$。求运输带的驱动力矩。

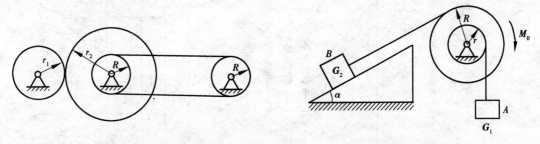

习题 16.17 图　　　　　　　　　　　习题 16.18 图

16.18　矿井提升设备如图所示,恒力矩 M_0 作用在鼓轮上,鼓轮总质量为 m,绕转轴 O 的转动惯量为 $m\rho^2$。在鼓轮的半径为 r 的圆轮上,有钢索挂着平衡锤重 G_1 的 A,又在半径为 R 的圆轮上,有钢索牵引小车沿倾角为 α 的斜面上升,小车重 G_2,摩擦不计。求小车向上运动的加速度和绳子的拉力。

16.19　匀质直杆重 G、长 L,可绕 O 铰在铅垂平面内作定轴转动,如图所示。初始时直杆处于铅垂线位置,欲使此杆绕 O 旋转至水平位置,应给予杆件一个多大的初始角速度?

16.20　绞车的主动轮 1 上有驱动力矩 M_0 作用,通过带动从动轮及同轴上鼓轮提升质量为 m 的重物 A,如图所示。已知主动轮的半径为 r_1,转动惯量为 J_1;从动轮的半径为 r_2,鼓轮半径为 R,两者的转动惯量总共等于 J_2。试求重物 A 从静止开始提升 h 时的速度及加速度。

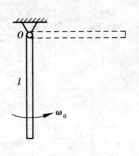

习题 16.19 图

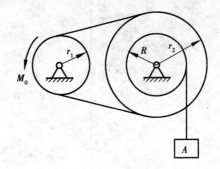

习题 16.20 图

附录 型钢规格表

表1 热轧等边角钢（GB/T 9787—1988）

符号意义：
b——边宽度
d——边厚度
r——内圆弧半径
r_1——边端内圆弧半径
I——惯性矩
i——惯性半径
W——截面系数
z_0——重心距离

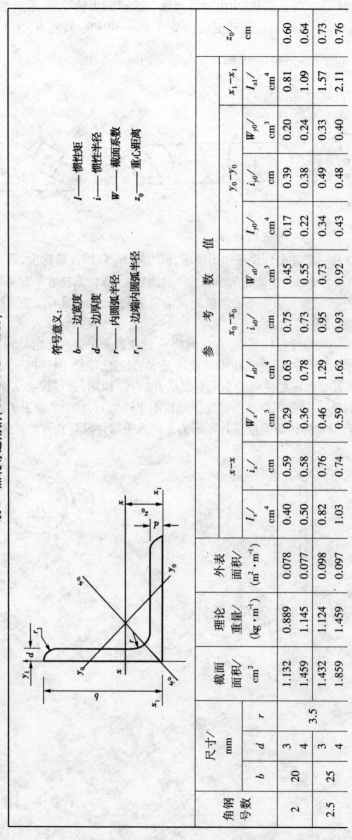

| 角钢号数 | 尺寸/mm | | | 截面面积/cm² | 理论重量/(kg·m⁻¹) | 外表面积/(m²·m⁻¹) | 参考数值 | | | | | | | | | | | |
| | b | d | r | | | | $x-x$ | | | x_0-x_0 | | | y_0-y_0 | | | x_1-x_1 | z_0/ |
							I_x/ cm⁴	i_x/ cm	W_x/ cm³	I_{x0}/ cm⁴	i_{x0}/ cm	W_{x0}/ cm³	I_{y0}/ cm⁴	i_{y0}/ cm	W_{y0}/ cm³	I_{a1}/ cm⁴	cm
2	20	3	3.5	1.132	0.889	0.078	0.40	0.59	0.29	0.63	0.75	0.45	0.17	0.39	0.20	0.81	0.60
		4		1.459	1.145	0.077	0.50	0.58	0.36	0.78	0.73	0.55	0.22	0.38	0.24	1.09	0.64
2.5	25	3	3.5	1.432	1.124	0.098	0.82	0.76	0.46	1.29	0.95	0.73	0.34	0.49	0.33	1.57	0.73
		4		1.859	1.459	0.097	1.03	0.74	0.59	1.62	0.93	0.92	0.43	0.48	0.40	2.11	0.76

型号	b	d	r	截面面积	理论重量	外表面积											z0
3.0	30	3	4.5	1.749	1.373	0.117	1.46	0.91	0.68	2.31	1.15	1.09	0.61	0.59	0.51	2.71	0.85
		4		2.276	1.786	0.117	1.84	0.90	0.87	2.92	1.13	1.37	0.77	0.58	0.62	3.63	0.89
3.6	36	3	4.5	2.109	1.656	0.141	2.58	1.11	0.99	4.09	1.39	1.61	1.07	0.71	0.76	4.68	1.00
		4		2.756	2.163	0.141	3.29	1.09	1.28	5.22	1.38	2.05	1.37	0.70	0.93	6.25	1.04
		5	5	3.382	2.654	0.141	3.95	1.08	1.56	6.24	1.36	2.45	1.65	0.70	1.09	7.84	1.07
4.0	40	3	5	2.359	1.852	0.157	3.59	1.23	1.23	5.69	1.55	2.01	1.49	0.79	0.96	6.41	1.09
		4		3.086	2.422	0.157	4.60	1.22	1.60	7.29	1.54	2.58	1.91	0.79	1.19	8.56	1.13
		5		3.791	2.976	0.156	5.53	1.21	1.96	8.76	1.52	3.01	2.30	0.78	1.39	10.74	1.17
4.5	45	3	5	2.659	2.088	0.177	5.17	1.40	1.58	8.20	1.76	2.58	2.14	0.90	1.24	9.12	1.22
		4		3.486	2.736	0.177	6.65	1.38	2.05	10.56	1.74	3.32	2.75	0.89	1.54	12.18	1.26
		5		4.292	3.369	0.176	8.04	1.37	2.51	12.74	1.72	4.00	3.33	0.88	1.81	15.25	1.30
		6		5.076	3.985	0.176	9.33	1.36	2.95	14.76	1.70	4.64	3.89	0.88	2.06	18.36	1.33
5	50	3	5.5	2.971	2.332	0.197	7.18	1.55	1.96	11.37	1.96	3.22	2.98	1.00	1.57	12.50	1.34
		4		3.897	3.059	0.197	9.26	1.54	2.56	14.70	1.94	4.16	3.82	0.99	1.96	16.60	1.38
		5		4.803	3.770	0.196	11.21	1.53	3.13	17.79	1.92	5.03	4.64	0.98	2.31	20.90	1.42
		6		5.688	4.465	0.196	13.05	1.52	3.68	20.68	1.91	5.85	5.42	0.98	2.63	25.14	1.46
5.6	56	3	6	3.343	2.624	0.221	10.19	1.75	2.48	16.14	2.20	4.08	4.24	1.13	2.02	17.56	1.48
		4		4.390	3.446	0.220	13.18	1.73	3.24	20.92	2.18	5.28	5.46	1.11	2.52	28.43	1.53

续表

角钢号数	b	d	r	截面面积/cm²	理论重量/(kg·m⁻¹)	外表面积/(m²·m⁻¹)	I_x/cm⁴	i_x/cm	W_x/cm³	I_{x0}/cm⁴	i_{x0}/cm	W_{x0}/cm³	I_{y0}/cm⁴	i_{y0}/cm	W_{y0}/cm³	I_{x1}/cm⁴	z_0/cm
5.6	56	5	6	5.415	4.251	0.220	16.02	1.72	3.97	25.42	2.17	6.42	6.61	1.10	2.98	29.33	1.57
		8	7	8.367	6.568	0.219	23.63	1.68	6.03	37.37	2.11	9.44	9.89	1.09	4.16	47.24	1.68
6.3	63	4		4.978	3.907	0.248	19.03	1.96	4.13	30.17	2.46	6.78	7.89	1.26	3.29	33.35	1.70
		5		6.143	4.822	0.248	23.17	1.94	5.08	36.77	2.45	8.25	9.57	1.25	3.90	41.73	1.74
		6	7	7.288	5.721	0.247	27.12	1.93	6.00	43.03	2.43	9.66	11.20	1.24	4.46	50.14	1.78
		8		9.515	7.469	0.247	34.46	1.90	7.75	54.56	2.40	12.25	14.33	1.23	5.47	67.11	1.85
		10		11.657	9.151	0.246	41.09	1.88	9.39	64.85	2.36	14.56	17.33	1.22	6.36	84.31	1.93
7	70	4		5.570	4.372	0.275	26.39	2.18	5.14	41.80	2.74	8.44	10.99	1.40	4.17	45.74	1.86
		5		6.875	5.397	0.275	32.21	2.16	6.32	51.08	2.73	10.32	13.34	1.39	4.95	57.21	1.91
		6	8	8.160	6.406	0.275	37.77	2.15	7.48	59.93	2.71	12.11	15.61	1.38	5.67	68.73	1.95
		7		9.424	7.398	0.275	43.09	2.14	8.59	68.35	2.69	13.81	17.82	1.38	6.34	80.29	1.99
		8		10.667	8.373	0.274	48.17	2.12	9.68	76.37	2.68	15.43	19.98	1.37	6.98	91.92	2.03
7.5	75	5		7.367	5.818	0.295	39.97	2.33	7.32	63.30	2.92	11.94	16.63	1.50	5.77	70.56	2.04
		6		8.797	6.905	0.294	46.95	2.31	8.64	74.38	2.90	14.02	19.51	1.49	6.67	84.55	2.07
		7	9	10.160	7.976	0.294	53.57	2.30	9.93	84.96	2.89	16.02	22.18	1.48	7.44	98.71	2.11
		8		11.503	9.030	0.294	59.96	2.28	11.20	95.07	2.88	17.93	24.86	1.47	8.19	112.97	2.15
		10		14.126	11.089	0.293	71.98	2.26	13.64	113.92	2.84	21.48	30.05	1.46	9.56	141.71	2.22
8	80	5		7.912	6.211	0.315	48.79	2.48	8.34	77.33	3.13	13.67	20.25	1.60	6.66	85.36	2.15
		6		9.397	7.376	0.314	57.35	2.47	9.87	90.98	3.11	16.08	23.72	1.59	7.65	102.50	2.19
		7	9	10.860	8.525	0.314	65.58	2.46	11.37	104.07	3.10	18.40	27.09	1.58	8.58	119.70	2.23
		8		12.303	9.658	0.314	73.49	2.44	12.83	116.60	3.08	20.61	30.39	1.57	9.46	136.97	2.27
		10		15.126	11.874	0.313	88.43	2.42	15.64	140.09	3.04	24.76	36.77	1.56	11.08	171.74	2.35

9	90	6		10.637	8.350	0.354	82.77	2.79	12.61	131.26	3.51	20.63	34.28	1.80	9.95	145.87	2.44
		7		12.301	9.656	0.354	94.83	2.78	14.54	150.47	3.50	23.64	39.18	1.78	11.19	170.30	2.48
		8		13.944	10.946	0.353	106.47	2.76	16.42	168.97	3.48	26.55	43.97	1.78	12.35	194.80	2.52
		10	10	17.167	13.476	0.353	128.58	2.74	20.07	203.90	3.45	32.04	53.26	1.76	14.52	244.07	2.59
		12		20.306	15.940	0.352	149.22	2.71	23.57	236.21	3.41	37.12	62.22	1.75	16.49	29.376	2.67
10	100	6		11.932	9.366	0.393	114.95	3.01	15.68	181.98	3.90	25.74	47.92	2.00	12.69	200.07	2.67
		7		13.796	10.830	0.393	131.86	3.09	181.10	208.97	3.89	29.55	54.74	1.99	14.26	233.54	2.71
		8		15.638	12.276	0.393	148.24	3.08	20.47	235.07	3.88	33.24	61.41	1.98	15.75	267.09	2.76
		10	12	19.261	15.120	0.392	179.51	3.05	25.06	284.68	3.84	40.26	74.35	1.96	18.54	334.48	2.84
		12		22.800	17.898	0.391	208.90	3.03	29.48	330.95	3.81	46.80	86.84	1.95	21.08	402.34	2.91
		14		26.256	20.611	0.391	236.53	3.00	33.73	374.06	3.77	52.90	99.00	1.94	23.44	470.75	2.99
		16		29.627	23.257	0.390	262.53	2.98	37.82	414.16	3.74	58.57	110.89	1.94	25.63	539.80	3.06
11	110	7		15.196	11.928	0.433	177.16	3.41	22.05	280.94	4.30	36.12	73.38	2.20	17.51	310.64	2.96
		8		17.238	13.532	0.433	199.46	3.40	24.95	316.49	4.28	40.69	82.42	2.19	19.39	355.20	3.01
		10	12	21.261	16.690	0.432	242.19	3.38	30.60	384.39	4.25	49.42	99.98	2.17	22.91	444.65	3.09
		12		25.200	19.782	0.431	282.55	3.35	36.05	448.17	4.22	57.62	116.93	2.15	26.15	534.60	3.16
		14		29.056	22.809	0.431	320.71	3.32	41.31	508.01	4.18	65.31	133.40	2.14	29.14	625.16	3.24
12.5	125	8		19.750	15.504	0.492	297.03	3.88	32.52	470.89	4.88	53.28	123.16	2.50	25.86	521.01	3.37
		10		24.373	19.133	0.491	361.67	3.85	39.97	573.89	4.85	64.93	149.46	2.48	30.62	651.93	3.45
		12	14	28.912	22.696	0.491	423.16	3.83	41.17	671.44	4.82	75.96	174.88	2.46	35.03	783.42	3.53
		14		33.367	26.193	0.490	481.65	3.80	54.16	763.73	4.78	86.41	199.57	2.45	39.13	915.61	3.61

续表

角钢号数	b	d	r	截面面积/cm²	理论重量/(kg·m⁻¹)	外表面积/(m²·m⁻¹)	I_x/cm⁴	i_x/cm	W_x/cm³	I_{x0}/cm⁴	i_{x0}/cm	W_{x0}/cm³	I_{y0}/cm⁴	i_{y0}/cm	W_{y0}/cm³	I_{x1}/cm⁴	z_0/cm
							x—x			x_0-x_0			y_0-y_0			x_1-x_1	
14	140	10	14	27.373	21.488	0.551	514.65	4.34	50.58	817.27	5.46	82.56	212.04	2.78	39.20	915.11	3.82
		12		32.512	25.522	0.551	603.68	4.31	59.80	958.79	5.43	96.85	248.57	2.76	45.02	1 009.28	3.90
		14		37.567	29.490	0.550	688.81	4.28	68.75	1 093.56	5.40	110.47	284.06	2.75	50.45	1 284.22	3.98
		16		42.539	33.393	0.549	770.24	4.26	77.46	1 221.81	5.36	123.42	318.67	2.74	55.55	1 470.07	4.06
16	160	10	16	31.502	24.729	0.630	779.53	4.98	66.70	1 237.30	6.27	109.36	321.76	3.20	52.76	1 365.33	4.31
		12		37.441	29.391	0.630	916.58	4.95	78.98	1 455.68	6.24	128.67	377.49	3.18	60.74	1 639.57	4.39
		14		43.296	33.987	0.629	1 048.36	4.92	90.95	1 665.02	6.20	147.17	431.70	3.16	68.244	1 914.68	4.47
		16		49.067	38.518	0.629	1 175.08	4.89	102.63	1 865.57	6.17	164.89	484.89	3.14	75.31	2 190.82	4.55
18	180	12	16	42.241	33.159	0.710	1 321.35	5.59	100.82	2 100.10	7.05	165.00	542.61	3.58	78.41	2 332.80	4.89
		14		48.896	38.388	0.709	1 514.48	5.56	116.25	2 407.42	7.02	189.14	625.53	3.56	88.38	2 723.48	4.97
		16		55.467	43.542	0.709	1 700.99	5.54	131.13	2 703.37	6.98	212.40	698.60	3.55	97.83	3 115.29	5.05
		18		61.955	48.634	0.708	1 875.12	5.50	145.64	2 988.24	6.94	234.78	762.01	3.51	105.14	3 502.43	5.13
20	200	14	18	54.642	42.894	0.788	2 103.55	6.20	144.70	3 343.26	7.82	236.40	863.83	3.98	111.82	3 734.10	5.46
		16		62.013	48.680	0.788	2 366.15	6.18	163.65	3 760.89	7.79	265.93	971.41	3.96	123.96	4 270.39	5.54
		18		69.301	54.401	0.787	2 620.64	6.15	182.22	4 164.54	7.75	294.48	1 076.74	3.94	135.52	4 808.13	5.62
		20		76.505	60.056	0.787	2 867.30	6.12	200.42	4 554.55	7.72	322.06	1 180.04	3.93	146.55	5 347.51	5.69
		24		90.661	71.168	0.785	2 338.25	6.07	236.17	5 294.97	7.64	374.41	1 381.53	3.90	166.55	6 457.16	5.87

注：截面图中的 $r_1=\dfrac{1}{3}d$ 及表中 r 值的数据用于孔型设计，不作为交货条件。

表 2　热轧不等边角钢（GB/T 9788—1988）

符号意义：
B——长边宽度
b——短边宽度
d——边厚度
r——内圆弧半径
r_1——边端内圆弧半径
I——惯性矩
i——惯性半径
W——截面系数
x_0——重心距离
y_0——重心距离

角钢号数	尺寸/mm B	尺寸/mm b	尺寸/mm d	尺寸/mm r	截面面积/cm²	理论重量/(kg·m⁻¹)	外表面积/(m²·m⁻¹)	x-x I_x/cm⁴	x-x i_x/cm	x-x W_x/cm³	y-y I_y/cm⁴	y-y i_y/cm	y-y W_y/cm³	x_1-x_1 I_{x1}/cm⁴	x_1-x_1 y_0/cm	y_1-y_1 I_{y1}/cm⁴	y_1-y_1 x_0/cm	u-u I_u/cm⁴	u-u i_u/cm	u-u W_u/cm³	$\tan\alpha$
2.5/1.6	25	16	3	3.5	1.162	0.912	0.080	0.70	0.78	0.43	0.22	0.44	0.19	1.56	0.86	0.43	0.42	0.14	0.34	0.16	0.392
			4		1.499	1.176	0.079	0.88	0.77	0.55	0.27	0.43	0.24	2.09	0.90	0.59	0.46	0.17	0.34	0.20	0.381
3.2/2	32	20	3	3.5	1.492	1.171	0.102	1.53	1.01	0.72	0.46	0.55	0.30	3.27	1.08	0.82	0.49	0.28	0.43	0.25	0.382
			4		1.939	1.522	0.101	1.93	1.00	0.93	0.57	0.54	0.39	4.37	1.12	1.12	0.53	0.35	0.42	0.32	0.374
4/2.5	40	25	3	4	1.890	1.484	0.127	3.08	1.28	1.15	0.93	0.70	0.49	6.39	1.32	1.59	0.59	0.56	0.54	0.40	0.386
			4		2.467	1.936	0.127	3.93	1.26	1.49	1.18	0.69	0.63	8.53	1.37	0.63	0.63	0.71	0.54	0.52	0.381
4.5/2.8	45	28	3	5	2.149	1.687	0.143	4.45	1.44	1.47	1.34	0.79	0.62	9.10	1.47	2.23	0.64	0.80	0.61	0.51	0.383
			4		2.806	2.203	0.143	5.69	1.42	1.91	1.70	0.78	0.80	12.13	1.51	3.00	0.68	1.02	0.60	0.66	0.380

角钢号数	尺寸/mm				截面面积/cm²	理论重量/(kg·m⁻¹)	外表面积/(m²·m⁻¹)	参考数值														
	B	b	d	r				$x-x$			$y-y$			x_1-x_1		y_1-y_1		$u-u$				
								I_x/cm⁴	i_x/cm	W_x/cm³	I_y/cm⁴	i_y/cm	W_y/cm³	I_{x1}/cm⁴	y_0/cm	I_{y1}/cm⁴	x_0/cm	I_u/cm⁴	i_u/cm	W_u/cm³	$\tan\alpha$
5/3.2	50	32	3	5.5	2.431	1.908	0.161	6.24	1.60	1.84	2.02	0.91	0.82	12.49	1.60	3.31	0.73	1.20	0.70	0.68	0.404
			4		3.177	2.494	0.160	8.02	1.59	2.39	2.58	0.90	1.06	16.65	1.65	4.45	0.77	1.53	0.69	0.87	0.402
5.6/3.6	56	36	3	6	2.743	2.153	0.181	8.88	1.80	2.32	2.92	1.03	1.05	17.54	1.78	4.70	0.80	1.73	0.79	0.87	0.408
			4		3.590	2.818	0.180	11.45	1.79	3.03	3.76	1.02	1.37	23.39	1.82	6.33	0.85	2.23	0.79	1.13	0.408
			5		4.415	3.466	0.180	13.86	1.77	3.71	4.49	1.01	1.65	29.25	1.87	7.94	0.88	2.67	0.78	1.36	0.404
6.3/4	63	40	4	7	4.058	3.185	0.202	16.49	2.02	3.87	5.23	1.14	1.70	33.30	2.04	8.63	0.92	3.12	0.88	1.40	0.398
			5		4.993	3.920	0.202	20.02	2.00	4.74	6.31	1.12	2.71	41.63	2.08	10.86	0.95	3.76	0.87	1.71	0.396
			6		5.908	4.638	0.201	23.36	1.96	5.59	7.29	1.11	2.43	49.98	2.12	13.12	0.99	4.34	0.86	1.99	0.393
			7		6.802	5.339	0.201	26.53	1.98	6.40	8.24	1.10	2.78	58.07	2.15	15.47	1.03	4.97	0.86	2.29	0.389
7/4.5	70	45	4	7.5	4.547	3.570	0.226	23.17	2.26	4.86	7.55	1.29	2.17	45.92	2.24	12.26	1.02	4.40	0.98	1.77	0.410
			5		5.609	4.403	0.225	27.95	2.23	5.92	9.13	1.28	2.65	57.10	2.28	15.39	1.06	5.40	0.98	2.19	0.407
			6		6.647	5.218	0.225	32.54	2.21	6.95	10.62	1.26	3.12	68.35	2.32	18.58	1.09	6.35	0.98	2.59	0.404
			7		7.657	6.011	0.225	37.22	2.20	8.03	12.01	1.25	3.57	79.99	2.36	21.84	1.13	7.16	0.97	2.94	0.402
(7.5/5)	75	50	5	8	6.125	4.808	0.245	34.86	2.39	6.83	12.61	1.44	3.30	70.00	2.40	21.04	1.17	7.41	1.10	2.74	0.435
			6		7.260	5.699	0.245	41.12	2.38	8.12	14.70	1.42	3.88	84.30	2.44	25.37	1.21	8.54	1.08	3.19	0.435
			8		9.467	7.431	0.244	52.39	2.35	10.52	18.53	1.40	4.99	112.50	2.52	34.23	1.29	10.87	1.07	4.10	0.429
			10		11.590	9.098	0.244	62.71	2.33	12.79	21.96	1.38	6.04	140.80	2.60	43.43	1.36	13.10	1.06	4.99	0.423
8/5	80	50	5	8	6.375	5.005	0.255	41.96	2.56	7.78	12.82	1.42	3.32	85.21	2.60	21.06	1.14	7.66	1.10	2.74	0.388
			6		7.560	5.935	0.255	49.49	2.56	9.25	14.95	1.41	3.91	102.53	2.65	25.41	1.18	8.85	1.08	3.20	0.387
			7		8.724	6.848	0.255	56.16	2.54	10.58	16.96	1.39	4.48	119.33	2.69	29.82	1.21	10.18	1.08	3.70	0.384
			8		9.867	7.745	0.254	62.83	2.52	11.92	18.85	1.38	5.03	136.41	2.73	34.32	1.25	11.38	1.07	4.16	0.381

型号	B	b	d	r	截面面积(cm²)	理论重量(kg/m)	外表面积(m²/m)	I_x	i_x	W_x	I_y	i_y	W_y	I_{x1}	Y_0	I_{y1}	X_0	I_u	i_u	W_u	$\tan\alpha$
9/5.6	90	56	5	9	7.212	5.661	0.287	60.45	2.90	9.92	18.32	1.59	4.21	121.32	2.91	29.53	1.25	10.98	1.23	3.49	0.385
9/5.6	90	56	6	9	8.557	6.717	0.286	71.03	2.88	11.74	21.42	1.58	4.96	145.59	2.95	35.58	1.29	12.90	1.23	4.18	0.384
9/5.6	90	56	7	9	9.880	7.756	0.286	81.01	2.86	13.49	24.36	1.57	5.70	169.66	3.00	41.71	1.33	14.67	1.22	4.72	0.382
9/5.6	90	56	8	9	11.183	8.779	0.286	91.03	2.85	15.27	27.15	1.56	6.41	194.17	3.04	47.93	1.36	16.34	1.21	5.29	0.380
10/6.3	100	63	6	10	9.617	7.550	0.320	99.06	3.21	14.64	30.94	1.79	6.35	199.71	3.24	50.50	1.43	18.42	1.38	5.25	0.394
10/6.3	100	63	7	10	11.111	8.722	0.320	113.45	3.19	16.88	35.26	1.78	7.29	233.00	3.28	59.14	1.47	21.00	1.38	6.02	0.393
10/6.3	100	63	8	10	12.584	9.878	0.319	127.37	3.18	19.08	39.39	1.77	8.21	266.32	3.32	67.88	1.50	23.50	1.37	6.78	0.391
10/6.3	100	63	10	10	15.467	12.142	0.319	153.81	3.15	23.32	47.12	1.74	9.98	333.06	3.40	85.73	1.58	28.33	1.35	8.24	0.387
10/8	100	80	6	10	10.637	8.350	0.354	107.04	3.17	15.19	61.24	2.40	10.16	199.83	2.95	102.68	1.97	31.65	1.72	8.37	0.627
10/8	100	80	7	10	12.301	9.656	0.354	122.73	3.16	17.52	70.08	2.39	11.71	233.20	3.00	119.98	2.01	36.17	1.72	9.60	0.626
10/8	100	80	8	10	13.944	10.946	0.353	137.92	3.14	19.81	78.58	2.37	13.21	266.61	3.04	137.37	2.05	40.58	1.71	10.80	0.625
10/8	100	80	10	10	17.167	13.476	0.353	166.87	3.12	24.24	94.65	2.35	16.12	333.63	3.12	172.48	2.13	49.10	1.69	13.12	0.622
11/7	110	70	6	10	10.637	8.350	0.354	133.37	3.54	17.85	42.92	2.01	7.90	265.78	3.53	69.08	1.57	25.36	1.54	6.53	0.403
11/7	110	70	7	10	12.301	9.656	0.354	153.00	3.53	20.60	49.01	2.00	9.09	310.07	3.57	80.82	1.61	28.95	1.53	7.50	0.402
11/7	110	70	8	10	13.944	10.946	0.353	172.04	3.51	23.30	54.87	1.98	10.25	354.39	3.62	92.70	1.65	32.45	1.53	8.45	0.401
11/7	110	70	10	10	17.167	13.476	0.353	208.39	3.48	28.54	65.88	1.96	12.48	443.13	3.70	116.83	1.72	39.20	1.51	10.29	0.397
12.5/8	125	80	7	11	14.096	11.066	0.403	227.98	4.02	26.86	74.42	2.30	12.01	454.99	4.01	120.32	1.80	43.81	1.76	9.92	0.408
12.5/8	125	80	8	11	15.989	12.551	0.403	256.77	4.01	30.41	83.49	2.28	13.56	519.99	4.06	137.85	1.84	49.15	1.75	11.18	0.407
12.5/8	125	80	10	11	19.712	15.474	0.402	312.04	3.98	37.33	100.67	2.26	16.56	650.09	4.14	173.40	1.92	59.45	1.74	13.64	0.404
12.5/8	125	80	12	11	23.351	18.330	0.402	364.41	3.95	44.01	116.67	2.24	19.43	780.39	4.22	209.67	2.00	69.35	1.72	16.01	0.400
14/9	140	90	8	12	18.038	14.160	0.453	365.64	4.50	38.48	120.69	2.59	17.34	730.53	4.50	195.79	2.04	70.83	1.98	14.31	0.411
14/9	140	90	10	12	22.261	17.475	0.452	445.50	4.47	47.31	146.03	2.56	21.22	913.20	4.58	245.92	2.12	85.82	1.96	17.48	0.409
14/9	140	90	12	12	26.400	20.724	0.451	521.59	4.44	55.87	169.79	2.54	24.95	1 096.09	4.66	296.89	2.19	100.21	1.95	20.54	0.406
14/9	140	90	14	12	30.456	23.908	0.451	594.10	4.42	64.18	192.10	2.51	28.54	1 279.26	4.74	348.82	2.27	114.3	1.94	23.52	0.403

续表

角钢号数	尺寸/mm B	b	d	r	截面面积/cm²	理论重量/(kg·m⁻¹)	外表面积/(m²·m⁻¹)	I_x/cm⁴	i_x/cm	W_x/cm³	I_y/cm⁴	i_y/cm	W_y/cm³	I_{x1}/cm⁴	y_0/cm	I_{y1}/cm⁴	x_0/cm	I_u/cm⁴	i_u/cm	W_u/cm³	$\tan\alpha$
16/10	160	100	10	13	25.315	19.872	0.512	668.69	5.14	62.13	205.03	2.85	26.56	1 362.89	5.24	336.59	2.28	121.74	2.19	2.92	0.390
			12		30.054	23.592	0.511	784.91	5.11	73.49	239.06	2.82	31.28	1 635.56	5.32	405.94	2.36	142.33	2.17	25.79	0.388
			14		34.709	27.247	0.510	896.30	5.08	84.56	271.20	2.80	35.83	1 908.50	5.40	476.42	2.43	162.23	2.16	29.56	0.385
			16		39.281	30.835	0.510	1 003.04	5.05	95.33	301.60	2.77	40.24	2 181.79	5.48	548.22	2.51	182.57	2.16	33.44	0.382
18/11	180	110	10	14	28.373	22.273	0.571	956.25	5.80	78.96	278.11	3.13	32.49	1 940.40	5.89	447.22	2.44	166.50	2.42	26.88	0.376
			12		33.712	26.464	0.571	1 124.72	5.78	93.53	325.03	3.10	38.32	2 328.38	5.98	538.94	2.52	194.87	2.40	31.66	0.374
			14		38.967	30.589	0.570	1 286.91	5.75	107.76	369.55	3.08	43.97	2 716.60	6.06	631.95	2.59	222.30	2.39	36.32	0.372
			16		44.139	34.649	0.569	1 443.06	5.72	121.64	411.85	3.06	49.44	3 105.15	6.14	726.46	2.67	248.94	2.38	40.87	0.369
20/12.5	200	125	12	14	37.912	29.761	0.641	1 570.90	6.44	116.73	483.16	3.57	49.99	3 193.85	6.54	787.74	2.83	285.79	2.74	41.23	0.392
			14		43.867	34.436	0.640	1 800.97	6.41	134.65	550.83	3.54	57.44	3 726.17	6.02	922.47	2.91	326.58	2.73	47.34	0.390
			16		49.739	39.045	0.639	2 023.35	6.38	152.18	615.44	3.52	64.69	4 258.86	6.70	1 058.86	2.99	366.21	2.71	53.32	0.388
			18		55.526	43.588	0.639	2 283.30	6.35	169.33	677.19	3.49	71.74	4 792.00	6.78	1 197.13	3.06	404.83	2.70	59.18	0.385

注：截面图中的 $r_1 = \frac{1}{3}d$ 及表中 r 的数据用于孔型设计，不作为交货条件。

表 3　热轧工字钢（GB/T 706—1988）

符号意义：

h——高度　　　　　r_1——脚端圆圆弧半径
b——腿宽度　　　　I——惯性矩
d——腰厚度　　　　W——截面系数
t——平均腿厚度　　i——惯性半径
r——内圆圆弧半径　S——半截面的静矩

型号	尺寸/mm						截面面积/cm²	理论重量/(kg·m⁻¹)	参考数值						
									$x-x$				$y-y$		
	h	b	d	t	r	r_1			$I_x/$ cm⁴	$W_x/$ cm³	$i_x/$ cm	$I_x:S_x/$ cm	$I_y/$ cm⁴	$W_y/$ cm³	$i_y/$ cm
10	100	68	4.5	7.6	6.5	3.3	14.3	11.2	245	49	4.14	8.59	33	9.72	1.52
12.6	126	74	5	8.4	7	3.5	18.1	14.2	488.43	77.529	5.195	10.85	46.906	12.677	1.609
14	140	80	5.5	9.1	7.5	3.8	21.5	16.9	712	102	5.76	12	64.4	161.1	1.73
16	160	88	6	9.9	8	4	26.1	20.5	1 130	141	6.58	13.8	93.1	21.2	1.89
18	180	94	6.5	10.7	8.5	4.3	30.6	24.1	1 660	185	7.36	15.4	122	26	2
20a	200	100	7	11.4	9	4.5	35.5	27.9	2 370	237	8.15	17.2	158	31.5	2.12
20b	200	102	9	11.4	9	4.5	39.5	31.1	2 500	250	7.96	16.9	169	33.1	2.06
22a	220	110	7.5	12.3	9.5	4.8	42	33	3 400	309	8.99	18.9	225	40.9	2.31
22b	220	112	9.5	12.3	9.5	4.8	46.4	36.4	3 570	325	8.78	18.7	239	42.7	2.27
25a	250	116	8	12	10	5	48.5	38.1	5 023.54	401.88	10.18	21.58	280.046	48.283	2.403
25b	250	118	10	13	10	5	53.5	42	5 283.96	422.72	9.938	21.27	309.297	52.423	2.404
28a	280	122	8.5	13.7	10.5	5.3	55.45	43.4	7 114.14	508.15	11.32	24.62	345.051	56.565	2.495
28b	280	124	10.5	13.7	10.5	5.3	61.05	47.9	7 480	534.29	11.08	24.24	379.496	61.209	2.493

续表

型号	尺寸/mm						截面面积/cm²	理论重量/(kg·m⁻¹)	参考数值						
									$x-x$				$y-y$		
	h	b	d	t	r	r_1			I_x/cm⁴	W_x/cm³	i_x/cm	$I_x:S_x$/cm	I_y/cm⁴	W_y/cm³	i_y/cm
32a	320	130	9.5	15	11.5	5.8	67.05	52.7	11 075.5	692.2	12.84	27.46	459.93	70.758	2.619
32b	320	132	11.5	15	11.5	5.8	73.45	57.7	11 621.4	726.33	12.58	27.90	501.53	75.989	2.614
32c	320	134	13.5	15	11.5	5.8	79.95	62.8	12 167.5	760.47	12.34	26.77	543.81	81.166	2.608
36a	360	136	10	15.8	12	6	76.3	59.9	15 760	875	14.4	30.7	552	81.2	2.69
36b	360	138	12	15.8	12	6	83.5	65.6	16 530	919	14.1	30.3	582	84.3	2.64
36c	360	140	14	15.8	12	6	90.7	71.2	17 310	962	13.8	29.9	612	87.4	2.6
40a	400	142	10.5	16.5	12.5	6.3	86.1	67.6	21 720	1 090	15.9	34.1	660	93.2	2.77
40b	400	144	12.5	16.5	12.5	6.3	94.1	73.8	22 780	1 140	15.6	33.6	692	96.2	2.71
40c	400	146	14.5	16.5	12.5	6.3	102	80.1	23 850	1 190	15.2	33.2	727	99.6	2.65
45a	450	150	11.5	18	13.5	6.8	102	80.4	32 240	1 430	17.7	38.6	855	114	2.89
45b	450	152	13.5	18	13.5	6.8	111	87.4	33 760	1 500	17.4	38	894	118	2.84
45c	450	154	15.5	18	13.5	6.8	120	94.5	35 280	1 570	17.1	37.6	938	122	2.79
50a	500	158	12	20	14	7	119	93.6	46 470	1 860	19.7	42.8	1 120	142	3.07
50b	500	160	14	20	14	7	129	101	48 560	1 940	19.4	42.4	1 170	146	3.01
50c	500	162	16	20	14	7	139	109	50 640	2 080	19	41.8	1 220	151	2.96
56a	560	166	12.5	21	14.5	7.3	135.25	106.2	65 585.6	2 342.31	22.02	47.73	1 370.16	165.08	3.182
56b	560	168	14.5	21	14.5	7.3	146.45	115	68 512.5	2 446.69	21.63	47.17	1 486.75	174.25	3.162
56c	560	170	16.5	21	14.5	7.3	157.85	123.9	71 439.4	2 551.41	21.27	46.66	1 558.39	183.34	3.158
63a	630	176	13	22	15	7.5	154.9	121.6	93 916.2	2 981.47	24.62	54.17	1 700.55	193.24	3.314
63b	630	178	15	22	15	7.5	167.5	131.5	98 083.6	3 163.38	24.2	53.51	1 812.07	203.6	3.289
63c	630	180	17	22	15	7.5	180.1	141	102 251.1	3 298.42	23.82	52.92	1 924.91	213.88	3.268

注：截面图和表中标注的圆弧半径 r、r_1 的数据用于孔型设计，不作为交货条件。

表4　热轧槽钢(GB/T 707—1988)

符号意义：

h——高度
b——腿宽度
d——腰厚度
t——平均腿厚度
r——内圆弧半径
r_1——脚端圆弧半径
I——惯性矩
W——截面系数
i——惯性半径
z_0——y-y轴与y_1-y_1轴间距

| 型号 | 尺寸/mm | | | | | | 截面面积/cm² | 理论重量/(kg·m⁻¹) | 参 考 数 值 | | | | | | | |
| | h | b | d | t | r | r_1 | | | x-x | | | y-y | | | y_1-y_1 | z_0/cm |
									W_x/cm³	I_x/cm⁴	i_x/cm	W_y/cm³	I_y/cm⁴	i_y/cm	I_{y1}/cm⁴	
5	50	37	4.5	7	7	3.5	6.93	5.44	10.4	26	1.94	3.55	8.3	1.1	20.9	1.35
6.3	63	40	4.8	7.5	7.5	3.75	8.444	6.63	16.123	50.786	2.453	4.50	11.872	1.185	28.38	1.36
8	80	43	5	8	8	4	10.24	8.04	25.3	101.3	3.15	5.79	16.6	1.27	37.4	1.43
10	100	48	5.3	8.5	8.5	4.25	12.74	10	39.7	198.3	3.95	7.8	25.6	1.41	54.9	1.52
12.6	126	53	5.5	9	9	4.5	15.69	12.37	62.137	391.466	4.953	10.242	37.99	1.567	77.09	1.59
14a	140	58	6	9.5	9.5	4.75	18.51	14.53	80.5	563.7	5.52	13.01	53.2	1.7	107.1	1.71
14b	140	60	8	9.5	9.5	4.75	21.31	16.73	87.1	609.4	5.35	14.12	61.1	1.69	120.6	1.67
16a	160	63	6.5	10	10	5	21.95	17.23	108.3	866.2	6.28	16.3	73.3	1.83	144.1	1.8
16	160	65	8.5	10	10	5	25.15	19.74	116.8	934.5	6.1	17.55	83.4	1.82	160.8	1.75
18a	180	68	7	10.5	10.5	5.25	25.69	20.17	141.4	1 272.7	7.04	20.03	98.6	1.96	189.7	1.88
18	180	70	9	10.5	10.5	5.25	29.29	22.99	152.2	1 369.9	6.84	21.52	111	1.95	210.1	1.84

续表

型号	尺寸/mm						截面面积/cm²	理论重量/(kg·m⁻¹)	参考数值							
	h	b	d	t	r	r_1			$x-x$			$y-y$			y_1-y_1	$z_0/$ cm
									$W_x/$ cm³	$I_x/$ cm⁴	$i_x/$ cm	$W_y/$ cm³	$I_y/$ cm⁴	$i_y/$ cm	$I_{y1}/$ cm⁴	
20a	200	73	7	11	11	5.5	28.83	22.63	178	1 780.4	7.86	24.2	128	2.11	244	2.01
20	200	75	9	11	11	5.5	32.83	25.77	191.4	1 913.7	7.64	25.88	143.6	2.09	268.4	1.95
22a	220	77	7	11.5	11.5	5.75	31.84	24.99	217.6	2 393.9	8.67	28.17	157.8	2.23	298.2	2.1
22	220	79	9	11.5	11.5	5.75	36.24	28.45	233.8	2 571.4	8.42	30.05	176.4	2.21	326.3	2.03
25a	250	78	7	12	12	6	34.91	27.47	269.597	3 369.62	9.823	30.607	175.529	2.243	322.256	2.065
25b	250	80	9	12	12	6	39.91	31.39	282.402	3 530.04	9.405	32.657	196.421	2.218	353.187	1.982
25c	250	82	11	12	12	6	44.91	35.32	295.236	3 690.45	9.065	35.926	218.415	2.206	383.133	1.921
28a	280	82	7.5	12.5	12.5	6.25	40.02	31.42	340.328	4 764.59	10.91	35.718	217.989	2.333	387.566	2.097
28b	280	84	9.5	12.5	12.5	6.25	45.62	35.81	366.46	5 130.45	10.6	37.929	242.144	2.304	427.589	2.016
28c	280	86	11.5	12.5	12.5	6.25	51.22	40.21	392.594	5 496.32	10.35	40.301	267.602	2.286	426.597	1.951
32a	320	88	8	14	14	7	48.7	38.22	474.879	7 598.06	12.49	46.473	304.787	2.502	552.31	2.242
32b	320	90	10	14	14	7	55.1	43.25	509.012	8 144.2	12.15	49.157	336.332	2.471	592.933	2.158
32c	320	92	12	14	14	7	61.5	48.28	543.145	8 690.33	11.88	52.642	374.175	2.467	643.299	2.092
36a	360	96	9	16	16	8	60.89	47.8	659.7	11 874.2	13.97	63.54	455	2.73	818.4	2.44
36b	360	98	11	16	16	8	68.09	53.45	702.9	12 651.8	13.63	66.85	496.7	2.7	880.4	2.37
36c	360	100	13	16	16	8	75.29	59.1	746.1	13 429.4	13.36	70.02	536.4	2.67	947.9	2.34
40a	400	100	10.5	18	18	9	75.05	58.91	878.9	17 577.9	15.30	78.83	592	2.81	1 067.7	2.49
40b	400	102	12.5	18	18	9	83.05	65.19	932.2	18 644.5	14.98	82.52	640	2.78	1 135.6	2.44
40c	400	104	14.5	18	18	9	91.05	71.47	985.6	19 711.2	14.71	86.19	687.8	2.75	1 220.7	2.42

注：截面图和表中标注的圆弧半径r、r_1的数据用于孔型设计，不作为交货条件。

参考答案

第 1 章

略

第 2 章

2.1　(a)$R_A = 15.8$ kN,$R_B = 7.07$ kN　(b)$R_A = 22.4$ kN,$R_B = 10$ kN

2.2　$S_{BC} = 5$ kN(压力);$R_A = 5$ kN(方向与 x 轴正向夹角 $\theta = 150°$)

2.3　$R_A = R_C = 2\ 694$ N

2.4　$F_1 = \dfrac{M}{d}, F_2 = 0, F_3 = \dfrac{M}{d}$

2.5　$M_1 = M_2$

2.6　$R_A = R_B = \dfrac{M}{d}$

2.7　略

2.8　$R_A = R_B = 100$ kN

2.9　$R_A = R_B = 1$ kN

2.10　$R_A = R_B = 1.155$ kN,$m_2 = 4$ kN·m,转向为逆时针

2.11　(a)$F_{Ax} = 6qa, F_{Ay} = P, m_A = 2Pa + 18qa^2$,转向为逆时针

　　　(b)$F_{Ax} = P, F_{Ay} = 6qa, m_A = 4Pa + 12qa^2 + m_2 - m_1$,转向为逆时针

2.12　$R_A = \dfrac{Pa + Qb}{c}; F_{Bx} = \dfrac{Pa + Qb}{c}, F_{By} = P + Q$

2.13　$\dfrac{P_1}{P_2} = \dfrac{\tan \alpha_1}{\tan \alpha_2}$

2. 14　（a）$T = \dfrac{P}{2(1-\tan\theta)}$

　　　　（b）$\theta = 36°52'$

2. 15　（a）$F_{Ax} = 2.16q, F_{Ay} = 4.86q; F_{Bx} = 2.7q, F_{By} = 0; R_C = 6.87q$

　　　　（b）$F_{Ax} = P, F_{Ay} = 3q_1 - \dfrac{P}{2}; R_B = 3q_1 + 2q_2 + \dfrac{P}{2}; R_D = 2q_2$

2. 16　$F_{Ax} = \left(2 + \dfrac{r}{l}\right)G, F_{Ay} = 2G \quad F_{Bx} = \left(1 + \dfrac{r}{l}\right)G, F_{By} = 2G$

　　　　$F_{Cx} = \left(2 + \dfrac{r}{l}\right)G, F_{Cy} = G; F_{Dx} = G, F_{Dy} = G$

2. 17　$W(\sin\alpha - f\cos\alpha) \leqslant Q \leqslant W(\sin\alpha + f\cos\alpha)$

2. 18　A 和 B 都不动

2. 19　$R_A = 6.7 \text{ kN}, F_{Bx} = 6.7 \text{ kN}, F_{By} = 13.5 \text{ kN}$

2. 20　$T = 107 \text{ N}, R_A = 525 \text{ N}, R_B = 375 \text{ N}$

2. 21　$F_Q \tan(\alpha - \varphi_m) \leqslant F_P \leqslant F_Q \tan(\alpha + \varphi_m)$

第 3 章

3. 1　$F_{x1} = 1.2 \text{ kN}, F_{y1} = 1.6 \text{ kN}, F_{z1} = 0;$

　　　$F_{x2} = 0.424 \text{ kN}, F_{y2} = 0.566 \text{ kN}, F_{z2} = 0.707 \text{ kN};$

　　　$F_{x3} = 0, F_{y3} = 0, F_{z3} = 3 \text{ kN}$

3. 2　$F_x = 212 \text{ N}, F_y = 212 \text{ N}, F_z = 520 \text{ N};$

　　　$m_x(\boldsymbol{F}) = 42.4 \text{ N}\cdot\text{m}, m_y(\boldsymbol{F}) = -68.4 \text{ N}\cdot\text{m}, m_z(\boldsymbol{F}) = 10.6 \text{ N}\cdot\text{m}$

3. 3　$m_x(\boldsymbol{T}) = -84.9 \text{ N}\cdot\text{m}, m_y(\boldsymbol{T}) = 63.6 \text{ N}\cdot\text{m}, m_z(\boldsymbol{T}) = 0$

3. 4　$F_R = 20 \text{ N}, x_c = 60 \text{ mm}, y_c = 32.5 \text{ mm}$

3. 5　$S_A = S_B = 31.6 \text{ kN}(压力), S_C = 1.5 \text{ kN}(压力)$

3. 6　$F_3 = 4\ 000 \text{ N}, F_4 = 2\ 000 \text{ N}, F_{Ax} = -6\ 375 \text{ N}, F_{Az} = 1\ 299 \text{ N};$

　　　$F_{Bx} = -4\ 125 \text{ N}, F_{Bz} = 3\ 897 \text{ N}$

3. 7　$X_A = 1.03 \text{ kN}, X_B = 5.64 \text{ kN}, Z_A = 15.9 \text{ kN}, Z_B = 19.8 \text{ kN}$

3. 8　$x_c = 90 \text{ mm}, y_c = 0$

3. 9　$x_c = 79.7 \text{ mm}, y_c = 34.9 \text{ mm}$

3. 10　$x_c = 2.02 \text{ m}, y_c = 1.15 \text{ m}, z_c = 0.716 \text{ m}$

第 4 章

4. 1　$\Delta l = -1.9\times10^{-2} \text{mm}$，下端正应力 $\sigma = -20 \text{ MPa}$

4. 2　$\sigma_{max} = 127.3 \text{ MPa}, \Delta l = 0.546\times10^{-2} \text{mm};$

4.3 $P=20$ kN, $\sigma_{max}=15.9$ MPa

4.4 $\Delta l_{AC}=2.947$ mm, $\Delta l_{AD}=5.286$ mm

4.5 （1）$\sigma_A=200$ MPa, $\sigma_B=100$ MPa, $\sigma_E=150$ MPa;

（2）最大正应力在 A 处, $\sigma_{maxA}=200$ MPa

4.6 $[F_P]=67.4$ kN

4.7 $[F_P]=\min\{60,80,57.6,72\}=57.6$ kN

4.8 ①$\sigma_{AC}=-20$ MPa, $\sigma_{CD}=0$ MPa, $\sigma_{DB}=-20$ MPa; ②$\Delta l_{AB}=-0.02$ mm

4.9 $\sigma_{AC}=31.8$ MPa, $\sigma_{CB}=127$ MPa; $\varepsilon_{AC}=1.59\times10^{-4}$, $\varepsilon_{CB}=6.36\times10^{-4}$

4.10 $E=208$ GPa, $v=0.317$

4.11 ①$\alpha=45°$时, $\sigma=11.2$ MPa$>[\sigma]$; P,不安全

②$\alpha=60°$时, $\sigma=9.17$ MPa$<[\sigma]$;安全

4.12 $\sigma=200$ MPa$<[\sigma]=214$ MPa

4.13 选 45×45×3

4.14 $P_{max}=119$ kN

4.15 $P_{max}=84$ kN

第5章

5.1 $d\geq40$ mm

5.2 $d=34$ mm, $\delta=10.4$ mm

5.3 $\tau=106$ MPa$<[\tau]$, $\sigma_{jy}=141$ MPa$<[\sigma_{jy}]$

5.4 $d=20$ mm

5.5 $d=50$ mm

第6章

6.1 $\tau_{max}=48$ MPa(BC 端), $\varphi_{max}=2.279\times10^{-2}$ rad

6.2 ①$\tau_{max}=70.74$ MPa;②6.25%;

6.3 结构能够承受的最大外力偶矩为:2 883 N·m

6.4 略

6.5 略

6.6 $d=4.5$ cm $d_2=4.6$ cm

6.7 $d=1.85$ cm

6.8 $d=5.13$ cm

6.9 $d=8$ cm

6.10 $\tau_{max}=18.5$ MPa$<[\tau]$

6.11 ①略;②$\tau_{max}=25.5$ MPa;③$\varphi_{C-A}=0.107°$

6.12 ①$G=81.5$ GPa;②$\tau_{max}=76.4$ MPa;③$\gamma=9.37\times10^{-4}$

第7章

7.1 (a)$F_{S1\text{-}1}=qa$,$M_{1\text{-}1}=-\dfrac{3}{2}qa^2$;$F_{S2\text{-}2}=qa$,$M_{2\text{-}2}=-\dfrac{1}{2}qa^2$;

$F_{S3\text{-}3}=qa$,$M_{3\text{-}3}=-\dfrac{1}{2}qa^2$;$F_{S4\text{-}4}=\dfrac{1}{2}qa$,$M_{4\text{-}4}=-\dfrac{1}{8}qa^2$;

(b)$F_{S1\text{-}1}=qa$,$M_{1\text{-}1}=-qa^2$;$F_{S2\text{-}2}=qa$,$M_{2\text{-}2}=0$;

$F_{S3\text{-}3}=0$,$M_{3\text{-}3}=0$;$F_{S4\text{-}4}=0$,$M_{4\text{-}4}=0$;

(c)$F_{S1\text{-}1}=-qa$,$M_{1\text{-}1}=0$;$F_{S2\text{-}2}=-qa$,$M_{2\text{-}2}=-qa^2$;

$F_{S3\text{-}3}=-qa$,$M_{3\text{-}3}=0$;$F_{S4\text{-}4}=qa$,$M_{4\text{-}4}=0$;

(d)$F_{S1\text{-}1}=-2qa$,$M_{1\text{-}1}=0$;$F_{S2\text{-}2}=-2qa$,$M_{2\text{-}2}=-2qa^2$;

$F_{S3\text{-}3}=2qa$,$M_{3\text{-}3}=-2qa^2$;$F_{S4\text{-}4}=0$,$M_{4\text{-}4}=0$。

7.2 (a)$|F_S|_{max}=0$,$|M|_{max}=M_e$;

(b)$|F_S|_{max}=qa$,$|M|_{max}=\dfrac{3qa^2}{2}$;

(c)$|F_S|_{max}=\dfrac{F}{2}$,$|M|_{max}=\dfrac{Fa}{2}$;

(d)$|F_S|_{max}=\dfrac{5qa}{3}$,$|M|_{max}=\dfrac{25qa^2}{18}$;

(e)$|F_S|_{max}=qa$,$|M|_{max}=qa^2$;

(f)$|F_S|_{max}=qa$,$|M|_{max}=\dfrac{qa^2}{2}$。

7.3 (a)$|F_S|_{max}=0$,$|M|_{max}=M$;

(b)$|F_S|_{max}=2qa$,$|M|_{max}=qa^2$;

(c)$|F_S|_{max}=P$,$|M|_{max}=aP$;

(d)$|F_S|_{max}=\dfrac{3aq}{2}$,$|M|_{max}=qa^2$;

(e)$|F_S|_{max}=\dfrac{5qa}{4}$,$|M|_{max}=\dfrac{3qa^2}{2}$;

(f)$|F_S|_{max}=qa$,$|M|_{max}=\dfrac{qa^2}{2}$。

7.4 (a)$|M|_{max}=\dfrac{ql^2}{4}$;(b)$|M|_{max}=\dfrac{ql^2}{8}$;

(c)$|M|_{max}=\dfrac{ql^2}{8}$;(d)$|M|_{max}=\dfrac{ql^2}{16}$。

7.5

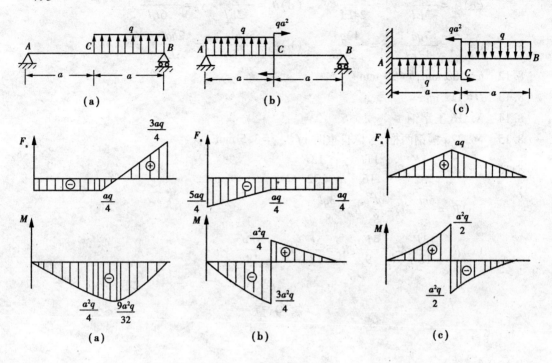

(a)　　　　　(b)　　　　　(c)

第 8 章

8.1　(1)$\sigma_A=+111$ MPa,$\sigma_B=-111$ MPa,$\sigma_C=0$,$\sigma_D=-74.1$ MPa

　　(2)$\tau_A=\tau_B=0$,$\tau_C=4.17$ MPa,$\tau_D=2.31$ MPa

　　(3)$\sigma_{max}=167$ MPa,$\tau_{max}=4.17$ MPa

8.2　(a)$I_Z=1.882\times10^4$ cm^4,$W_{z1}=1.96\times10^3$ cm^3,$W_{z2}=1.14\times10^3$ cm^3

　　(b)$I_Z=3.57\times10^4$ cm^4,$W_{z1}=2.89\times10^3$ cm^3,$W_{z2}=1.49\times10^3$ cm^3

8.3　选 No.18 工字钢

8.4　$\sigma_{tmax}=28.8$ MPa$<[\sigma_t]=30$ MPa,$\sigma_{Cmax}=46.2$ MPa$<[\sigma_c]=60$ MPa,此梁满足强度条件。

8.5　圆截面 $\sigma_{max}=49.7$ MPa;环形截面 $\sigma_{max}=29.7$ MPa

8.6　$b\geqslant32.8$ mm

8.7　$[q]\leqslant15.7$ kN·m

8.8　(No.25b 工字钢)　选 28a 工字钢两根

8.9　(a)$\theta_A=\dfrac{ql^3}{24EI}$　$y_C=\dfrac{5ql^4}{364EI}$　　(b)$\theta_A=\dfrac{Pl^2}{12EI}$　$y_C=\dfrac{pl^3}{8EI}$

　　(c)$\theta_A=\dfrac{5Pl^2}{8EI}$　$y_C=\dfrac{29Pl^3}{48EI}$　　(d)$\theta_A=-\dfrac{M_0l}{18EI}$　$y_C=\dfrac{2M_0l^2}{81EI}$

8.10　(a)$\theta_A=-\dfrac{5Pa^2}{2EI}$　$y_B=-\dfrac{7Pa^3}{6EI}$　　(b)$\theta_A=-\dfrac{9qa^3}{48EI}$　$y_B=-\dfrac{5qa^4}{48EI}$

(c)$\theta_A = -\dfrac{qa^3}{3EI}$ $y_B = -\dfrac{5qa^4}{24EI}$ (d)$\theta_A = -\dfrac{3Pa^2}{2EI}$ $y_B = -\dfrac{11Pa^3}{6EI}$

8.11 (a)$\theta_A = -\dfrac{7qa^3}{12EI}$ $y_A = -\dfrac{13qa^4}{24EI}$ (b)$\theta_A = \dfrac{5qa^3}{6EI}$ $y_A = -\dfrac{2qa^4}{3EI}$

8.12 $h = 180$ mm, $b = 90$ mm

8.13 $D = 112$ mm

8.14 No. 16 工字钢

8.15 No. 22a 槽钢两根,考虑自重时 $|f|_{\max} = 3.5$ mm

8.16 (a)$R_A = -\dfrac{3F}{32}, R_B = \dfrac{11F}{16}, R_C = \dfrac{13F}{32}$

(b)$R_A = \dfrac{5ql}{8}, M_A = \dfrac{ql^2}{8}, R_B = \dfrac{3ql}{8}$

(c)$R_A = \dfrac{13F}{18}, M_A = \dfrac{4Fa}{9}, R_D = \dfrac{5F}{18}, M_D = -\dfrac{5Fa}{18}$

第9章

9.1~9.6 略;

9.7 (a)$\sigma_1 = 40$ MPa, $\sigma_2 = \sigma_3 = 0$ 单向应力状态

(b)$\sigma_1 = 100$ MPa, $\sigma_2 = 40$ MPa, $\sigma_3 = 0$ 二向应力状态

(c)$\sigma_1 = 40$ MPa, $\sigma_2 = 0, \sigma_3 = -40$ MPa 二向应力状态

(d)$\sigma_1 = 80$ MPa, $\sigma_2 = \sigma_3 = 0$ 单向应力状态

(e)$\sigma_1 = \sigma_2 = \sigma_3 = 40$ MPa 三向应力状态

9.8 (a)$\sigma_1 = 50$ MPa, $\sigma_3 = -50$ MPa, $\tau_{\max} = 50$ MPa, $\alpha_0 = 45°$

(b)$\sigma_1 = 120.7$ MPa, $\sigma_3 = -20.7$ MPa, $\tau_{\max} = 70.7$ MPa, $\alpha_0 = -22.5°$

(c)$\sigma_1 = 90$ MPa, $\sigma_3 = 40$ MPa, $\tau_{\max} = 25$ MPa, $\alpha_0 = 26.6°$

(d)$\sigma_1 = 61.3$ MPa, $\sigma_3 = -91.3$ MPa, $\tau_{\max} = 76.3$ MPa, $\alpha_0 = -15.8°$

(e)$\sigma_1 = 72.4$ MPa, $\sigma_3 = -12.4$ MPa, $\tau_{\max} = 42.4$ MPa, $\alpha_0 = 22.5°$

9.9~9.10 略

9.11 (a)$\sigma_\alpha = -32.3$ MPa, $\tau_\alpha = -35.98$ MPa

(b)$\sigma_\alpha = -45$ MPa, $\tau_\alpha = 55$ MPa

(c)$\sigma_\alpha = -13.66$ MPa, $\tau_\alpha = -20.98$ MPa

9.12 (a)$\sigma_1 = 65.4$ MPa, $\sigma_2 = 4.6$ MPa, $\sigma_3 = 0, \tau_{\max} = 32.7$ MPa

(b)$\sigma_1 = 80$ MPa, $\sigma_2 = 50$ MPa, $\sigma_3 = -50$ MPa, $\tau_{\max} = 65$ MPa

(c)$\sigma_1 = 57.72$ MPa, $\sigma_2 = 50$ MPa, $\sigma_3 = -27.72$ MPa, $\tau_{\max} = 42.72$ MPa

第 10 章

10. 1 $\sigma^+_{max} = 68.2$ MPa,强度足够。

10. 2 $\sigma^-_{max} = 35$ MPa,强度足够。

10. 3 $\sigma^+_{max} = 163.2$ MPa,强度不足。

10. 4 $\sigma_{r3} = 86.2$ MPa,强度足够。

10. 5 $d \geqslant 40$ mm

10. 6 $\sigma_{r4} = 65.6$ MPa,强度足够。

10. 7 $d \geqslant 70$ mm

10. 8 $P_{max} = 4\ 162$ N

10. 9 $\sigma_{r3} = 26.6$ MPa,强度足够。

第 11 章

11. 1 $P_{cr} = 3\ 293$ kN

11. 2 $P_{cr} = 259$ kN

11. 3 $[q] = 5.59$ kN/m

11. 4 $n_{st} = 2.77$

11. 5 $(1) F_{cr} = 105.9$ kN;$(2) n_{st} = 1.516$

11. 6 $[P_{cr}] = 378$ kN

第 12 章

12. 1 $(1) 3x - 2y = 18$ $(2) (x-3)^2 + y^2 = 25$

12. 2 $x = 20\cos 2t, y = 40\sin 2t; \dfrac{x^2}{20^2} + \dfrac{y^2}{40^2} = 1$

12. 3 $x = r\sin t^2, y = 2r\sin^2 \dfrac{t^2}{2}; s = rt^2$

12. 4 $y = \sqrt{64-t^2}, v_y = -\dfrac{t}{\sqrt{64-t^2}}$

12. 5 $v_C = \dfrac{av}{2l}$

12. 6 $x = \dfrac{3}{2}r\cos \omega t, y = \dfrac{1}{2}r\sin \omega t; v = \dfrac{1}{2}r\omega \sqrt{1+8\sin^2\omega t}; a = \dfrac{1}{2}r\omega^2 \sqrt{1+8\cos^2\omega t}$

12. 7 $x = 0.5(12t - \sin 12t), y = 0.5(1-\cos 12t); v = 12|\sin 6t|; a = 72$ m/s²

12. 8 $x = \dfrac{\sqrt{2}}{2}ut\cos \omega t, y = \dfrac{\sqrt{2}}{2}ut\sin \omega t, z = l - \dfrac{\sqrt{2}}{2}ut; v = u\sqrt{1+0.5\omega^2 t^2}; a = \omega u\sqrt{2+0.5\omega^2 t^2}$

12.9　$a_\tau = 6 \text{ m/s}^2, a_n = 1\,800 \text{ m/s}^2$

第 13 章

13.1　轨迹为半径为 20 cm 的圆弧；$v = 80 \text{ cm/s}; a = 322.5 \text{ cm/s}^2$

13.2　$\omega = 20 \text{ rad/s}; \varepsilon = 20 \text{ rad/s}^2; a = 10\sqrt{1+400t^4} \text{ m/s}^2$

13.3　$\varepsilon = 15.7 \text{ rad/s}^2, N = 420 \text{ r}$

13.4　$\varepsilon = 31.4 \text{ rad/s}, N = 2.5 \text{ r}$

13.5　$t = 10 \text{ s}$

13.6　167.5 cm/s

13.7　38.4 rad/s

13.8　$\omega = 2 \text{ rad/s}; d = 50 \text{ cm}$

13.9　$\phi = 25t^2$

第 14 章

14.1　略

14.2　(a) $\omega_1 = 1.5 \text{ rad/s}$；(b) $\omega_2 = 2 \text{ rad/s}$

14.3　$v_A = \dfrac{lbv}{x^2+b^2}$

14.4　$v_a = 80 \text{ cm/s}$；

14.5　$v = 17.32 \text{ cm/s}; a = 5 \text{ cm/s}^2$

14.6　$v = 1.26 \text{ m/s}; a = 27.3 \text{ m/s}^2$

14.7　$v_M = 17.3 \text{ cm/s}$

14.8　$v = \dfrac{2}{\sqrt{3}} e\omega$

14.9　$v_C = 8.66 \text{ cm/s}; v_r = 5 \text{ cm/s}$

第 15 章

15.1　$\omega_{AB} = \omega_{O_1} = 1.73 \text{ rad/s}$

15.2　$v_D = 21.2 \text{ cm/s}$

15.3　$\omega = 4 \text{ rad/s}; v_O = 4 \text{ m/s}$

15.4　$\omega = \dfrac{2\sqrt{3}}{3} \dfrac{r}{R} \omega_0$

15.5　$\omega_{AB} = \dfrac{\omega_0}{2}, \omega_{BC} = 0$

15. 6 $v_B=2v$；$\omega_{CB}=\dfrac{\sqrt{3}}{CB}v$，逆时针。

15. 7 $\omega_{DE}=0.707$ rad/s

15. 8 $\dfrac{\sqrt{3}}{6R}r\omega$

第 16 章

16. 1 $a_A=\text{m/s}^2$，$a_B=0.8$ m/s^2

16. 2 $N_A=169.74$ N，$N_B=101.46$ N

16. 3   （a）$N=19$ kN   （b）$N=20.2$ kN

16. 4 $\Delta G=\dfrac{2a}{g-a}G$

16. 5 $\Delta s=2.22$ m

16. 6 $t=3s$，$F=1.2$ N

16. 7 $t=2$，$s=67.06$ m

16. 8 $s=-\dfrac{m_1 b}{M+m_1}$

16. 9 $t=5.25s$，$N=44r$

16. 10 $\varepsilon=0.307\dfrac{g}{r}$

16. 11 $\varepsilon=4.858$ rad/s^2

16. 12 $\varepsilon_1=\dfrac{M}{J_1+\dfrac{r_1^2}{r_2^2}J_2}=\dfrac{Mr_2^2}{J_1 r_2^2+J_2 r_1^2}$，$\varepsilon_2=\dfrac{r_1}{r_2}\varepsilon_1$

16. 13 $M=88.16$ N · m

16. 14 $\varepsilon=\dfrac{3g}{4l}$

16. 15 $P=2.75$ kW

16. 16 $P=38.63$ kW

16. 17 $M=894.8$ N · m

16. 18 $a=\dfrac{M_0+(m_1 r-m_2 R\sin\alpha)g}{m\rho^2+m_1 r^2+m_2 R^2}$

         $T_1=m_1\left(g+\dfrac{r_1}{r_2}a\right)$，$T_2=m_2(g\sin\alpha+a)$

16. 19 $\omega=\sqrt{\dfrac{3g}{l}}$

16. 20 $v=\sqrt{\dfrac{2(Mr_2-mrr_1)h}{J_1 r_2^2+J_2 r_1^2+mr^2 r_1^2}}$；$a=\dfrac{Mr_2-mrr_1}{J_1 r_2^2+J_2 r_1^2+mr^2 r_1^2}$

参考文献

[1] 陈位宫. 工程力学[M]. 北京:高等教育出版社,2000.

[2] 北京科技大学,东北大学. 工程力学:上册[M].3 版. 北京:高等教育出版社,1997.

[3] 刘敬莹,翟武权,许羿. 工程力学:上册[M]. 重庆:重庆大学出版社,1998.

[4] 吴得风. 工程力学[M].2 版. 北京:高等教育出版社,1999.

[5] 杨佩兰,郭彦,武安海,等. 工程力学[M]. 北京:地震出版社,2002.

[6] 范钦珊. 工程力学[M]. 北京:机械工业出版社,2002.

[7] 清华大学材料力学教研室.材料力学解题指导及习题集[M]. 北京:高等教育出版社,
     1999.

[8] 张定华. 工程力学[M]. 北京:高等教育出版社,2000.

[9] 毕谦,陈培基. 材料力学[M]. 重庆:重庆大学出版社,1998.

[10] 王义质,李叔涵. 工程力学[M]. 重庆:重庆大学出版社,1994.

[11] 霍炎. 材料力学[M]. 北京:高等教育出版社,1994.

[12] 刘鸿文. 材料力学[M].2 版. 北京:高等教育出版社,1982.

[13] 西安交通大学材料力学教研室. 材料力学[M]. 北京:高等教育出版社,1979.

[14] 苏伟. 工程力学[M]. 武汉:武汉工业大学出版社,2000.

[15] 俞茂鋐. 材料力学[M]. 北京:高等教育出版社,1986.

[16] 杨盛功. 理论力学[M]. 武汉:华中理工大学出版社,1996.

[17] 谢传锋. 理论力学[M]. 北京:中央广播电视大学出版社,1990.

[18] 程莹莹. 理论力学[M]. 北京:高等教育出版社,1994.

[19] 赵关康,张国民. 工程力学简明教程[M]. 北京:机械工业出版社,1999.

[20] 上海机械专科学校. 工程力学[M]. 上海:上海科学技术文献出版社,1983.